Hrsg.:
Institut für Bauforschung e.V.
Victor Rizkallah

Bauschäden im Hoch- und Tiefbau
Band 2: Hochbau

Hrsg.:
Institut für Bauforschung e.V.
Victor Rizkallah

Bauschäden im Hoch- und Tiefbau

Standardwerk zur Schadenserkennung und Schadensvermeidung

Band 2: Hochbau

Fraunhofer IRB Verlag

Bibliografische Information der Deutschen Nationalbibliothek
Die Deutsche Nationalbibliothek verzeichnet diese Publikation in der Deutschen Nationalbibliografie;
detaillierte bibliografische Daten sind im Internet über http://dnb.d-nb.de abrufbar.

ISBN: 978-3-8167-7510-2

Herstellung: Sonja Frank
Layout: Georgia Zechlin
Umschlaggestaltung: Martin Kjer
Satz: Primustype Robert Hurler GmbH
Druck: Druckerei Uhl GmbH & Co. KG, Radolfzell am Bodensee
Für den Druck des Buches wurde chlor- und säurefreies Papier verwendet.

© by Fraunhofer IRB Verlag, 2009
Fraunhofer-Informationszentrum
Raum und Bau IRB
Nobelstraße 12, 70569 Stuttgart
Telefon (0711) 9 70-25 00
Telefax (0711) 9 70-25 08
E-Mail: irb@irb.fraunhofer.de
http://www.baufachinformation.de

Vorwort

Die systematische Forschung zu Ursachen und Quellen von Bauschäden hat in Deutschland eine relativ kurze Geschichte. Seit etwa den 1970er-Jahren wurde vermehrt hierüber publiziert. Erst durch die drei in den 1980er- und 90er-Jahren erarbeiteten Bauschadensberichte der Bundesregierung, in denen die Bauschadenskosten beziffert und ihre steigende Tendenz dokumentiert wurde, hat sich die Erkenntnis allgemein durchgesetzt, dass die Bauschadensforschung von betriebs- und volkswirtschaftlicher Bedeutung und somit notwendig ist.

Zwecks Erkennung und Vermeidung von Bauschäden sollten systematische Qualitätskontrollen im Bauwesen eine Selbstverständlichkeit sein. Dies ist jedoch häufig nicht der Fall. Untersuchungen von Bauschäden im Hoch- und Tiefbau haben z. B. gezeigt, dass Ausführungsfehler einen recht hohen Anteil an den Schadensquellen haben. Es besteht demnach nicht nur für die Planungs-, sondern auch für die Ausführungsseite ein Bedarf an praktisch einsetzbaren Ausführungshilfen. Darüber hinaus gilt es, die in der Praxis unter Zeit- und Kostendruck tätigen Architekten, Ingenieure und Bauausführenden über mögliche Schadensursachen zu informieren.

In diesem Sinne soll das Werk *Bauschäden im Hoch- und Tiefbau* mit den beiden Bänden 1 (Tiefbau) und 2 (Hochbau) einen Beitrag zur Erkennung und Vermeidung von Bauschäden leisten. Beide Bände behandeln für verschiedene Bauaufgaben Bauschadensfälle und Empfehlungen zu deren Vermeidung, die einfach und verständlich beschrieben sind. Beide Bücher ersetzen natürlich nicht die Leistungen durch Architekten und Ingenieure und auch nicht die Erfahrung kompetenter Bauunternehmen. Sie sollen daher als Leitfaden und Arbeitshilfe sowohl für Studierende, für Doktoranden, für junge Absolventen aus den Hochschulen als auch für in der Bauverwaltung Tätige, für Architekten, für Tragwerksplaner, in Ingenieurbüros Tätige und für Bauausführende dienen. Als zusätzliche Hilfe können beide Bücher für Versicherer und Bauherren zur rechtzeitigen Erkennung möglicher Schadensquellen und -ursachen bereits bei der Planung dienen.

Hauptziel der Beiträge beider Bücher ist es, möglichst viele praktische Erkenntnisse und Empfehlungen zu vermitteln, um hierdurch die Zahl von Bauschäden zu minimieren. Bauschäden können selbstverständlich auch in Zukunft nicht vollständig ausgeschlossen werden. Der Schlüssel für eine erfolgreiche und schadensfreie Durchführung einer Baumaßnahme bleibt, dass sowohl auf der Planungsseite als auch auf der Ausführungsseite kompetente Architekten,

Ingenieure und Bauausführende tätig sind. Ein ganz wichtiger Aspekt ist dabei – dies soll anlässlich des Preiskampfes der letzten Jahre nicht unerwähnt bleiben –, dass qualitativ hochwertige Planungs- und Ausführungsleistungen auch angemessen vergütet werden müssen.

Die Autoren

Inhalt

RA Horst Helmbrecht, Hannover
Prof. Dr.-Ing. Martin Pfeiffer, Hannover

1 Einleitung zu Bauschäden im Hochbau

Bauschäden im Hochbau sind ein volks- und betriebswirtschaftlich wichtiges Thema, da sie für alle an Planung und am Bau Beteiligten grundsätzlich außerordentlich teuer werden können und nach aller Erfahrung in der Praxis der Beteiligten tatsächlich auch immer noch zu teuer zu stehen kommen. Deshalb gilt es für Bauplaner, Bauüberwacher und Bauausführende gleichermaßen, alle Anstrengungen darauf zu konzentrieren, Bauschäden im Hochbau in größtmöglicher Anzahl zu erkennen und zu vermeiden.

In diesem Zusammenhang ist zu beachten, dass sich die Art der Bautätigkeit über die Jahrzehnte gerade in Deutschland vom Neubau sehr stark zum Bauen im Bestand gewandelt hat. Deshalb soll sich das nachfolgend exemplarisch dargestellte Zahlenmaterial zu Bauschäden im Hochbau speziell hierauf beziehen.

1.1 Bauschäden beim Bau im Hochbaubestand

Seit den 1980er-Jahren gibt es Berichte und Veröffentlichungen, die sich mit der Art, der Anzahl und den Kosten von Bauschäden im Hochbau in Deutschland befassen, u.a. auch die Bauschadensberichte des BMBau (Bundesministerium für Bau- und Wohnungswesen). In Bezug genommen werden soll hier auszugsweise eine systematische Auswertung von Bauschäden durch Bauen im Bestand aus dem Berichtsheft 19 des Instituts für Bauforschung e.V. (IFB) [1].

Hingewiesen wird hierin insbesondere auf eine grundsätzliche Abhängigkeit der Schadenshäufigkeit von den anzutreffenden Baualtersklassen und auch auf die Wechselwirkung zwischen konstruktiven Eigenschaften von Gebäuden und der Anzahl vorgefundener Schäden.

Wie die grafische Darstellung (Abb. 1.1.1) zeigt, liegt der Schadensschwerpunkt der vorgenannten Bauschadensanalyse mit rund 70 % bei den Wohnungsbauten. Es folgen der Gebäudebestand mit gewerblicher Nutzung mit rd. 20 % und der Gebäudebestand in öffentlicher Hand mit einem Anteil von 10 %. Die Verteilung der Schadenshäufigkeit deckt sich in etwa mit den Anteilen der unterschiedlichen Bestandsarten am Gesamtbestand der Hochbauten in Deutschland und lässt auch erkennen, dass die größte Bautätigkeit im Wohnungsbestand stattfindet [1].

Abb. 1.1.1
Art des durch
Bauen im Bestand
beschädigten
Gebäudebestandes
in % (nach [1, S. 35])

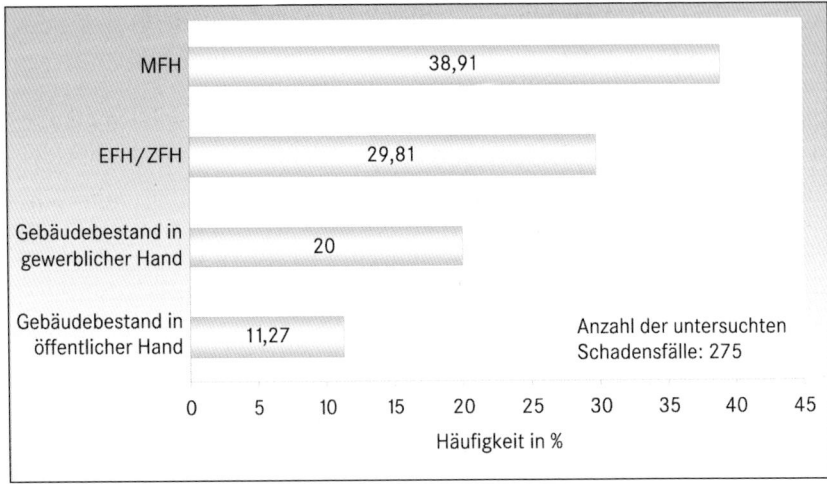

Abb. 1.1.1
Art des durch
Bauen im Bestand
beschädigten
Gebäudebestandes
in % (nach [1, S. 35])

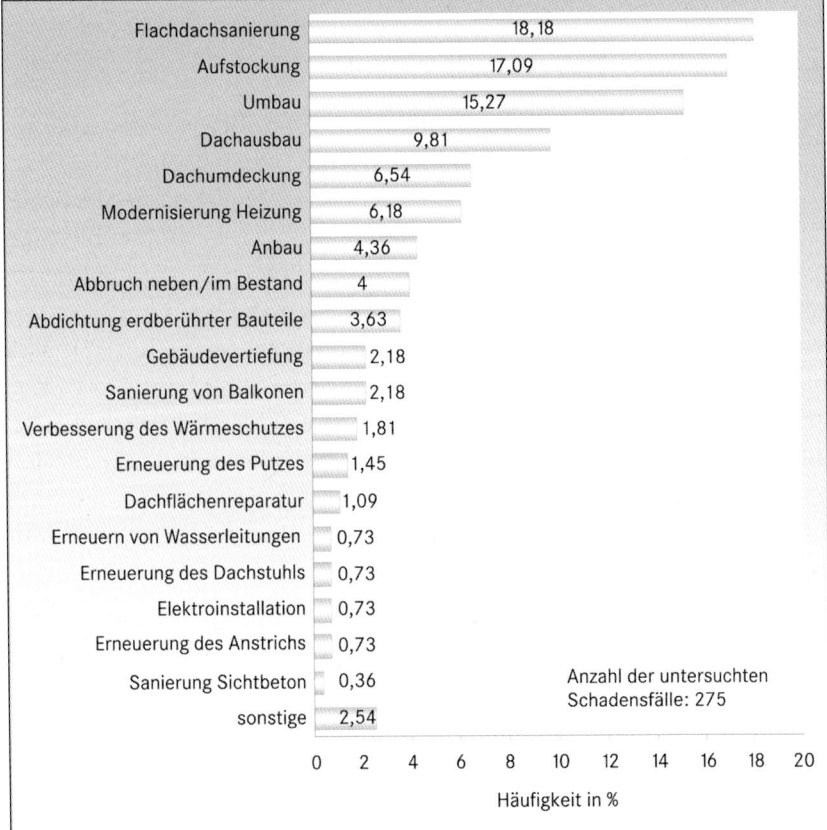

Abb. 1.2.1
Art der schadens-
betroffenen Bau-
bzw. Sanierungs-
maßnahmen in %
(nach [1, S. 36])

1.2 Bauschäden nach Art der Baumaßnahme im Bestand

Die Verteilung der Bauschäden in der o. g. Bauschadensanalyse [1] auf die verschiedenen Bau- und Sanierungsmaßnahmen ergibt sich aus Abb. 1.2.1.

Den Schwerpunkten der festgestellten Bauschäden tragen auch die Autorenbeiträge dieses Buches Rechnung.

1.3 Begriffsbestimmungen

Es erscheint im Zusammenhang mit der in diesem Fachbuch vorgenommenen Auswertung von Bauschadensfällen zum vertieften Verständnis des Lesers als methodisch sinnvoll, die wichtigsten in diesem Zusammenhang immer wieder benutzten Fachbegriffe auf ihre Bedeutung und systematische Einordnung hin (in alphabetischer Reihenfolge) zu erläutern:

Anerkannte Regeln der Technik

Anerkannte Regeln der Technik (bzw. Baukunst) sind auf wissenschaftlichen Erkenntnissen und praktischen Erfahrungen beruhende, von fachkundigen Personen allgemein anerkannte, bekannte und bewährte technische Regeln für die Planung, die Ausführung und die Unterhaltung baulicher Anlagen. Die allgemein anerkannten Regeln der Technik sind in der Wissenschaft als theoretisch richtig anerkannt und haben sich in den einschlägigen Fachkreisen aufgrund dauernder praktischer Erfahrung als technisch geeignet durchgesetzt. Die nach den anerkannten Regeln der Technik eingesetzten Baustoffe, Bauteile und Bauarten sind allgemein gebräuchlich und haben sich praktisch bewährt. Weil bei stringenter Anwendung dieses Prinzips ein Fortschritt der Technik verhindert würde, ist es zulässig und selbstverständlich auch wünschenswert, dass neue Baustoffe, Bauteile und Bauarten eingesetzt werden können, wenn dies vertraglich vereinbart wird.

Zu den anerkannten Regeln der Technik können auch jahrhundertealte Handwerksregeln gehören, die nicht schriftlich festgelegt sind. Es gehört zu den originären Aufgaben eines technischen Sachverständigen, die Informationen über die jeweiligen Regeln der Technik bereitzustellen, die zur Konkretisierung dieses Begriffs notwendig sind. In diesem Zusammenhang ist darauf hinzuweisen, dass DIN-Normen und anerkannte Regeln der Technik nicht identisch sein müssen. Anerkannte Regeln der Technik sind eigendynamische Regelungen, die sich in ständiger Weiterentwicklung befinden. Deshalb ist in jedem Einzelfall zu prüfen, welche Regelwerke anzuwenden, wie sie zu konkretisieren und um welche Regeln sie ggf. zu ergänzen sind. Die Einhaltung der anerkannten Regeln der Technik ist ein notwendiges Kriterium für die Klärung der Frage der Mangelfreiheit (s. Erläuterungen zu [Sach-]Mangel).

Gewährleistung

Hierbei handelt es sich um einen immer noch gebräuchlichen Begriff aus dem alten Werkvertragsrecht des Bürgerlichen Gesetzbuchs (BGB) bzw. der VOB, das bis zum Ende des Jahres 2001 galt. Danach war der Auftragnehmer, z.B. Bauunternehmer oder Handwerker, verpflichtet, innerhalb bestimmter Fristen die Gewährleistung für die vereinbarte Leistung zu übernehmen und ggf. bei aufgetretenen Mängeln den Schaden zu ersetzen oder nachzubessern.

Seit der Änderung bzw. Neuregelung des Schuldrechts per 01.01.2002 wurde im BGB und in der VOB/B (aktuell 2006) der Begriff »Gewährleistung« durch »Mängelansprüche« ersetzt. Es gibt jetzt folglich Verjährungsfristen für Mängelansprüche. Maßgebliche Vorschriften hierzu sind § 634a BGB und § 13 VOB/B. Während der Verjährungsfrist für Mängelansprüche ist der Auftragnehmer verpflichtet, alle hervortretenden Mängel, die auf vertragswidrige Leistungen zurückzuführen sind, auf seine Kosten zu beseitigen.

Haftpflichtschäden

Die Ausführungen in diesem Buch zu Schäden bzw. Schadensquellen machen deutlich, wie wichtig es für Planer und Bauausführende ist, eine Haftpflichtversicherung mit ausreichender Deckung abzuschließen – für Architekten und Ingenieure eine Berufshaftpflichtversicherung, für ausführende Unternehmer und zugleich für ihre Mitarbeiter eine Betriebshaftpflichtversicherung.

Als Haftpflichtschäden bezeichnet der Versicherer solche Schäden, für die der Verursacher aufgrund gesetzlicher Haftpflichtbestimmungen privatrechtlichen Inhalts von einem Dritten in Anspruch genommen werden kann (§ 1 Nr. 1 Allgemeine Bedingungen für die Haftpflichtversicherung [AHB]). Die Erfüllung von Verträgen und die an die Stelle der Erfüllungsleistung tretende Ersatzleistung sind grundsätzlich nicht Gegenstand der Haftpflichtversicherung (§ 4 I Nr. 6 Abs. 3 AHB).

Instandhaltung

Von Instandhaltung wird im Allgemeinen gesprochen, wenn durch entsprechende Maßnahmen der Zustand von einem Wohngebäude aufrechterhalten wird.

Eine Definition zum Begriff der Instandhaltung liefert z. B. die II. BV (Zweite Berechnungsverordnung) über den Begriff der Instandhaltungskosten. Hiernach sind Instandhaltungsmaßnahmen diejenigen Maßnahmen, die während der Nutzungsdauer der Erhaltung des bestimmungsgemäßen Gebrauchs und zur Beseitigung der durch Abnutzung, Alterung und Witterungseinwirkung entstehenden baulichen und sonstigen Mängel dienen. Hierin sind allerdings auch die im Folgenden noch zu erläuternden Instandsetzungsarbeiten enthalten. Die Honorarordnung für Architekten und Ingenieure (HOAI) definiert den Begriff der Instandhaltung als »Maßnahmen zur Erhaltung des Sollzustandes eines Objektes«. Es kann demnach festgehalten werden, dass die entscheidenden Aufgaben der Instandhaltung die Sicherstellung der Nutzbarkeit, die Substanz- und Werterhaltung des Objektes sowie die Vermeidung oder Reduzierung von Ausfallkosten aufgrund von Gebäudemängeln sind.

Instandsetzung

Im Gegensatz zu der vorgenannten Instandhaltung, die regelmäßig im Zusammenhang mit Maßnahmen steht, die der Erhaltung des bestimmungsgemäßen Gebrauchs dienen, wird unter Instandsetzung die Behebung bereits eingetretener Mängel verstanden. Die Instandsetzung dient daher der Wiederherstellung eines Wohngebäudes. In § 177 BauGB hat der Gesetzgeber eine Definition von Instandsetzungsarbeiten gegeben. Dort werden die Tatbestände, die eine Instandsetzung notwendig machen, als »Mängel« bezeichnet. Instandsetzungen sind danach Maßnahmen, die Mängel infolge von Abnutzung, Alterung, Witterungseinflüssen oder Einwirkungen Dritter beheben. Weitere Voraussetzung ist die erhebliche Beeinträchtigung der bestimmungsgemäßen Nutzung einer baulichen Anlage.

Die HOAI definiert den Begriff der Instandsetzung als »Maßnahmen zur Wiederherstellung des zum bestimmungsgemäßen Gebrauch geeigneten Zustandes (Sollzustand) eines Objektes, soweit sie nicht unter Wiederaufbau fallen oder durch Modernisierungsmaßnahmen verursacht sind«.

Mängelansprüche

§ 13 VOB/B hat eine umfangreiche Änderung im Rahmen der Schuldrechtsreform bzw. mit dem Erscheinen der VOB/B 2002 (aktuell 2006) erfahren. Gleiches gilt für die §§ 633 ff. BGB, die ebenfalls umfassend geändert wurden. Danach gilt: Der Auftragnehmer hat dem Auftraggeber seine Leistung zum Zeitpunkt der Abnahme frei von Sachmängeln (§ 13 VOB/B) bzw. frei von Sach- und Rechtsmängeln (§ 633 BGB) zu verschaffen. Von Interesse bei der Betrachtung von Bauschäden und der Geltendmachung von entsprechenden Mängelansprüchen ist ausschließlich der (Sach-)Mangel.

(Sach-)Mangel

Eine Leistung ist dann mit einem Sachmangel behaftet, wenn sie:

- nicht die vereinbarte Beschaffenheit aufweist oder
- nicht die nach dem Vertrag vorausgesetzte Beschaffenheit hat oder
- sich nicht für die gewöhnliche Verwendung eignet bzw. nicht eine Beschaffenheit aufweist, die bei Werken gleicher Art üblich ist und die nach Art der Leistung vom Besteller erwartet werden kann (sog. *dreistufiger Mangelbegriff*; s. Abb. 1.3.1).

Die Mangelbegriffe des BGB und der VOB/B stimmen inhaltlich weitestgehend überein. In der VOB/B werden die anerkannten Regeln der Technik zusätzlich ausdrücklich erwähnt. Dies bedeutet, dass in der VOB/B allen drei Stufen des Mangelbegriffs die Einhaltung der anerkannten Regeln der Technik als Min-

Abb. 1.3.1
Dreistufiger Mangel-
begriff der VOB/B
(nach VOB/B § 13
Abs. 1)

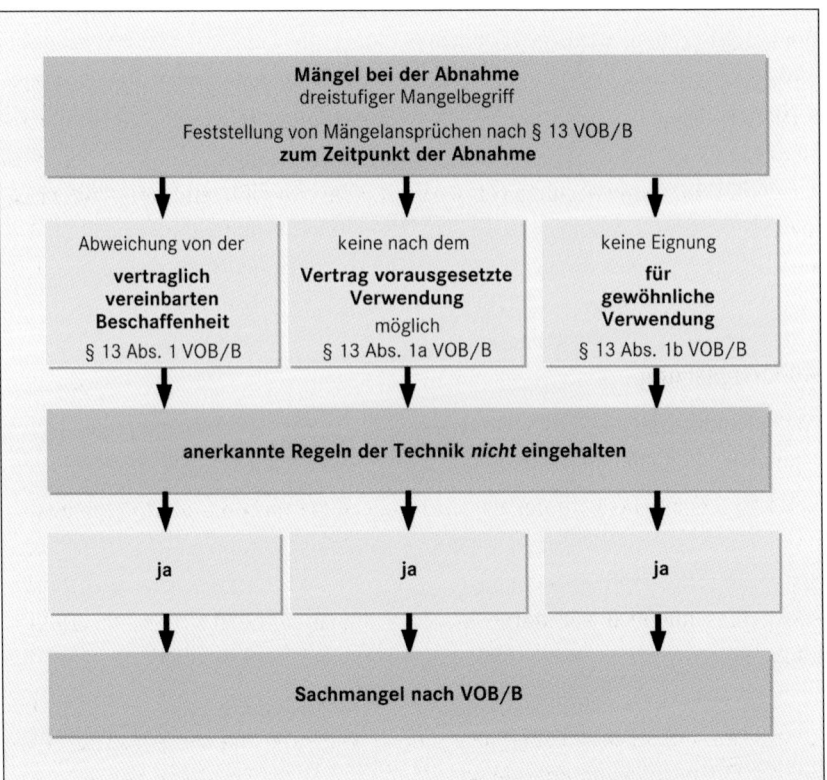

deststandard immanent ist. Im BGB wurde hierauf verzichtet, in der Gesetzes begründung jedoch ausgeführt, dass die Einhaltung der anerkannten Regeln der Technik als generell vom Auftragnehmer geschuldet angesehen wird.

Minderung

§ 13 Nr. 6 VOB/B beschreibt die Möglichkeit einer Minderung der dem Werkunternehmer zustehenden Vergütung:

»Ist die Beseitigung des Mangels unmöglich oder würde sie einen unverhältnismäßig hohen Aufwand erfordern und wird sie deshalb vom Auftragnehmer verweigert, so kann der Auftraggeber Minderung der Vergütung verlangen.«

Neben eindeutig nachzubessernden Mängeln können sich bei Bauwerken oder Bauwerksteilen Abweichungen zeigen, die zwar an sich die Schwelle hinnehmbarer Unregelmäßigkeiten übersteigen, deren Nachbesserungsaufwand u. U. aber unverhältnismäßig hoch ist. Als Unverhältnismäßigkeit kann es angesehen werden, wenn die Nachbesserungskosten im groben Missverhältnis zur Wertminderung stehen. Zahlenmäßige Angaben zum Missverhältnis sind nicht festgelegt.

Die Fragen, ob ein Missverhältnis vorliegt, ob statt nachzubessern gemindert wird und wie eine vorzunehmende Minderung zu bemessen ist, sind rechtlicher Art und nicht von den Sachverständigen zu beurteilen. Sachverständige werden jedoch bei der Beantwortung von Rechtsfragen unterstützend tätig, indem sie Nachbesserungskosten errechnen und Minderwerte als Grundlage für die Bemessung der Minderung ermitteln. Ein Minderungsanspruch nach BGB kann sich aus den §§ 634 Nr. 3, 638 BGB ergeben.

Modernisierung

Obgleich verschiedene Gesetze eine Begriffsbeschreibung zur Modernisierung liefern, gibt es keine einheitliche inhaltliche Definition.

In § 3 Nr. 6 der HOAI wird der Begriff »Modernisierung« definiert als »bauliche Maßnahmen zur nachhaltigen Erhöhung des Gebrauchswertes eines Objekts, soweit sie nicht unter Erweiterungen, Umbauten oder Instandsetzungen fallen, jedoch einschließlich der durch diese Maßnahmen verursachten Instandsetzungen«.

Das BGB verwendet den Begriff der Modernisierung z. B. in § 554 BGB und beschreibt ihn inhaltlich mit »Maßnahmen zur Verbesserung der gemieteten Räume, zur Einsparung von Energie oder Wasser oder zur Schaffung neuen Wohnraums.« Die II. BV versteht unter der Modernisierung ebenfalls bauliche Maßnahmen, die den Gebrauchswert des Wohnraums nachhaltig erhöhen, die allgemeinen Wohnverhältnisse auf Dauer verbessern oder nachhaltige Einsparungen von Heizenergie oder Wasser bewirken. Darüber hinaus sind hierunter Maßnahmen zum Ausbau und Anbau im Sinne von § 17 Abs. 1, Satz 2 und Abs. 2 II. WoBauG (Zweites Wohnungsbaugesetz) beim Wohnbau zu verstehen, soweit die baulichen Maßnahmen den Gebrauchswert der bestehenden Wohnungen nachhaltig erhöhen.

Eine weitere Beschreibung liefert das BauGB. Das BauGB stellt hinsichtlich der Modernisierung auf das Vorliegen von Missständen ab, die eine bauliche Anlage nach ihrer inneren und äußeren Beschaffenheit aufweist. Insbesondere wenn die bauliche Anlage nicht den allgemeinen Anforderungen an gesunde Wohn- und Arbeitsverhältnisse entspricht. Im Gegensatz zu »Mängeln«, die durch Instandsetzungen zu beseitigen sind, wird hier der umfassendere Begriff der »Missstände« herangezogen. Eine Abgrenzung der unterschiedlichen Maßnahmen ist notwendig, da im Rahmen von Modernisierungsmaßnahmen sowie Instandsetzungen im Regelfall auch anteilig Instandhaltungsmaßnahmen durchgeführt werden. Die Abgrenzung kann anhand von Kostenvoranschlägen oder alternativ auch durch Sachverständigengutachten erfolgen.

Sanierung

Maßnahmen, die vorhandene strukturelle Defizite beseitigen, werden als Sanierung bezeichnet. Diese Maßnahmen sind i. d. R. umfassender als die einer Renovierung oder Modernisierung. Neben deutlichen Eingriffen in die vorhandene Bausubstanz kommt es im Rahmen einer Sanierung z. B. auch zu Nutzungsänderungen.

Eine Sanierung im eigentlichen Sinne ist notwendig zur Behebung erheblicher Missstände in einem städtischen Gebiet. Die hier vorzufindenden Probleme können auf verschiedenste Ursachen zurückzuführen sein, z. B. schlechter baulicher Zustand der Gebäude, mangelhafte Ausstattung der Wohnungen, ökologische Probleme, wohnungs- und gesellschaftspolitische Probleme sowie die schwierige Vermietbarkeit oder der hohe finanzielle Umfang notwendiger Maßnahmen. Der rechtliche Handlungsrahmen für eine Sanierung findet sich in den §§ 136 bis 191 BauGB. Hiernach kann nur dann von einer Sanierung gesprochen werden, wenn in einem förmlich festgelegten Sanierungsgebiet nach einem durch die Gemeinde erstellten Sanierungsplan städtebauliche Missstände und bauliche Mängel beseitigt, der Ausstattungsstandard der Wohnungen verbessert und zusätzliche Infrastruktureinrichtungen geschaffen werden.

Schaden

Als Schaden werden alle negativen Veränderungen an einer Sache (z. B. Bauteil, Gebäude usw.) bezeichnet, die aufgrund von Planungs-, Produktions-, Ausführungs-, Nutzungs- oder Aufsichtsfehlern entstehen bzw. Resultat nicht vermeidbarer Einflüsse (Alterung, höhere Gewalt usw.) sind.

Schaden und Mangel

Schäden dürfen nicht automatisch unter dem Gesichtspunkt mangelhafter Bauleistungen gesehen werden, sondern es sind auch die Schäden zu betrachten, die durch schädigendes Nutzerverhalten, Umwelteinflüsse, Alterung und Fremdeinwirkung verursacht werden. Das heißt, dass nicht jeder Schaden gleichzeitig auch ein Mangel mit der Folge möglicher Mängelansprüche ist, sondern die beiden Begriffe sorgfältig voneinander zu trennen sind. Schäden, die auf Nutzungsfehler und nicht vermeidbare Einflüsse zurückzuführen sind, begründen keine Mängelansprüche.

Schadensquellen

Schadensquellen für Bauschäden sind – in Abgrenzung zu Schadensursachen – Vorgänge, Ereignisse oder Umstände, die den physikalisch-technisch begründbaren Schadenshergang eintreten lassen. In den Schadensquellen liegen die eigentlichen Gründe, die das Wirksamwerden einer Schadensursache erst ermöglichen. Schadensquellen sind z. B.:

- Planungsfehler:
  Als Planungsfehler werden in der Praxis von Bausachverständigen und Gutachtern Fehler und Mängel in Architekten- und Ingenieurleistungen bezeichnet. In Betracht kommen mangelhafte Planungen, Verstöße gegen die anerkannten Regeln bzw. den Stand der Technik, unzureichende Voruntersuchungen, mangelnde Koordination der verschiedenen Gewerke, unzureichende Bauleitung sowie Termin- und Kostenüberschreitungen.

- Aufsichtsfehler:
  Durch die nicht genügende oder fehlerhafte Beaufsichtigung von Bauarbeiten bzw. Handwerkern können Bauschäden entstehen, insbesondere auch bei Erteilung objektiv falscher Handlungsanweisungen. Die Verantwortung hierfür liegt i. d. R. beim Bauleiter oder dem mit der Planung und Aufsicht beauftragten Architekten.

- Ausführungsfehler:

  Ausführungsfehler sind Verstöße der ausführenden Bauunternehmen gegen die anerkannten Regeln bzw. den Stand der Technik bei der Erstellung der Werkleistung. Sofern es sich um die Umsetzung einer offensichtlich fehlerhaften Planungsvorgabe handelt, wird auch dies als Ausführungsfehler gewertet. In diesen Fällen kann den Bauausführenden der Vorwurf treffen, seiner Prüf- und Hinweispflicht (Bedenkenanmeldung des Auftragnehmers gegen die angeordnete Art der Ausführung gemäß § 4 VOB/B – Vergabe- und Vertragsordnung für Bauleistungen) nicht nachgekommen zu sein.

- Produktionsfehler:

  Der Begriff »Produktionsfehler« beschreibt die fehlerhafte Herstellung von Bauteilen oder Baustoffen. Derartig fehlerbehaftete Produkte sind ebenfalls geeignet, Bauschäden hervorzurufen. Die Verantwortung hierfür regelt sich nach dem Produkthaftungsgesetz. In Betracht kommen Hersteller und Verkäufer.

- Nutzungsfehler:

  Der Begriff »Nutzungsfehler« steht für den nicht eigenschaftsgerechten Gebrauch eines Bauwerkes mit der Folge von Bauschäden. Hier kommt es zu einer Überbeanspruchung, ggf. auch durch mangelnde Bauunterhaltung oder schlicht durch Bedienungsfehler.

- Nicht vermeidbare Einflüsse:

  Nicht vermeidbare Einflüsse liegen vor, wenn die vorgenannten Schadensquellen nicht in Betracht kommen. Zu denken ist hier insbesondere an die normale Alterung von Bauwerken und Bauteilen und die damit einhergehende Veränderung der Bausubstanz sowie an die Auswirkung von Witterungseinflüssen.

Schadensursachen

Der Eintritt eines Schadens an einem Bauwerk ist ein im Regelfall entweder auf menschliches oder technisches Versagen zurückzuführendes Ereignis. Gelegentlich ist auch eine Fremdeinwirkung schadensursächlich (Brand, Vandalismus usw.).

Zu einem technischen Versagen kann es insbesondere aus zwei Gründen kommen:

- Die physikalische oder chemische Beschaffenheit eines Bauteils entspricht nicht den Beanspruchungen oder

- es fehlen erforderliche Eigenschaften oder Schutzmaßnahmen.

Bei der Suche nach den technischen Ursachen von Schäden an einem Bauwerk ist somit zunächst die Relation zwischen der Beschaffenheit der Bauteile und den Beanspruchungen, insbesondere in physikalischer und chemischer Hinsicht, zu klären. Daneben gilt es, mögliche potenzielle Fremdeinwirkungen zu erkennen.

Ob im Schadensfall die Beschaffenheit eines Bauteils als ungenügend anzusehen ist, hängt im Einzelfall auch davon ab, was technische Regelwerke oder anerkannte Regeln der (Bau-)Technik als Standard bzw. als Mindestvoraussetzung bestimmen. Hierzu ist ein Ist-Soll-Vergleich vorzunehmen. Weiterhin ergibt sich die Frage, ob die Beschaffenheit eines Werkes/einer Werkleistung den vermeintlichen Anforderungen bzw. einem vertraglich vereinbarten Gebrauch entsprechen.

Daraus kann dann im Fall einer Nicht-Übereinstimmung von Ist und Soll ein Regelverstoß abgeleitet und die Verantwortung dafür den an Planung, am Bau, an Betrieb bzw. Nutzung Beteiligten zugeordnet werden, je nach Maßgabe ihrer Verantwortlichkeitsbereiche.

Oft kommt nicht nur eine einzelne Schadensursache in Betracht, sondern eine Kombination mehrerer Schadensursachen.

In Abgrenzung zu Schadensquellen können Schadensursachen an einem Bauwerk folgendermaßen bestimmt werden:

Schadensursachen sind bautechnische und bauphysikalische Bedingungen, die unmittelbar auf die Baumaßnahme wirken und zum Eintreten von Bauschäden auf der Baustelle oder in deren Einflussbereich führen.

Stand der Technik

Der Stand der Technik spiegelt die derzeitigen Möglichkeiten wider, ohne zwingend nach den anerkannten Regeln der Technik bewährt, von der Fachwelt anerkannt und allgemein bekannt zu sein.

Unregelmäßigkeiten

Beanstandungen des Auftraggebers betreffen nicht nur Mängel und Schäden, sondern können auch andere Unregelmäßigkeiten unterschiedlichen Umfangs betreffen. Unregelmäßigkeiten lassen sich nach Oswald/Abel [2] in die folgenden drei Beurteilungsgruppen einordnen:

- deutliche, nachzubessernde Mängel,
- hinnehmbare Abweichungen, die durch Minderung abgegolten werden und
- hinzunehmende Unregelmäßigkeiten.

Eine Unregelmäßigkeit bei einer Bauleistung kann sowohl in einem Fehler der Funktion als auch der optischen Erscheinung liegen. Es ist individuell unter Berücksichtigung des dreistufigen Mangelbegriffs sowie zusätzlicher objektiver und subjektiver Kriterien zu klären, ob eine Unregelmäßigkeit einen zu beseitigenden Mangel darstellt oder ggf. unter Vornahme einer Minderung hinzunehmen ist.

Zugesicherte Eigenschaften

Der Begriff der »zugesicherten Eigenschaften« aus dem alten Werkvertragsrecht des BGB (bis 31.12.2001) ist mit der Schuldrechtsreform entfallen. Es gilt nunmehr der dreistufige Mangelbegriff (s. Erläuterungen zu [Sach-]Mangel).

Mag die Lektüre dieses Fachbuches dem geneigten Leser eine Hilfe sein, einen systematischen Überblick zum Thema »Bauschäden im Hochbau« zu gewinnen, um daraus ggf. seine eigenen Schlüsse zu einer nachhaltigen, möglichst umfänglichen Bauschadensvermeidung nebst damit oftmals einhergehendem Streit über Verantwortlichkeiten innerhalb seines ganz persönlichen Wirkungskreises zu ziehen.

1.4 »quasibau« – Die elektronische Bibliothek zur Qualitätssicherung

Der Begriff »quasibau« leitet sich aus den Wörtern Qualitätssicherung und Bauen ab und ist eine elektronische Bibliothek zur Qualitätssicherung. Gemeinsam werden durch die VHV – Vereinigte Hannoversche Versicherung a.G. und das Institut für Bauforschung e. V. (IFB) auf der Internetseite *http://www.vhv.de/web/quasibau/index.jsp* Informationen zur Qualitätssicherung beim Planen, Bauen, Betreiben und Rückbauen, insbesondere mit Bezug auf die Bereiche Versicherungsschutz, Haftung, Bauforschung und Bautechnik im Umgang mit Risiken, als Informationsplattform angeboten.

Alle mit dem Thema »Qualität und Bau« befassten Fachleute können nicht nur Informationen zur Vermeidung von Schäden (Schadenprophylaxe) erhalten, welche anhand von in der Praxis typischer Schadensfälle dargestellt werden, sondern es besteht auch die Möglichkeit an IFB/VHV-Fachtagungen und Seminaren zum wirtschaftlichen und schadensfreien Bauen teilzunehmen. Weiterhin sind zum Thema Qualitätssicherung laufend zeitgemäße, innovative und anwenderbezogene Neuigkeiten und Ergebnisse aus der Bauforschung veröffentlicht, die unter den Rubriken »Berichtshefte«, »Merkblätter« und »Sonderdrucke« mit unterschiedlichen Schwerpunkten aufgelistet sind.

1.5 Literaturverzeichnis

Verwendete Literatur

[1] Rizkallah, V.; Achmus, M.; Kaiser, J.; Institut für Bauforschung e. V. (Hrsg.) : Bauschäden beim Bauen im Bestand. Schadensursachen und Schadensvermeidung. Informationsreihe Bericht 19. Hannover: Selbstverlag, 2003

[2] Oswald, R.; Abel, R.: Hinzunehmende Unregelmäßigkeiten bei Gebäuden. 2. Aufl.
Wiesbaden: Bauverlag, 2000

[3] VHV - Vereinigte Hannoversche Versicherung AG in Partnerschaft mit dem Institut
für Bauforschung e. V. (IFB): Informationsplattform »quasibau«.
URL: http://www.vhv.de/web/quasibau/index.jsp [Stand: 31.08.2008]

Gesetze/Verordnungen/Regelwerke

- AHB - Allgemeine Bedingungen für die Haftpflichtversicherung (AHB 2005)
- BauGB - Baugesetzbuch. In der Fassung der Bekanntmachung vom 23. September
  2004 (BGBl. I S. 2414), zuletzt geändert durch Artikel 1 des Gesetzes vom 21. Dezember 2006 (BGBl. I S. 3316)
- BGB - Bürgerliches Gesetzbuch. In der Fassung der Bekanntmachung vom
  02.01.2002 (BGBl. I S. 42, ber. S. 2909, 2003 S. 738), zuletzt geändert durch Gesetz
  vom 02.12.2006 (BGBl. I S. 2742) m.W.v. 12.12.06
- Gesetz über die Haftung für fehlerhafte Produkte (Produkthaftungsgesetz - Prod-
  HaftG). Gesetz vom 15.12.1989 (BGBl. I S. 2198), zuletzt geändert durch Gesetz vom
  19.07.2002 (BGBl. I S. 2674) m.W.v. 01.08.2002
- HOAI - Honorarordnung für Architekten und Ingenieure vom 17. September 1976
  (BGBl. I S. 2805), in der Fassung des Gesetzes zur Umstellung von Gesetzen und
  Verordnungen im Zuständigkeitsbereich des Bundesministeriums für Wirtschaft
  und Technologie sowie des Bundesministeriums für Bildung und Forschung auf
  Euro (Neuntes Euro-Einführungsgesetz) vom 10. November 2001 (BGBl. I S. 2992)
- VOB - Vergabe- und Vertragsordnung für Bauleistungen, Ausgabe 2006. Deutscher
  Vergabe- und Vertragsausschuss für Bauleistungen DVA. Berlin: Beuth Verlag,
  2006
- Zweite Berechnungsverordnung - (II.BV). In der Fassung vom 12.10.1990, zuletzt
  geändert durch Verordnung zur Berechnung der Wohnfläche, über die Aufstellung
  von Betriebskosten und zur Änderung anderer Verordnungen vom 25.11.2003
- Zweites Wohnungsbaugesetz (II. WoBauG). Zuletzt geändert durch das Gesetz zur
  Neugliederung, Vereinfachung und Reform des Mietrechts (Mietrechtsreformgesetz)
  vom 19.06.2001 (BGBl. I 01, S. 1149) mit Wirkung vom 01.09.2001

Prof. Dr.-Ing. Martin Pfeiffer, Hannover
Univ.-Prof. Dr.-Ing. Martin Achmus, Hannover
Dr.-Ing. Joachim Kaiser, Hannover (†)
Prof. Dr.-Ing. Dr.-Ing. E. h. Victor Rizkallah, Hannover

2 Qualität statt Schäden beim Bauen im Bestand

2.1 Vorwort

Im Rahmen der beim *Institut für Bauforschung e. V.* nachgefragten Leistungen häufen sich die Aufgaben im Bereich der Schadenserkennung und -vermeidung für den Hochbau. Diese Anfragen sind oft verbunden mit dem Anspruch nach *erfolgreicher zusätzlicher Qualitätssicherung* zu den (allgemein) anerkannten Regeln der Technik, d. h. möglichst großer Mangel- und Schadensfreiheit sowie Zweck- und Qualitätsgerechtigkeit für den Hochbau.

Im Hochbau resultiert die zu beachtende Schadens- bzw. auch Qualitätsproblematik insbesondere aus *nicht ordnungsgemäß erstellten Werken bzw. Nichteinhaltung der vereinbarten Beschaffenheit* der Gewerke, die oft nicht nach den (allgemein) anerkannten Regeln der Technik fach- und sachgerecht geplant und ausgeführt sind, aber auch aus nicht sachgerechter Nutzung über die Bauwerkslebenszyklen und Nutzungsdauern.

2.2 Einleitung

Bei den Bauvorhaben in Deutschland nimmt die Bedeutung des Bauens im Hochbau-Bestand gegenüber den Neubauten stetig zu. Gegenwärtig werden bereits deutlich mehr als 50 % der gesamten Wohnungs- und Nichtwohnungsbauinvestitionen im Bestand erbracht. Damit erschließt sich der Planungs- und Bauwirtschaft ein neues, aber auch schwieriges und gefahrenträchtiges Betätigungsfeld. Hiervon zeugen nicht zuletzt auch die Erfahrungen der Verfasser des IFB-Berichts 19 [1] in ihrer Eigenschaft als Bausachverständige bzw. Gutachter, nach denen die Einschaltung bei streitigen Auseinandersetzungen über Bauschäden beim Bauen im Bestand umfangreicher geworden ist.

Welche Bauschäden treten beim Bauen im Bestand auf und wodurch werden sie verursacht? Gibt es besonders schadensrelevante Gewerke beim Bauen im Bestand? Das sind die Kernfragen, denen die Verfasser des IFB-Berichts 19 [1] durch systematische Analyse von insgesamt 275 bei dem Fachversicherer der Bauwirtschaft, VHV Versicherungen, im Zusammenhang mit Bauen im Bestand registrierten Schadensfällen nachgegangen sind.

Ziel dieses Beitrages und des IFB-Berichts 19 [1] ist die Minimierung zukünftiger Bauschäden beim Bauen im Bestand, z.B. durch Information über Ursache-Wirkungs-Zusammenhänge und durch Bereitstellung von Planungs- bzw. Ausführungshilfen.

Als Informationsquelle bzw. Datenbasis für die Bauschadensanalysen wurden Bauschadensakten, im Wesentlichen der Jahrgänge 1990 bis 2001, verwendet. Die aus diesen Akten entnommenen Bauschadensfälle sind im Allgemeinen in fachtechnischer Hinsicht ausreichend detailliert beschrieben. Zur systematischen Erfassung und Speicherung der Bauschadensdaten wurde eine entsprechende Datenbank eingerichtet. Die Datenbank war die Grundlage für die im IFB-Bericht 19 [1] dargestellten systematischen Analysen von Bauschäden durch Bauen im Bestand.

Zur Hervorhebung bzw. zur besonderen Verdeutlichung schadensrelevanter Mechanismen werden im nachfolgenden Kapitel zunächst einzelne Schadensbeispiele aus ganz unterschiedlichen Gewerken des Bauens im Bestand detailliert dargestellt und bautechnisch bewertet. Dabei beschränken sich die Verfasser des IFB-Berichts 19 [1] nicht nur auf die bloße Beschreibung von Ursachenzusammenhängen und Verantwortlichkeiten, sondern es werden auch jeweils fallbeispielbezogene Empfehlungen zur Schadensvermeidung gegeben.

2.3 Bauschadensbeispiele

In diesem Kapitel werden zur Hervorhebung schadensrelevanter Mechanismen beim Bauen im Bestand einzelne Schadensbeispiele aus dem IFB-Bericht 19 [1] detailliert dargestellt und bewertet.

Wasserschäden bei Neueindeckung eines Steildaches

In einem Wohnkomplex - ein 4-geschossiger, unterkellerter Massivbau mit vier Aufgängen - in Hoyerswerda fanden umfangreiche Modernisierungsmaßnahmen statt. In diesem Zusammenhang wurde auch das Dach saniert. Zum Leistungsumfang des Dachdeckers gehörte das Aufbringen von Holzschutzmitteln auf den Dachstuhl mit ggf. Reparatur einzelner Binder, der Austausch der vorhandenen Trapezblechdeckung gegen Dachpfannen auf rd. 300 m² Dachfläche und das Aufbringen von 160 mm starken Mineralfasermatten als Wärmedämmung auf dem Fußboden des Bodenraumes. Am 30./31.05.1998 kam es in den

Abb. 2.3.1
Durchhängende
Unterspannbahnen
[1, S. 5]

Abb. 2.3.2
Durchfeuchtungs-
schäden in Decken-
und Wandbereichen
[1, S. 5]

östlichen Teilen des Landes Brandenburg zu sehr erheblichen Regenfällen, in deren Folge es bei dem betrachteten Sanierungsobjekt zu Wassereintritten in verschiedene Wohnungen kam.

Zum Zeitpunkt des Wassereintritts war das Dach zur Straßenseite hin komplett eingedeckt, zur Hofseite aber noch nicht. Dort war die Dachfläche im Bereich nur eines Aufganges eingedeckt. Die restliche Dachfläche war zu diesem Zeitpunkt mit diffusionsoffenen Unterspannbahnen als Regenschutz abgedeckt worden (ein aus Sicht der Verfasser des IFB-Berichts 19 [1] bei sachgerechter Ausführung durchaus geeigneter provisorischer Witterungsschutz). Die Unterspannbahnen wiesen jedoch – so die örtlichen Feststellungen des in dieser Sache vom Versicherer des Dachdeckers beauftragten Gutachters – stellenweise Mängel auf. Sie waren zwar mit ca. 20 cm bis 25 cm (statt erforderlicher rd. 10 cm) ausreichend überlappend, dafür jedoch an einigen Stellen sehr stark durchhängend (s. Abb. 2.3.1) statt frei gespannt verlegt und/oder bei der Ausführung der Dachdeckerarbeiten beschädigt worden und entsprechend löchrig. Bei dem Regen am 30./31.05.1998 trat dann zwangsläufig Wasser durch die mit starker Ausbeulung in den Dachraum hineinhängenden Unterspannbahnen bzw. die Löcher in der Unterspannbahn in den Dachraum ein. Dort durchnässte das Wasser die neu verlegten Wärmedämmplatten und anschließend die darunter liegenden Räume in den Decken-, Wand- und Fußbodenbereichen (s. Abb. 2.3.2).

Wasserschäden bei Gebäudeaufstockung

Ein bestehendes zweistöckiges Gebäude sollte aufgestockt werden, um neuen Wohnraum zu schaffen. Vor Abschlagen des alten Dachstuhls (die Bauarbeiten wurden im Herbst durchgeführt) wurde auf der Deckenkonstruktion des Obergeschosses zunächst volldeckend eine begehbare regenwasserdichte Abdichtung, bestehend aus einer einlagigen Bitumenabdichtungsbahn, hergestellt. Da sich die vorhandene Deckenkonstruktion bereits als wurmstichig erwies, wurden vor Einbringung der Bitumenabdichtungsbahn Spanplatten auf die Decke aufgebracht. Im Verlauf der Aufstockung mussten nun die bis dahin funktionsfähigen Abdichtungsbahnen aufgetrennt werden, u.a. um die Innenwände des neuen Stockwerks auf die darunter liegenden bestehenden tragenden Wände lastübertragend aufzubringen. Nach Auftrennen der Schweißbahnen und Entfernung der Spanplatten wurde die erste Steinschicht gesetzt. Anschließend wurde die aufgeschnittene Schweißbahn wieder an das neu erstellte Mauerwerk herangeführt und neu verklebt.

Wo genau auf dem aufgehenden Mauerwerk des unter dem Dachboden liegenden Stockwerks die neuen Mauern zu stellen bzw. die Bitumenabdichtungsbahnen aufzuschneiden waren, stellte die Baufirma anhand der Pläne des Architekten fest. Trotz der vorbeschriebenen Sicherungsmaßnahmen kam es infolge starker Regenfälle zu einem massiven Wassereinbruch in das darunter liegende Geschoss (s. Abb. 2.3.3).

Abb. 2.3.3
Durchfeuchtungs-
schäden in Decken-
und Wandbereichen
[1, S. 6]

Im Verlauf der Schadensbeseitigung wurde beim Beseitigen des Wassers auf der Bitumendeckung ein Riss in der Bitumenbahn festgestellt. Die Verteilung der Wassereinbrüche innerhalb der betroffenen Wohnung ließ den Rückschluss zu, dass der Wassereinbruch im Wesentlichen über diesen Riss erfolgt ist. Die Überprüfung durch einen Bausachverständigen ergab, dass dort, wo sich der schadensauslösende Riss befand, mehrfach Bitumenbahnen übereinander geschweißt worden waren und sich unterhalb dieser Flickstelle Hohlstellen befanden. Es fehlte dort eine fachgerechte Unterfütterung der Abdichtung, weshalb dieser Bereich von dem Bausachverständigen als nicht begehbar eingestuft wurde. Der Sachverständige schloss daher nicht aus, dass die nicht fachgerecht unterfütterte Bitumenbahn an dieser Stelle durch Begehen Schaden genommen hat. Grund für die fehlende Unterfütterung war, dass im Zuge der Aufstockungsarbeiten in diesem Bereich die Decke geöffnet wurde, um eine neue Wand aufzusetzen. Allerdings stellte sich heraus, dass dort die Wand des darunter liegenden Obergeschosses, auf die man die neue Wand aufsetzen wollte, nicht vorhanden war. Ursächlich hierfür war ein Fehler im Architektenplan. Es wurde dann die tatsächliche Lage der fraglichen Mauer im Geschoss darunter ausgemessen und die Decke an anderer Stelle nochmals geöffnet. Diesmal war die Öffnung richtig. Das Bauunternehmen erhielt dann über den Architekten den Auftrag, diese »falsche« Öffnung und die Abdeckung wieder zu schließen. Dabei verschweißte das Bauunternehmen lediglich die Dichtungsbahnen, stellte vorher aber den Spanplattenboden nicht mehr her. Neben dem schadensauslösenden Riss in der

Bitumenbahn stellte der Sachverständige außerdem fest, dass die Bitumenbahn im Bereich einer neuen Innenwand nur einseitig dicht angeschweißt war, auf der anderen Wandseite jedoch sichtbar Falten aufwies und dort von Regenwasser hinterlaufen werden konnte bzw. wurde (s. Abb. 2.3.4).

Abb. 2.3.4
Falten in der Bitumenbahn im Bereich der aufgehenden Wand [1, S. 6]

Teileinsturz bei nachträglicher Kellerabdichtung von außen

Die Kelleraußenwände eines Zweifamilienhauses (teilunterkellert, Baujahr 1903) sollten von außen neu gegen Feuchte abgedichtet werden. Geplant war, vor das Kellermauerwerk eine ca. 20 cm starke Schale aus wasserundurchlässigem Beton zu blenden und diese nachfolgend mit einem Isolieranstrich zum Schutz gegen nichtdrückendes Wasser zu versehen. Zusätzlich sollte eine Dränage verlegt werden, um ggf. anströmendes Schichten- bzw. Niederschlagswasser rückstaufrei ableiten zu können.

Beim allseitigen Freischachten der Kellerwände bis zur Gründungssohle stürzte das nordwestlich am Haus angegliederte Treppenhaus mit Windfang ein (s. Abb. 2.3.5). Das gesamte Kellermauerwerk war umlaufend und in einem Zuge bis auf eine Tiefe von ca. 20 cm unter (statt – s. *DIN 4123* »Ausschachtungen, Gründungen, Unterfangungen im Bereich bestehender Gebäude« bzw. Abb. 2.3.5 – maximal höhengleich) Oberkante Kellerfußboden freigeschachtet worden. Im nicht unterkellerten Bereich, nämlich Treppenhaus mit Windfang, reichte die Ausschachtung sogar bis zu 70 cm unter die Unterkante der dortigen Gründung

a) Schadensbild

b) »Sicherung« der Bruchsteinfundamente
gegen Grundbruch

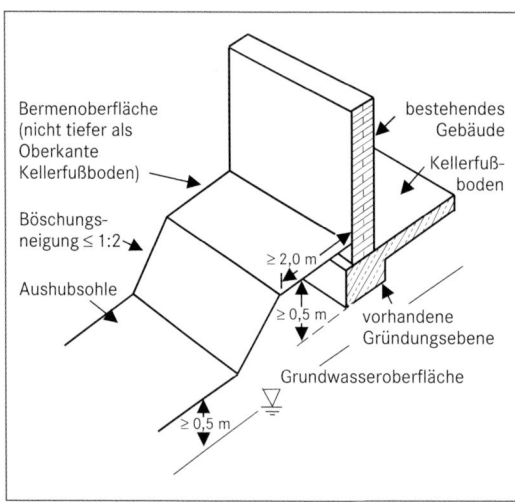

Bermenoberfläche
(nicht tiefer als
Oberkante
Kellerfußboden)

Böschungs-
neigung ≤ 1:2

Aushubsohle

≥ 2,0 m

≥ 0,5 m

≥ 0,5 m

bestehendes
Gebäude

Kellerfuß-
boden

vorhandene
Gründungsebene

Grundwasseroberfläche

c) Bodenaushubgrenzen nach *DIN 4123*

Ausreichende *Geländebruch*-
sicherheit der bestehenden
Fundamente ist gegeben, wenn
im Einzelnen folgende Aushub-
grenzen beachtet werden:
a) Die Bermenoberfläche muss
mindestens 0,50 m über der
Gründungsebene des vor-
handenen Fundaments und
darf nicht tiefer als der
Kellerfußboden des beste-
henden Gebäudes liegen,
sofern das Gebäude einen
Keller hat.
b) Die Breite der Berme muss
mindestens 2 m betragen.
c) Der Erdblock darf neben der
Berme nicht steiler als 1:2
geböscht sein.
d) Der Höhenunterschied
zwischen der vorhandenen
Grundüngsebene und der
Aushubsohle darf nicht
größer als 4 m sein.
Die *Grundbruch*sicherheit des
bestehenden Fundaments hingegen ist für diesen Bau-
zustand rechnerisch nachzuweisen.

aus Bruchstein. Alles in allem ergaben sich so Bauzustände, für die die bestehende Gründung nicht mehr standsicher war. Insbesondere die nicht unterkellerten Gebäudeteile hätten vorab unterfangen werden müssen. Der Baugrund
bestand aus bindigem Boden und war daher feuchtigkeitsempfindlich. Entsprechend schadensbegünstigend hatten sich starke Niederschläge mit Unterspü-
lung des nicht unterkellerten Bereiches ausgewirkt. Der Bauunternehmer hatte
die Bauarbeiten im Übrigen ohne Planung durch einen Architekten oder Ingenieur übernommen.

Schäden an Balkonen wegen unsachgemäßer Ausschachtungen

Bei diesem Bauschadensobjekt handelt es sich um ein 3-geschossiges, voll unterkellertes Mehrfamilienhaus in Leipzig. An den Giebelseiten dieses Gebäudes
wurden neue Balkone installiert (s. Abb. 2.3.6a).

Außerdem wurden die Kellerwände von außen neu abgedichtet – allerdings erst
nach Fertigstellung der Balkone. Das führte dazu, dass bei den Schachtarbeiten

b) Schadensbild

a) Balkonanlage

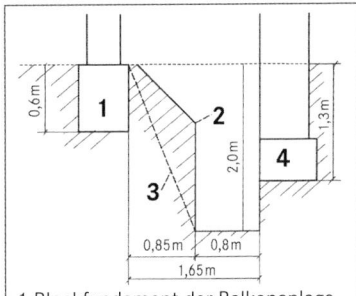

1 Blockfundament der Balkonanlage
2 Grabenaushub gemäß DIN 4124
  bei 2 m Aushubtiefe
3 tatsächlicher Aushub der
  ausführenden Firma
4 Gebäudefundament

c) Schnitt durch Balkonfundament,
  Gebäudefundament und Graben

Abb. 2.3.6
Schäden an
Balkonen durch
unsachgemäße
Ausschachtung
[1, S. 10]

zur Freilegung der Kellerwände als vorbereitende Maßnahme für die auszuführenden Gebäudeabdichtungsmaßnahmen die in einer Tiefe von rd. 80 cm unter Gelände und damit frostsicher gegründeten Fundamente der gerade neu fertig gestellten Balkonanlage gleich mit freigeschachtet wurden (s. Abb. 2.3.6c). Als Folge dieser Maßnahme trat ein Grundbruch auf, die Balkonstützen setzten sich und die neue Balkonanlage riss vom Bauwerk ab (s. Abb. 2.3.6b). Der dadurch erforderlich gewordene Abriss und anschließende Wiederaufbau der Balkonanlage schlug mit 40.000 DM zu Buche. Demgegenüber stand ein Kostenvolumen der schadensauslösenden Bauleistung von rd. 75.000 DM.

Die Erdarbeiten wurden offensichtlich von einem mit der *DIN 4123* wenig vertrauten Abbruchunternehmer durchgeführt. Da ein Verbau des umlaufend um das Gebäude erstellten Grabens nicht ausgeschrieben war, hatte der Abbruchunternehmer – nach Rücksprache mit dem bauleitenden Architekten – die vom Gebäude abgewandten Seiten des Grabens abgeböscht hergestellt. Bei einer Grabentiefe von 2 m und einem Abstand der neuen Balkonfundamente von nur 1,65 m zum Gebäude reichte die Abböschung damit zwangsläufig bis an die neuen Balkonfundamente heran, weshalb der Eintritt des Bauschadens selbst ebenfalls als zwangsläufig zu beurteilen ist. Der Bauschaden hätte sich bereits allein durch einen besser koordinierten Bauablauf – nämlich erst Sanierung der Kellerwand und dann Bau der Balkonanlage – leicht verhindern lassen.

Unsachgemäße Trockenlegung von Kellerwänden

Ein Mehrfamilienhaus mit 32 Wohneinheiten, Baujahr 1915, sollte umfassend saniert werden. Die Bauwerksgründung erfolgte auf bindigem Boden ohne gesondertes Fundament und Isolierung gegen aufsteigende Feuchte. Der Grundwasserstand liegt niveaugleich mit der Kellersohle. Bei Hochwasser eines im Nahbereich liegenden Baches ist zeitweise drückendes Grundwasser vorhanden.

In der Baubeschreibung zum Bauvorhaben war die Trockenlegung des Mauerwerks zwecks Herstellung einer dauerhaften Lösung beschrieben. Direkte Lösungsmöglichkeiten wurden nicht definiert. Außerdem sah die Ausschreibung die Versickerung von Regenwasser mittels Dränagen unmittelbar vor dem Gebäude vor. Nach Eingang der ersten Angebote zeichneten sich Kosten für die Trockenlegung des Kellers von 118.000 DM ab (Bohrlochinjektion, Sanierputz usw.). Der Architekt entschied daraufhin, aus Kostengründen auf die Trockenlegung zu verzichten, schließlich sei der Keller ja in weiten Teilen trocken. In einzelnen Bauabschnitten könne lokal eine Trockenlegung festgeschrieben werden, hierfür solle ein Budget von 50.000 DM vorgehalten werden.

Nach Abschluss der Sanierungsarbeiten zeigten sich sehr schnell ähnliche Feuchterscheinungen wie vor der Sanierung, allerdings in deutlich massiverer Form. Im Einzelnen handelte es sich um großflächige Putzabplatzungen und Salzblasen (s. Abb. 2.3.7) auf den Kelleraußenwänden sowie aufsteigende Feuchte bis ins Erdgeschoss (s. Abb. 2.3.8). Der in dieser Sache tätig gewordene Sachverständige stellte fest, dass die Kellerwände weder vor- noch nachgereinigt worden waren (der ursprünglich vorhandene Kohlendreck war immer noch vollflächig sichtbar) und auf verschmutzten und salzbehafteten Oberflächen ein ganz normaler Pinsel-Kalk-Zementputz aufgetragen worden war.

Abb. 2.3.7
Durchfeuchtete
Kellerwand [1, S. 15]

Abb. 2.3.8
Durchfeuchtete
Kellerwand [1, S. 16]

Der Sachverständige bezeichnete die Sanierung nur in Teilbereichen statt im gesamten Gebäude als Fehlinvestition. Im vorliegenden Fall hätte vielmehr eine Komplettlösung erfolgen müssen, also beispielsweise nachträglicher Einbau einer vertikalen äußeren Abdichtung gegen nichtdrückendes Wasser in Verbindung mit einer wirksamen Dränage, Einbau einer Horizontalsperre gegen kapillar in den Kellerwänden aufsteigende Feuchte und als flankierende Maßnahme das innenseitige Aufbringen eines Sanierputzes. Durch die geforderte (und mit Dränagen so auch ausgeführte) Versickerung von Regenwasser sei die ohnehin vorhandene Nässeeinwirkung auf das ungeschützte Mauerwerk zusätzlich verschärft worden.

Betreffend die vorbeschriebene Problematik der Versickerung von Regenwasser neben Gebäuden sei auf das Arbeitsblatt *ATV-DVWK-A 138* (2005) verwiesen. Danach sollten bei Gebäuden ohne wasserdruckhaltende Abdichtung Versickerungsanlagen grundsätzlich nicht in Verfüllbereichen in Gebäudenähe, z.B. Baugruben, angeordnet werden. Vielmehr sollte der Abstand der Versickerungsanlage vom Baugrubenfußpunkt gemäß Abb. 2.3.9 das 1,5-Fache der Baugrubentiefe h nicht unterschreiten. Ein Abstand von 0,50 m von der Böschungsoberkante zur Versickerungsanlage stellt zusätzlich sicher, dass das Sickerwasser nicht direkt in den Verfüllbereich der Baugrube gelangt. Bei Gebäuden mit wasserdruckhaltender Abdichtung ist der Abstand einer Versickerungsanlage zum Gebäude unkritisch, solange bautechnische Grundsätze (Auftriebssicherheit) beachtet werden.

Abschließend sollen noch die derzeit gültigen Richtlinien und Normen zur Abdichtung von Gebäuden benannt werden. Möglichkeiten von nachträglichen Abdichtungen (wie oben beschrieben) und deren Detaillösungen in der Bauwerksinstandsetzung und Denkmalpflege werden im *WTA-Merkblatt* 4-4-98/D »Nachträgliches Abdichten erdberührter Bauteile« (1998) und *WTA-Merkblatt* 4-6-05/D: »Nachträgliches Abdichten erdberührter Bauteile« (2005) beschrieben. Ausgehend von Wasserbelastungsfällen und der Nutzung werden dort un-

Abb. 2.3.9
Mindestabstand dezentraler Versickerungsanlagen von Gebäuden ohne wasserdruckhaltende Abdichtung
[1, S. 17]

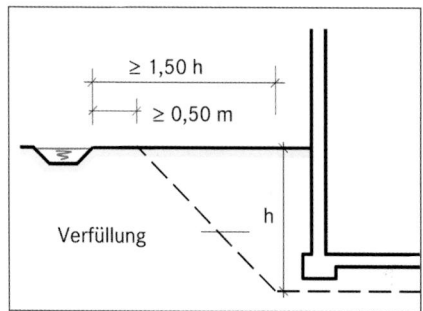

terschiedliche Abdichtungskonzepte aufgezeigt. Außerdem zu nennen sind die DIN 18195 »Bauwerksabdichtungen« (Ausgabe: 2000), das *WTA-Merkblatt* 4-4-04/D »Mauerwerksinjektion gegen kapillare Feuchtigkeit« (2004) und das *WTA-Merkblatt* 2-9-04/D »Sanierputzsysteme« (2004). Umfangreiche Empfehlungen zur Schwachstellenvermeidung bei der Sanierung feuchter Kellerwände enthalten außerdem die Bauforschungsberichte des *AIBau* – Aachener Institut für Bauschadensforschung und angewandte Bauphysik – [2], [3] sowie diverse Veröffentlichungen von *Weber* [4], [5].

Fassadenrisse bei nachträglicher Horizontalabdichtung mit mechanischem Verfahren

Bei diesem Schadensobjekt sollten die feuchten Kellerwände nachträglich mit einer horizontalen Abdichtung versehen werden. Als Technologie sollte das Mauersägeverfahren zum Einsatz kommen. Dabei wird in Abschnitten von bis zu einem Meter die unterste Mauerwerks-Lagerfuge aufgesägt (beispielsweise mit einer Kreissäge), eine Feuchtesperre aus Edelstahl oder Folie eingeschoben und der Sägeschlitz anschließend verkeilt und verpresst.

Da der vorliegende Mauerwerksmörtel relativ mürbe war, konnte das Verfahren nicht wie geplant ausgeführt werden. Beim Aufsägen der Lagerfuge fielen nämlich drei Reihen der darüber liegenden Mauerziegel mit heraus. Diese mussten im Nachhinein wieder aufgemauert werden. Dadurch entstanden vier neue Lagerfugen, die die Bauwerkslasten aus dem mehrgeschossigen Haus bei außerdem zu forschem Baufortschritt (die gesamte Maßnahme wurde in nur 48 Stunden durchgeführt) ohne ausreichende Aushärtung des Mörtels auf die vorhandenen Fundamente zu übertragen hatten, und dies zwangsläufig mit gewissen Setzungen. In der Folge kam es zu vertikalen Mauerrissen am Übergang der Bereiche mit den neue Setzungen verursachenden Lagerfugen zu den noch ungestörten bis dahin setzungsfreien Außenwandbereichen (s. Abb. 2.3.10).

Bei der geringen Mörtelfestigkeit wäre im vorliegenden Fall beispielsweise der Einbau einer horizontalen Sperrung mit einzurammenden Edelstahlblechen zweckmäßiger gewesen. Bei diesem Verfahren werden gewellte, korrosionsbeständige Edelstahlbleche (meist Chromstahl) seitlich überlappend in das Mauerwerk gerammt. Dies ist allerdings nur möglich, wenn durchgehende Lagerfugen (also in der Regel bei Ziegelmauerwerk, nicht aber bei unregelmäßigem Bruchsteinmauerwerk) vorhanden sind, da sonst erhebliche Beschädigungen im Mauerwerk auftreten können oder das Blech kann gar nicht vollständig durchgetrieben werden [5]. Der Vorteil des Einrammens geriffelter Chromstahlbleche besteht darin, dass die mechanische Durchtrennung und Ab-

Abb. 2.3.10
Schadensbild
[1, S. 18]

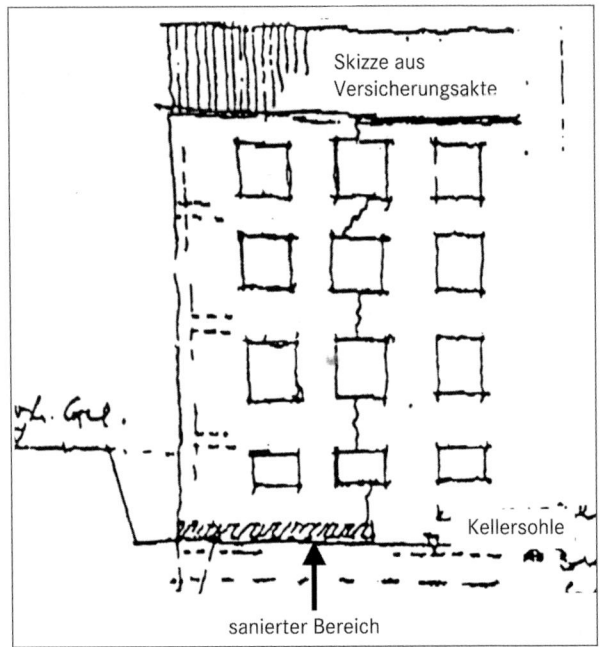

Skizze aus
Versicherungsakte

Kellersohle

sanierter Bereich

dichtung des Mauerwerks in einem Arbeitsgang erfolgen. Damit wird die Lastableitung zu keinem Zeitpunkt unterbrochen. Aus diesem Grund können anschließende Abschnitte unmittelbar bearbeitet werden. Das ist bei den übrigen Verfahren (Aufstemmen, Aufschlitzen, Aufsägen) nicht möglich, da hier zunächst eine ausreichende Erhärtung und Tragfähigkeit der meist mit Quellmörtel verfüllten Schlitze abzuwarten ist (und genau das wurde beim oben beschriebenen Fallbeispiel nicht getan). Nachteilig beim Rammverfahren können die mit dem Einschlagen der Edelstahlbleche (ca. 1.500 Schläge/min) einhergehenden Erschütterungen sein. Besonders bei dünnen, hohen Wänden und brüchigem Mauerwerk ist Vorsicht geboten, ebenso bei Stuck und historisch wertvollen Putzen [3]. Außerdem lassen sich die gewellten Stahlbleche mit Profilgrößen von 6 bis 8 mm an Gebäudeecken ggf. nicht in der Lagerfuge unterbringen. Die Eckbereiche sind dann nach anderen Verfahren (meist Injektion) abzudichten.

Unabhängig von der Verfahrenstechnik stellt die mechanische Herstellung einer Horizontalabdichtung immer einen erheblichen Eingriff in die konstruktive Struktur eines Gebäudes dar. Insbesondere bei Gewölbemauerwerk oder langen Wänden ohne Aussteifung im Erdreich muss mit Horizontalkräften gerechnet werden, die während und auch nach der Herstellung zu horizontalen Verformungen führen können [3]. Bei der Planung derartiger Baumaßnahmen sollte daher immer auch ein Statiker hinzugezogen werden.

Teileinsturz eines Flachdaches bei Sanierungsarbeiten

Im Zuge der Sanierungsarbeiten an einem vorhandenen Flachdach stürzte ein Teil des Dachs ein (s. Abb. 2.3.11). Bei dem Gebäude handelte es sich um einen eingeschossigen Schulungsraum mit den Grundmaßen 25 m x 12,5 m. Das Flachdach bestand aus GANG-NAIL-Bindern (Holzfachwerkbinder, bei denen die Knotenpunkte mittels Nagelpressplatten ausgeführt werden). Die GANG-NAIL-Binder spannten parallel zu der 12,5 m langen Außenkante im Abstand von 0,92 m untereinander. Auf den GANG-NAIL-Bindern befand sich die Dachhaut, bestehend aus 2,8 cm Holzschalung, 8 cm Wärmedämmung, drei Lagen Dachabklebung und 6 cm Kiesschüttung.

Zum Zeitpunkt des Schadenseintritts war der Kies bis auf eine Fläche von 6 m x 6 m aufgenommen und im Randbereich der Decke auf einer Fläche von 12 m x 5 m rd. 26 cm hoch angehäuft worden. Aus der Kiesschichthöhe von 26 cm, also 20 cm mehr als geplant und berechnet, ergab sich eine Lastüberschreitung von 115 % (2,15-fache Last). Diese Mehrlast konnte – so das Ergebnis der statischen Berechnung des in dieser Schadenssache für den Versicherer des Bauunternehmens tätig gewordenen Sachverständigen – durch die GANG-NAIL- Binder nicht mehr aufgenommen werden.

Vor einer Flachdachsanierung mit geplantem Verbleib der Bekiesung auf dem Dach sollte immer auch geprüft werden, ob die Statik des Flachdaches für die Mehrlast aus Anhäufung der Bekiesung ausgelegt ist. Andernfalls ist eine vollständige Entkiesung der Dachfläche vorzusehen.

Abb. 2.3.11
Teileinsturz eines
Flachdaches bei
Sanierungsarbeiten
[1, S. 19]

2.4 Systematische Auswertung von Bauschäden beim Bauen im Bestand

Nachfolgend werden Ergebnisse der ausgewerteten Schadensfälle beim Bauen im Bestand bezüglich verschiedener Kriterien aus dem IFB-Bericht 19 [1] dargestellt. Ziel dieser Analyse ist die Identifizierung häufig auftretender Schadensursachen und -quellen sowie besonders schadensrelevanter Randbedingungen. Im Folgenden werden Angaben zu den beschädigten Gebäuden aufgezeigt.

Baualtersklasse

Nach der Bauschadensanalyse haben Gebäude der ältesten Baualtersklasse bis 1918 mit 37,9 % den höchsten Anteil, Gebäude der jüngsten Baualtersklasse 1990 bis 2000 mit 5,59 % den geringsten Anteil an den Bauschäden (s. Abb. 2.4.1). Es zeigt sich im Trend ein Anstieg der Bauschäden bei zunehmendem Gebäudealter. Dieses Ergebnis verwundert zunächst nicht, steigt doch mit zunehmendem Gebäudealter zwangsläufig auch der Instandsetzungs- und Modernisierungsbedarf.

Auffallend ist der mit 22,4 % höhere Anteil der Bauschäden bei der Baualtersklasse 1971 bis 1990 gegenüber den beiden nächst älteren Baualtersklassen. Anfang der 70er-Jahre entstanden viele Flachdachbauten, deren Dächer Mitte der 90er-Jahre (Zeitraum des Eintritts der im Rahmen des IFB-Berichtes 19 [1]

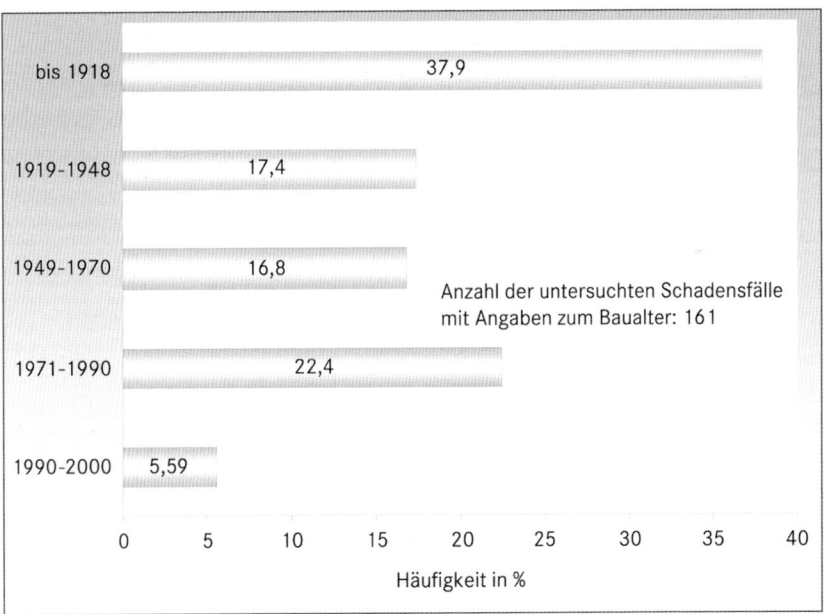

Abb. 2.4.1
Baualtersklassen der durch Bauen im Bestand beschädigten Gebäude [1, S. 34]

untersuchten Bauschäden) bereits wieder saniert werden mussten – und dies häufig mangelhaft. Hinzu kommt eine vermehrte Sanierung des im Zeitraum 1970 bis 1990 in den neuen Bundesländern in Plattenbauweise errichteten Wohnungsbestandes ebenfalls in den 90er-Jahren.

Art der schadensbetroffenen Bau- bzw. Sanierungsmaßnahmen

Dem IFB-Bericht 19 [1] ist zu entnehmen, dass die Bauschäden bei Flachdachsanierungen mit 18,8 % überwiegen. Hieraus resultiert auch der bereits erwähnte, vergleichsweise hohe Anteil der Schäden bei Gebäuden der Baualtersklasse 1971 bis 1990. Es folgen die Bau- bzw. Sanierungsmaßnahmen:

- Aufstockung mit 17,09 % Anteil,

- Umbau mit 15,27 % Anteil,

- Dachausbau mit 9,81 % Anteil,

- Dachumdeckung mit 6,54 % Anteil,

- Modernisierung der Heizung mit 6,18 % Anteil und

- Anbau mit 4,36 % Anteil.

Mit in der Summe 53,44 % stellen die Bauschäden bei Arbeiten im Dachbereich (Aufstockung, Flachdachsanierung, Dachausbau, Dachumdeckung, Erneuerung des Dachstuhls, Dachflächenreparatur) ganz offensichtlich einen Schwerpunkt dar, und dies meist in Form von Wasserschäden. Hier spielen unzureichende Sicherungsmaßnahmen nach Abriss/Aufnahme der alten Dächer gegen das Eindringen von Niederschlagswasser als wesentlicher Faktor eine Rolle. Der vergleichsweise hohe Anteil an Schäden bei Aufstockungs- und Umbauarbeiten ist sicherlich auch auf den vermehrt umgesetzten Wunsch nach zusätzlichem Wohnraum und eine diesbezüglich entsprechend hohe Bautätigkeit zurückzuführen.

Auffällig ist der hohe Anteil an Schäden bei der Modernisierung von Heizungs- und Sanitäranlagen (6,18 %). Das hängt sicherlich auch mit der zunehmenden Umsetzung der Energieeinsparverordnung *EnEV* zusammen, nach der alte Öl- und Gas-Heizkessel, die vor dem 01.10.1978 eingebaut wurden, bis zum 31.12.2006 außer Betrieb genommen werden mussten.

Schäden bei der Sanierung von Balkonen (2,18 %), bei der nachträglichen Abdichtung erdberührter Bauteile (3,63 %), beim nachträglichen Wärmeschutz (1,81 %) bzw. bei der Gebäudevertiefung (2,18 %) spielen bei den von den Autoren im IFB-Bericht 19 [1] untersuchten Schadensfällen keine wesentliche Rolle; gleichwohl können auch hier die Schäden am Einzelobjekt ganz erheblich sein.

Abb. 2.4.2 zeigt die Verteilung der schadensbetroffenen Baumaßnahmen ausschließlich für die Bereiche Instandsetzung und Modernisierung. Bauschäden als Folge konstruktiver baulicher Veränderungen des Bestandes wie Aufstockungen, Kellervertiefungen, An- und Umbauten sind dort nicht berücksichtigt (gleichwohl stellen diese Baumaßnahmen den eigenen Untersuchungen zufolge mit einer Schadensquote von 38,9 % offensichtlich eine wesentliche Tätigkeit beim Bauen im Bestand dar). Auf diese Weise ist eine Vergleichbarkeit mit den ebenfalls in der Abb. 2.4.2 dargestellten Ergebnissen einer Studie des *AIBau* – Aachener Institut für Bauschadensforschung und angewandte Bauphysik – gegeben, die im 3. Bauschadensbericht des *BMBau* – Bundesministerium für Bau- und Wohnungswesen – [6] veröffentlicht worden sind.

Abb. 2.4.2
Schadensbetroffene Sanierungsmaßnahmen in % nur für Instandsetzung und Modernisierung mit Vergleich zu Untersuchungen des AIBau [1, S. 38]

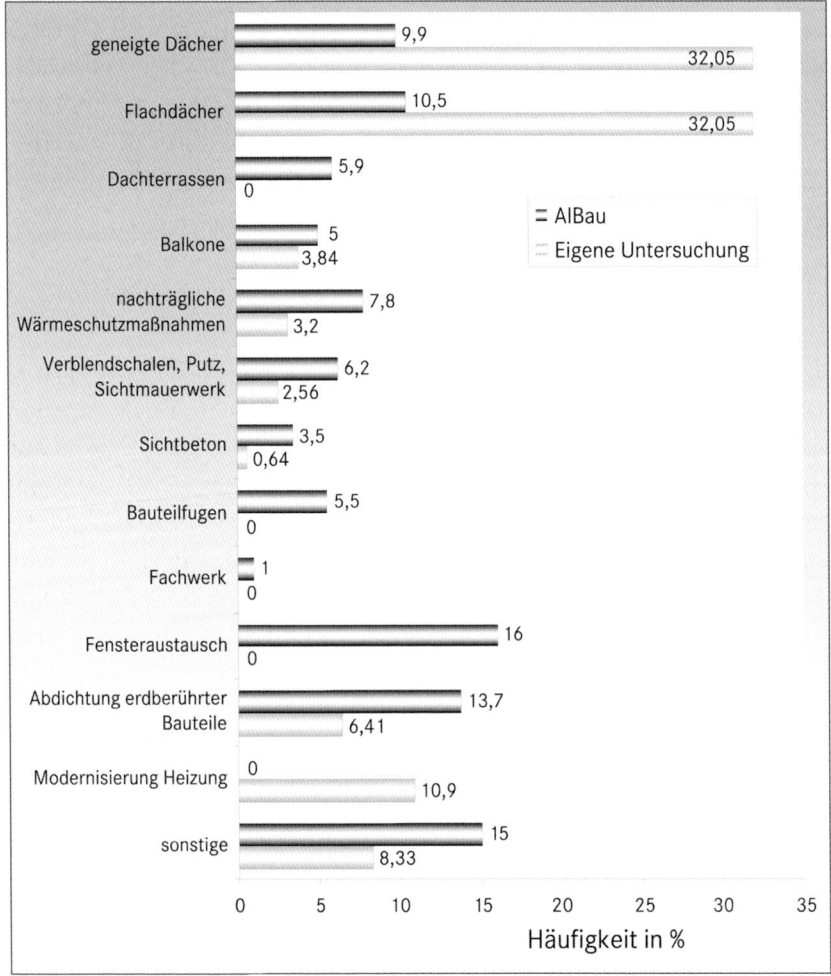

Werden die Zahlenwerte der Bauschadenanalyse im IFB-Bericht 19 [1] mit den Ergebnissen des *AIBau* [2], [3] verglichen, zeigen sich in der Verteilung der schadensbetroffenen Sanierungsmaßnahmen stark voneinander abweichende Ergebnisse. Während bei der eigenen Analyse mit insgesamt 65 % die Bauschäden bei Dacharbeiten eindeutig überwiegen, wurde vom *AIBau* für diese Sanierungsmaßnahme mit nur 20,4 % ein deutlich geringerer Anteil ermittelt. Mit 16 % wird vom *AIBau* der Austausch alter, einfach verglaster, fugenundichter Fenster gegen fugendichtere isolierverglaste Fenster und danach eintretende Schimmelpilzbildung als zweithäufigste schadensbetroffene Sanierungsmaßnahme angegeben, eine Kategorie, die in der eigenen Bauschadensanalyse überhaupt nicht vorhanden ist.

Grund für die hohen Abweichungen in der prozentualen Verteilung der schadensbetroffenen Sanierungsmaßnahmen beider Studien dürften weniger regionale oder zeitliche Unterschiede, sondern vielmehr deutliche Unterschiede bei der Erhebungsmethodik sein. Grundlage der Ergebnisse des *AIBau* [2], [3] ist die Befragung Sachverständiger durch Fragebögen mit stark selektiver Ausrichtung auf ausschließlich bauphysikalische Aspekte (Wärmeschutz, Abdichtungstechnik). Datengrundlage der eigenen Studie im IFB-Bericht 19 [1] hingegen sind Bauschadensakten der Bauwesenversicherung VHV Versicherungen und damit eine, was die Art der schadensbetroffenen Sanierungsmaßnahmen anbelangt, zufällig gewonnene Stichprobe.

Tabelle 2.4.1 zeigt die Zuordnung der schadensbetroffenen Baumaßnahmen zu den einzelnen Baualtersklassen. Bei der Baualtersklasse bis 1918 überwiegen mit einem Anteil von 39,33 % die Bauschäden im Zusammenhang mit dem Umbau/Ausbau dieser Gebäude, also durch Nutzbarmachung des vorhandenen umbauten Raumes. Der Anteil von Bauschäden durch Erweiterung des Bestandes in Form von Aufstockung, Anbau oder Gebäudevertiefung ist in dieser Baualtersklasse mit insgesamt 18 % deutlich geringer. Ähnliche Verhältnisse ergeben sich bei der Baualtersklasse 1919 bis 1948. In den jüngeren Baualtersklassen hingegen überwiegen Bauschäden bei der Erweiterung der Gebäude. So steht in der Baualtersklasse 1949 bis 1970 einem Anteil von 7,5 % Bauschäden als Folge von Umbauarbeiten ein Anteil von 40,7 % an Bauschäden im Zusammenhang mit der Erweiterung des Bestandes gegenüber.

	bis 1918	1919–1948	1949–1970	1971–1990	1991–2000
Aufstockung	3	4	8	12	2
Dachausbau	6	5	–	3	1
Dachumdeckung	5	6	2	1	–
Frneuerung des Dachstuhls	–	1	–	–	–
Flachdachsanierung	3	2	3	13	3
Verbesserung des Wärmeschutzes	1	–	–	–	–
Sanierung von Balkonen	1	2	1	–	–
Abdichtung erdberührter Bauteile	4	2	–	–	1
Gebäudevertiefung	6	–	–	–	–
Abbruch neben/im Bestand	1	1	1	–	1
Anbau	2	–	3	1	0
Umbau	18	3	2	2	1
Modernisierung Heizung	5	1	5	1	–
Sonstiges	6	1	2	3	–
Σ	61	28	27	36	9
Σ Umbau/Ausbau	24 (39,3)	8 (28,6)	2 (7,4)	5 (13,9)	2 (22,2)
Σ Erweiterungsmaßnahmen	11 (18)	4 (14,3)	11 (40,7)	13 (36,1)	2 (22,2)

Tabelle 2.4.1 Aufgliederung der Bauschäden nach schadensbetroffener Baumaßnahme und Baualtersklasse (Klammerwerte geben den Anteil in % der jeweiligen Baualtersklasse an; Stichprobe gesamt: N = 161) [1, S. 39]

Bei der Baualtersklasse 1971 bis 1990 sind insbesondere die Bauschäden bei Flachdachsanierungen signifikant. Auffällig ist auch der Anteil an Schäden im Zuge der Aufstockung dieser Gebäude. Hier spielt sicherlich die vermehrte Flachdachsanierung bzw. vermehrte Umwandlung sanierungsbedürftiger Flachdächer in Steildächer eine Rolle.

Zusammenfassung zur Bauschadensanalyse im IFB-Bericht 19 [1]

Die Ergebnisse der systematischen Bauschadensanalyse im IFB-Bericht 19 [1] zeigen, dass der überwiegende Teil der im Zusammenhang mit Bauen im Bestand aufgetretenen Gebäudeschäden auf unsachgemäß durchgeführte Dacharbeiten zurückzuführen ist, sei es, weil nach Abriss/Aufnahme der alten Dächer keine oder nur unzureichende Maßnahmen zum provisorischen Wetterschutz der Gebäude getroffen wurden oder aber weil in brandgefährdeten Dachbereichen (meist am Übergang von Dachgauben zu alten Steildächern) Bitumenbahnen mit offener Flamme aufgeschweißt wurden, ohne dass hier vorab entsprechende Schutzvorkehrungen getroffen, Löschmittel bereit gehalten oder Brandwachen aufgestellt worden wären. Die häufigsten Schadensbilder waren damit Wasser- bzw. Brandschäden. Bauschäden wegen fehlgeschlagener Eingriffe in Decken und Wände des Bestandes spielen dagegen offenbar eine nur untergeordnete Rolle.

Was die Vielzahl der Brandschäden bei Dacharbeiten anbelangt, verwundert der unsachgemäße Einsatz offener Flammen in brandgefährdeten Bereichen umso mehr, als dass die sichere Durchführung derartiger Arbeiten in einschlägigen Unfallverhütungsvorschriften detailliert niedergelegt ist. Insbesondere ist die Umsetzung dieser Vorschriften bzw. der darin enthaltenen Durchführungsanweisungen weder mit einem großen Arbeits- noch Kostenaufwand verbunden. Vor diesem Hintergrund und im Hinblick auf die Gefahr für Leib und Leben durch ein Feuerereignis muss das Unterlassen von Sicherungsmaßnahmen als durchweg fahrlässig, in einigen Fällen sogar grob fahrlässig, bezeichnet werden.

Etwas anders verhält es sich bei den Wasserschäden als Folge unzureichender oder fehlender Wetter- bzw. Regenschutzmaßnahmen zum Schutz der Gebäude, und zwar aus zwei Gründen:

- Über Art, Umfang und Ausführung provisorischer Wetterschutzmaßnahmen zum Schutz bestehender Gebäude für die Dauer von Dacharbeiten gibt es bis dato keine technischen Richtlinien, Empfehlungen oder Ähnliches. Selbst die Anfrage beim Zentralverband des Deutschen Dachdeckerhandwerkes e. V. Köln, endete mit einer Fehlanzeige und dem Hinweis, »dass provisorischer Wetterschutz in unseren Fachregeln (noch) nicht geregelt ist«. Auch ein Blick in die mittlerweile für einige Gewerke des Bauen im Bestandes aufgestellten Standardleistungsbücher – u. a. LB 521 (BiB) »Block- und Plattenbau; Instandsetzung und Erneuerung von Dächern mit Abdichtungen«, Weißentwurf April 1997 [7] – hilft hier nicht weiter.

- Neben der vorbeschriebenen Unklarheit betreffend die technische Ausführung besteht in der Praxis insbesondere Unklarheit über die grundsätzliche Vergütungspflicht derartiger Wetterschutzmaßnahmen. So sind viele Bauherren der Auffassung, baubegleitende Wetterschutzmaßnahmen nicht nur für die ausgeschriebenen Arbeiten, sondern auch für das betroffene Gebäude seien eine Nebenleistung im Sinne der *VOB/C (DIN 18299)* und damit auch ohne Erwähnung im Vertrag zu erbringende, nicht gesondert zu vergütende Vertragsleistungen. Genau das dürfte ein Grund für die (von der Sache her sicherlich nicht zu entschuldigende) erhöhte Risikobereitschaft einiger Unternehmer sein, derartige Schutzmaßnahmen manchmal gar nicht oder mit nur sehr geringem Aufwand auszuführen.

Die Wertung baubegleitender Wetterschutzmaßnahmen auch für das Gebäude als Nebenleistung im Sinne der *VOB/C (DIN 18299)* mag bei Dacharbeiten auf unbewohnten Neu- bzw. Rohbauten vielleicht noch seine Berechtigung haben, sicherlich aber nicht bei Dacharbeiten auf genutztem Bestand. Hier ist die besondere Situation dahingehend zu würdigen, dass entgegen dem Bauablauf bei einem Neubau, bei dem das Dach als Abschuss der »nassen Bauphase« aufgesetzt wird, ein entscheidender Eingriff in das bestehende, genutzte Bauwerk vorgenommen wird, bei dem das schützende Dach, das eine Hauptfunktion eines Gebäudes übernimmt, geöffnet bzw. entfernt wird. Anders als bei Rohbauten ist ein Eindringen von Regenwasser über den Dachraum in das Gebäudeinnere hinein unter allen Umständen zu unterbinden, da bereits geringste Wassermengen zu Dekorationsschäden an Tapeten, Stuckdecken und Möbeln oder aber zur Durchnässung alter Holzbalkendecken mit der Gefahr einer späteren Holzschwammbildung führen können. An den Regenschutz bei Dacharbeiten auf genutztem Bestand sind damit ungleich höhere Anforderungen zu stellen als bei Dacharbeiten auf Rohbauten. Hieraus erschließt sich, dass derartige Wetterschutzmaßnahmen – insbesondere weil häufig auch gewerkeübergreifend, beispielsweise bei Gebäudeaufstockungen – einer entsprechenden Vorplanung, Abstimmung und außerdem qualitativ hochwertigen Ausführung bedürfen und damit als besondere Leistungen zu werten sind, die unbedingt der Erwähnung im Vertrag bedürfen, d.h. auszuschreiben und vor allem gesondert zu vergüten sind.

Aus der vorliegenden Bauschadensanalyse im IFB-Bericht 19 [1] ergibt sich damit die dringende Forderung nach einer Überarbeitung und Ergänzung der Vertragsbedingungen der VOB/C zur eindeutigen Klärung der Leistungen für den Wetterschutz nicht nur der ausgeschriebenen Arbeiten, sondern auch der betroffenen Gebäude bei Dacharbeiten im Bestand. Die VOB ist vom Grundsätzlichen her auf den Neubau zugeschnitten und muss daher um die Sonderprobleme beim Bauen im Bestand erweitert werden. Außerdem sollte dem Mangel an Fachregeln für provisorische Wetterschutzmaßnahmen zum Schutz des Bestandes bei Dacharbeiten Abhilfe geschaffen werden. Die von den Autoren im IFB-Bericht 19 [1] zusammengestellten Empfehlungen für eine u.a. im Hinblick auf Wasserschäden schadensfreie Durchführung von Dacharbeiten sollen ein erster Schritt in diese Richtung sein.

2.5 Empfehlungen zur schadensfreien Durchführung von Dacharbeiten

Die Auswertung der Bauschäden im IFB-Bericht 19 [1] hat ergeben, dass der überwiegende Anteil der beim Bauen im Bestand aufgetretenen Gebäudeschäden auf unsachgemäß durchgeführte Dacharbeiten zurückzuführen ist. Häufig wurden nach Abriss/Aufnahme der alten Dächer keine oder nur unzureichende Maßnahmen zum vorläufigen Wetterschutz der Gebäude getroffen oder aber es wurden in brandgefährdeten Dachbereichen unsachgemäß Feuerarbeiten durchgeführt, ohne dass dabei vorab entsprechende Brandschutzvorkehrungen getroffen worden wären. Nachfolgend werden deshalb von den Autoren im IFB-Bericht 19 [1] Empfehlungen und Hinweise für eine im Hinblick auf Wasser- und Brandschäden schadensfreie Planung und Ausführung von Dacharbeiten gegeben.

Provisorischer Wetterschutz

Der provisorische Wetterschutz des Gebäudes bei Dacharbeiten im Bestand sollte durch eine zusätzliche Ausschreibung abgedeckt werden. Es empfiehlt sich grundsätzlich eine beschränkte Ausschreibung altbauorientierter Bauarbeiten. Ein Unternehmen, das – neubauorientiert – eine Altbaumodernisierung durchführt, kann diese in den meisten Fällen kaum richtig ausführen. Die Art und Weise der Arbeiten, aber auch die Mentalität der Handwerker ist dafür zu unterschiedlich. Bei einer öffentlichen Ausschreibung ist der Beweis, dass ein Unternehmen für die Altbaumodernisierung nicht geeignet ist, fast nicht zu erbringen.

Der provisorische Wetterschutz ist gewerkübergreifend. Voraussetzung für einen in jeder Bauphase funktionierenden Wetterschutz des Bestandes ist daher eine enge Koordination der einzelnen Gewerke.

Die Frage, ob ein Notdach mit Gerüstträgern (vergleichbar dem Winterbau, s. Abb. 2.5.1) ausgeführt werden muss, kann grundsätzlich nicht generalisiert werden. Inwieweit jedoch nach den besonderen Umständen ein Notdach erforderlich ist oder andere Schutzmaßnahmen ausgeführt werden können, muss im Einzelfall gewürdigt werden. Bei dieser Würdigung sollten folgende Kriterien herangezogen werden:

- Jahreszeit bzw. jahreszeitliche Großwetterlage
- augenblickliche Wetterlage
- Ist die Lage des Gebäudes exponiert? (Anfälligkeit für Sturm)

- Höhe und Größe des Gebäudes
- Ist das Gebäude bewohnt?
- Ist das Dachgeschoss ausgebaut?
- die Dachform des Gebäudes
- Vorschäden der Dachdeckung
- Wie groß sind die geöffneten Bereiche des Daches?
- Ist eine historisch wertvolle Bausubstanz vorhanden, die geschützt werden muss?
- Ist ein besonders hochwertiger Ausbau vorhanden, der geschützt werden muss?
- der geplante Arbeitsablauf
- Möglichkeiten alternativer Schutzmaßnahmen.

Abb. 2.5.1
Notdachkonstruktion [1, S. 59,
SCHNEIDER AG
Gerüstbau, 2003]

Bei *Reparaturmaßnahmen auf großflächigen Flachdächern* bietet sich als Alternative zu einem Notdach ein abschnittsweises Arbeiten an. Auf der Dachfläche sind provisorische Einteilungen vorzunehmen, die unabhängig von der sonstigen Fläche entwässert werden können. Es muss daher geplant werden, die Dachfläche zu gliedern, die gegliederte Fläche in überschaubaren Arbeitsabschnitten aufzunehmen und wieder regendicht herzustellen. Die Größe der aufzunehmenden Fläche soll letztendlich nicht größer sein als die dort beschäftigten Arbeitnehmer in angemessener Zeit beim Aufziehen eines Unwetters schließen können.

Soll bei einem *Wohngebäude mit ausgebautem Dachgeschoss*, das keine Unterdeckung hat, die Dachdeckung ersetzt werden, ist es sinnvoll, dass, den heutigen Anforderungen der Technik bei ausgebauten Dächern entsprechend, ein Unterdach eingebaut wird, das gleichzeitig als »Notdach« verwendet werden kann:

Sofern die Regeldachneigung eingehalten ist, reicht im Hinblick auf die geforderte Regensicherheit des fertigen Daches eine Unterspannung der Dachdeckung aus. Weil in den meisten Fällen über eine große Fläche verlegt, birgt die Verwendung von Unterspannungen, was den vorläufigen Wetterschutz bis zur eigentlichen Dachdeckung anbelangt, jedoch gewisse Risiken, denn von der Abnahme der alten Dachziegel bis zur Fertigstellung zumindest der Unterspannung liegt das Dach großflächig und ungeschützt offen. Da die Verlegung nur lose überlappend erfolgt, sollten die Unterspannbahnen frei gespannt statt frei hängend und mit einer Höhen- bzw. Seitenüberdeckung $\geq 200\,mm$ bis $250\,mm$ statt i.d.R. $100\,mm$ ausgeführt werden. Auf diese Weise wird der Gefahr der Wassersackbildung und einem Aufklaffen der Planenstöße auch bei entsprechender Windeinwirkung (Unterspannbahnen flattern frei im Wind) vorgebeugt. Die Befestigung der Unterspannbahnen sollte mit Klammern oder Breitkopfstiften und durch Konterlattung auf den Sparren erfolgen.

Der Einbau eines Unterdaches mit Schalung und Bitumenpappe lässt ein Arbeiten in kleineren Abschnitten zu und stellt damit eine im Hinblick auf den vorläufigen Wetterschutz bis zur eigentlichen Dachdeckung deutlich bessere Alternative als das großflächige Verlegen von Unterspannbahnen dar. Dabei lassen sich Breiten bis zu $4\,m$ sehr gut einfassen und überbrücken. Ein ebenfalls abschnittsweises Arbeiten ermöglicht der Einbau regensicherer und damit auch als vorläufiger Wetterschutz geeigneter Unterdeckplatten. Anwendung finden hier beispielsweise Dämmplatten mit aufkaschierter Sperrschicht oder bituminierte Holzfaserdämmplatten. Bei Letzteren wird die Fugendichtigkeit bzw. Regensicherheit mit umlaufenden Falzen in V-Form erreicht. Bei Verwendung von regensicheren Unterdeckplatten sind unbedingt die Herstellerangaben zu beachten, sowohl was die geforderte Mindestdachneigung als auch die Dauer ihrer Eignung als »Notdach« (meist vier Wochen) anbelangt.

Die Schwierigkeit bei geneigten Dächern besteht darin, dass das Abdecken vom First her geschieht und das Eindecken von der Traufe her. Selbst wenn man in kleineren Abschnitten arbeitet, ist damit immer noch ein Streifen des Daches vollständig freigelegt. Dieser Streifen sollte im Verhältnis zum Personaleinsatz so bemessen sein, dass beim Heranziehen eines Unwetters die Situation beherrschbar ist und bleibt. Das Öffnen einer gesamten Dachfläche ohne Abschnitte stellt dieses nicht sicher. Beim abschnittsweisen Arbeiten ist dem Übergang zwischen neuem Unterdach und vorhandener Deckung besondere Aufmerksamkeit zu widmen. Hier können z. B. Zinkbleche provisorisch eingelegt werden.

Der Einbau eines Unterdaches mit Schalung und Bitumenpappe oder einer Unterdeckung aus Platten wird in vielen Fällen sowieso notwendig, beispielsweise, wenn die Regeldachneigung für eine regensichere Eindeckung allein mit Dachziegeln nicht ausreicht und/oder wenn erhöhte Anforderungen an ein Dach gestellt werden. Insofern fallen – abgesehen vom erhöhten Aufwand wegen des Arbeitens in kleinen Abschnitten – keine zusätzlichen Kosten für den vorläufigen Wetterschutz an. Mehrkosten entstehen nur dann, wenn statt einer im Hinblick auf die Regensicherheit des fertigen Daches eigentlich ausreichenden Unterspannung eine vergleichsweise aufwändige und im Hinblick auf den vorläufigen Wetterschutz des Gebäudes deutlich risikoärmere Unterdeckung ausgeführt wird. Es empfiehlt sich laut IFB-Bericht 19 [1] in einem solchen Fall, 50 % der Mehrkosten als Mehrwert und die restlichen 50 % als anteilige Kosten der Sicherungsmaßnahme anzurechnen.

Soll bei einem *Gebäude mit einem ungenutzten Dachraum* die Dachdeckung ersetzt werden, kann es im Einzelfall auch ausreichen, wenn oberhalb der Dielenlage, also des Fußbodens im Dachraum, eine geneigte (sturmsicher befestigte bzw. beschwerte) provisorische Abdichtungsebene eingebaut wird, von der das einfallende Wasser gezielt über vor die Fassade gehängte Rinnen und Fallrohre abgeleitet werden kann. Derartige Maßnahmen sind insbesondere bei Großbaustellen wirtschaftlich zu realisieren und haben den Vorteil, dass die Dachfläche über der so geschützten Dielenlage in einem Zuge geöffnet werden kann.

Bei *Hausaufstockungen* – das alte Steildach wird restlos abgebrochen – stellt die Notabdichtung der obersten Geschossdecke mit beispielsweise einer Lage Bitumen-Schweißbahnen, lose verlegt, Stöße und Nähte verschweißt, eine grundsätzlich mögliche Alternative zu einem Notdach dar. Die Ränder der Notabdichtung sind ca. 10 cm bis 15 cm an den aufgehenden Bauteilen wannenförmig hochzuführen und zu befestigen. Außerdem ist die Notabdichtung durch Auflegen von Bautenschutz- oder Gummirecyclingmatten gegen Beschädigungen durch den weiteren Baubetrieb zu schützen. Des Weiteren sind Entwässerungsmöglichkeiten zu schaffen, beispielsweise durch Nutzung vorhandener Entlüftungseinheiten der Gebäudetechnik oder vorhandener Abwasserleitungen. Bei Aufstockung von Flachdachbauten bietet sich natürlich an, zunächst die vorhandene Dachabdichtung zu belassen, soweit diese noch funktionstüchtig ist.

Unabhängig davon, ob bei Hausaufstockungen die vorhandene Dachabdichtung eines Flachdachbaus zunächst belassen oder aber vor Abbruch des alten Steildaches auf die oberste Geschossdecke eine Notabdichtung aufgebracht wird, muss in beiden Fällen die Abdichtungsebene für den Einbau neuer Wände und Bauteile stellenweise aufgetrennt und später wieder aufwändig an das neu erstellte Mauerwerk herangeführt und neu verklebt werden. Nachteilig bei dieser Art der Notabdichtung ist damit nicht nur die ohnehin handwerklich aufwändige und anspruchsvolle (und damit entsprechend risikobehaftete) Ausführung der Abdichtungsarbeiten selbst, sondern insbesondere der aus dem Bauablauf resultierende hohe Unterhaltungsaufwand. Aus diesem Grund, und zumal eine Gebäudeaufstockung i.d.R. ohnehin die Einrüstung des gesamten Hauses erfordert, dürfte bei Hausaufstockungen die Ausführung eines Notdaches die regensicherste und i.d.R. auch wirtschaftlichere Variante sein. Im Schutz des Notdaches können die Arbeiten bei jeder Witterung ohne Unterbrechung und insbesondere Rücksichtnahme auf provisorische Notabdichtungen durchgeführt werden.

Brandschutz bei Dacharbeiten

Feuerarbeiten (Heißkleben, Schweißen, Schneiden, Trennen, Löten) auf Dächern im Bestand sind der Bauschadensanalyse im IFB-Bericht 19 [1] zufolge vermehrt Ursache für teilweise spektakuläre Brandschäden gewesen. Als typischer Fall hierfür ist das unsachgemäße Aufschweißen von Bitumenbahnen am Übergang von Dachgauben/Flachdächern zu alten Steildächern zu nennen. In diesem Übergangsbereich kommt es bei Einsatz einer offenen Flamme sehr schnell zum Abzug der heißen Brennergase unter die Dachhaut des Steildaches und dort zur Entzündung von Staubablagerungen und insbesondere der dort vorhandenen, bei entsprechend alten Gebäuden häufig noch pappkaschierten Dämmung. Selbstverständlich lassen sich brennbare Gebäudeteile nicht einfach wegräumen. Man muss sie also auf andere Weise schützen, z.B. durch Abdecken mit angefeuchtetem Segeltuch oder mit anderen nicht brennbaren Schutzplanen. Entscheidend ist, dass die gefährdeten Teile nicht von Flammen, Fun-

Abb. 2.5.2
Zusammenstellung
von Brandsicher-
heitsregeln bei, vor,
während und nach
Feuerarbeiten
[1, S. 63]

Freimachen der Arbeitsstelle

Bewegliche brennbare Gegenstände und lagernde feuergefährliche Stoffe, auch Staub und Abfälle, aus der Umgebung der Arbeitsstelle entfernen.

Abdecken

Ortsfeste brennbare Bauteile wie Balkenwerk, Holzwände, -böden und -türen, Isolierungen aus Holz, Torfmull u. a. mit nicht entflammbaren Schutzbelägen wie Blechtafeln, asbestfreien Brandschutzplatten, -matten oder -decken, angefeuchtetem Segeltuch oder Schweißschutzplanen bedecken. Werden zur Abdeckung Blechtafeln verwendet, so dürfen diese wegen der Hitzeübertragung nicht anliegen.

Abdichten

Abdichten von Decken- und Wanddurchbrüchen, Fugen und Ritzen, Kabelschächten und Kanälen, Rohrenden, Müll- und Papierschächten mit Lehm, Gips, feuchter Erde, feuchten oder besonders imprägnierten Baumwolldecken, nicht brennbaren Dämmstoffen wie Glas- und Steinwolle. Zum Abdichten dürfen keine Zementsäcke, Papier, Putzwolle oder sonstige brennbare Stoffe verwendet werden.

Ausführung

Werkstücke nicht zu lange erhitzen; durch Wärmeleitung gefährdete Bauteile sind mit Wasser zu kühlen.

Brandwache

Während der Arbeiten eine Person als Brandwache bereitstellen. Die Brandwache muss die Arbeitsstelle, ihre nähere Umgebung und alle Bereiche, in denen durch Spritzer oder heiße Gase eine Entzündung erfolgen könnte, beobachten. Die Brandwache muss mit Löschgeräten, d. h. mindestens einem Handfeuerlöscher und gefülltem Wassereimer, ausgerüstet sein. Zu empfehlen ist auch ein an die Wasserleitung angeschlossener, genügend langer Schlauch mit Mundstück.

Nach Abschluss der Feuerarbeiten

Die Arbeitsstelle, außerdem die neben, über oder unter der Arbeitsstelle liegenden Räume sowie die weitere Gefahrenzone sind auf Brand, Rauch oder Brandgeruch gründlich zu untersuchen. Die Untersuchung sollte (je nach Lage und Gefahr) während eines Zeitraums bis zu 24 Stunden mehrfach wiederholt werden. Verdächtige Stellen sollen abgekühlt werden. Notfalls sind der Fußboden oder eine Verkleidung aufzubrechen.

Ausweichen auf andere Verfahren

Ist zu befürchten, dass sich die Brandgefahr durch Sicherheitsmaßnahmen nicht völlig beseitigen lässt, muss man auf andere Arbeitsverfahren ausweichen (z. B. Kaltklebetechnik bei Abdichtungsarbeiten).

Weitere Informationen

BG-Regel 203 »Dacharbeiten«
BG-Regel 500 »Betreiben von Arbeitsmitteln«, Kapitel 2.26 »Schweißen, Schneiden und verwandte Verfahren«
BG-Information 560 »Arbeitssicherheit durch vorbeugenden Brandschutz«
BG-Information 656 »Dacharbeiten«
BG-Information 562 »Brandschutz«
BG-Information 563 »Brandschutz bei Schweiß- und Schneidarbeiten«

Volltextversionen der vorgenannten Unfallverhütungsvorschriften finden sich im Internet unter www.dguv.de.

ken, Spritzern oder heißen Gasen getroffen werden können. All diese Vorkehrungen wurden bei den im Rahmen vom IFB-Bericht 19 [1] untersuchten Brandschäden als Folge unsachgemäßen Aufschweißens von Bitumenbahnen nicht getroffen. Hinzu kommt, dass in den wenigsten Fällen Löschgeräte vorgehalten oder aber eine über die Beendigung der eigentlichen Arbeiten hinausgehende und überdies ausgebildete Brandwache aufgestellt worden sind.

Ursache dieser besorgniserregenden Entwicklung ist offenbar die unzureichende Kenntnis des Gefahrenpotenzials bei Feuerarbeiten auf Dächern, welches aus der Vielzahl der auf Dächern in Form von Schalungen, Lattungen, Wärmedämmungen, Isolierungen, bituminösen oder auch hochpolymeren Dachbahnen vorhandenen brennbaren Baustoffe resultiert. Angesichts dieses Ergebnisses ergibt sich einmal mehr die Notwendigkeit, einige Sicherungs- und Verhaltensgrundsätze bei der Durchführung von feuergefährlichen Arbeiten insbesondere auf Dächern zu benennen. Die Autoren des IFB-Berichts 19 [1] tun dies mit der Zusammenstellung in der Abb. 2.5.2. Im Übrigen wird auf die einschlägigen, dort ebenfalls zusammengestellten Unfallverhütungsvorschriften verwiesen.

2.6 Zusammenfassung

Der IFB-Bericht 19 [1] befasst sich mit der systematischen Bestandsaufnahme und Analyse beim Bauen im Bestand auftretender Bauschäden. Hierzu wurden insgesamt 275 bei dem Fachversicherer der Bauwirtschaft, VHV Versicherungen, im Zusammenhang mit Bauen im Bestand registrierte Schadensfälle systematisch erfasst und analysiert.

Dabei wurde festgestellt, dass der überwiegende Anteil der beim Bauen im Bestand aufgetretenen Gebäudeschäden auf unsachgemäß ausgeführte Dacharbeiten zurückzuführen ist. Häufig wurden nach Abriss/Aufnahme der alten Dächer keine oder nur unzureichende Maßnahmen zum vorläufigen Wetterschutz der Gebäude getroffen oder aber es wurden in brandgefährdeten Dachbereichen Bitumenbahnen mit offener Flamme aufgeschweißt, ohne dass hier vorab entsprechende Schutzvorkehrungen getroffen, Löschmittel bereit gehalten oder Brandwachen aufgestellt worden wären. Die häufigsten Schadensbilder beim Bauen im Bestand sind damit Wasser- und Brandschäden, die häufigste Schadensquelle Ausführungsfehler. Bauschäden wegen fehlgeschlagener Eingriffe in Decken und Wände des Bestandes spielen offenbar eine nur untergeordnete Rolle.

Einer der Gründe für die Risikobereitschaft einiger Unternehmer, die betroffenen Gebäude bei Dacharbeiten nicht oder nur mit sehr geringem Aufwand gegen das Eindringen von Niederschlagswasser zu sichern, ist neben bislang fehlenden bautechnischen Fachregeln für diese Arbeiten insbesondere die in der Praxis herrschende Unklarheit über die grundsätzliche Vergütungspflicht derartiger Schutzmaßnahmen. So wird vielfach die Auffassung vertreten, baubegleitende Wetterschutzmaßnahmen nicht nur für die ausgeschriebenen Arbeiten, sondern auch für das betroffene Gebäude seien eine Nebenleistung im Sinne der *VOB/C*. Wetterschutzmaßnahmen beim Bauen im Bestand bedürfen jedoch – insbesondere weil häufig auch gewerkeübergreifend, beispielsweise bei Aufstockungen – einer entsprechenden Vorplanung, Abstimmung und außerdem qualitativ hochwertigen Ausführung. Der vorläufige Wetterschutz für das Gebäude bei Dacharbeiten über (zudem meist weiter genutztem bzw. bewohntem) Bestand ist als besondere Leistung zu werten, die unbedingt der Erwähnung im Vertrag bedarf, d. h. auszuschreiben und vor allem gesondert zu vergüten ist.

Aus der Bauschadensanalyse im IFB-Bericht 19 [1] ergibt sich damit die dringende Forderung nach einer Überarbeitung bzw. Ergänzung der Vertragsbedingungen der *VOB/C* zur Klärung der Leistungen für den vorläufigen Wetterschutz der betroffenen Gebäude bei Dacharbeiten im Bestand. Außerdem sollte dem Mangel an bautechnischen Fachregeln für derartige Wetterschutzmaßnahmen Abhilfe geschaffen werden. Die von den Autoren im IFB-Bericht 19 [1] zusammengestellten Empfehlungen für eine im Hinblick auf Wasserschäden (und auch Brandschäden) schadensfreie Durchführung von Dacharbeiten sollen ein erster Schritt in diese Richtung sein.

2.7 Literaturverzeichnis

Verwendete Literatur

[1] Rizkallah, V.; Achmus, M.; Kaiser, J.; Institut für Bauforschung e. V. (Hrsg.) : Bauschäden beim Bauen im Bestand. Schadensursachen und Schadensvermeidung. Informationsreihe Bericht 19. Hannover: Selbstverlag, 2003

[2] Bundesministerium für Raumordnung, Bauwesen und Städtebau (BMBau) (Förderer); Aachener Institut für Bauschadensforschung und Angewandte Bauphysik gGmbH (AIBau) (ausführende Stelle); Abel, R.; Dahmen, G.; Lahmers, R.; Oswald, R.; Schnapauff, V.; Wilmes, K.: Bauschadensschwerpunkte bei Sanierungs- und Instandhaltungsmaßnahmen. Teil I. Stuttgart: Fraunhofer IRB Verlag, 1991

[3] Bundesministerium für Raumordnung, Bauwesen und Städtebau (BMBau) (Förderer); Aachener Institut für Bauschadensforschung und Angewandte Bauphysik gGmbH (AIBau) (ausführende Stelle); Abel, R.; Oswald, R.; Schnapauff, V.; Wilmes,

K.: Bauschadensschwerpunkte bei Sanierungs- und Instandhaltungsmaßnahmen. Teil II. Stuttgart: Fraunhofer IRB Verlag, 1994

[4] Weber, H.: Entfeuchtung und Trockenlegung von Mauerwerk. Teil I: Bauschäden. In: ARCONIS 6 (2001), Heft 4, S. 38 – 43

[5] Weber, H.: Entfeuchtung und Trockenlegung von Mauerwerk. Teil II: Bauschäden. In: ARCONIS 7 (2002), Heft 1, S. 27 – 33

[6] Bundesministerium für Raumordnung, Bauwesen und Städtebau (BMBau) (Hrsg.): Dritter Bericht über Schäden an Gebäuden. Bonn: Eigenverlag, 1995

[7] Standardleistungsbuch für das Bauwesen (StLB), Bauen im Bestand (BiB), Leistungsbereich (LB) 521: Block- und Plattenbau; Instandsetzung und Erneuerung von Dächern mit Abdichtungen. Weißentwurf. 1. Auflage. Berlin: Beuth Verlag, April 1997

Gesetze/Verordnungen/Regelwerke

- Arbeitsblatt ATV-DVWK-A 138: Planung, Bau und Betrieb von Anlagen zur Versickerung von Niederschlagswasser. Hennef: Deutsche Vereinigung für Wasserwirtschaft, Abwasser und Abfall e. V. (DWA), 2005

- Berufsgenossenschaftliche Vorschrift für Sicherheit und Gesundheit bei der Arbeit. Unfallverhütungsvorschrift - BG-Information 656: Dacharbeiten. Bonn: HVBG Hauptverband der gewerblichen Berufsgenossenschaften (Ausgabe: Oktober 2002)

- Berufsgenossenschaftliche Vorschrift für Sicherheit und Gesundheit bei der Arbeit. Unfallverhütungsvorschrift - BG-Regel 203: Dacharbeiten. Bonn: HVBG Hauptverband der gewerblichen Berufsgenossenschaften (Ausgabe: April 2000)

- Berufsgenossenschaftliche Regel für Sicherheit und Gesundheit bei der Arbeit. Unfallverhütungsvorschrift – BG-Regel 500: Betreiben von Arbeitsmitteln. Kapitel 2.26: Schweißen, Schneiden und verwandte Verfahren. Bonn: HVBG Hauptverband der gewerblichen Berufsgenossenschaften (Ausgabe: März 2007)

- BG 30 (Berufsgenossenschaft für den Einzelhandel) (Hrsg.): Berufsgenossenschaftliche Informationen für Sicherheit und Gesundheit bei der Arbeit (BGI) – BG-Information 562. Merkblatt 18: Brandschutz (Ausgabe: August 2006)

- BG 30 (Berufsgenossenschaft für den Einzelhandel) (Hrsg.): Berufsgenossenschaftliche Informationen für Sicherheit und Gesundheit bei der Arbeit (BGI) – BG-Information 563. Merkblatt 19: Brandschutz bei Schweiß- und Schneidarbeiten (Ausgabe: Juli 2006)

- DIN 4123: Ausschachtungen, Gründungen und Unterfangungen im Bereich bestehender Gebäude (Ausgabe: September 2000)

- DIN 18195: Bauwerksabdichtungen (Ausgabe: August 2000)

- DIN 18299: VOB Vergabe- und Vertragsordnung für Bauleistungen – Teil C: Allgemeine Technische Vertragsbedingungen für Bauleistungen (ATV) – Allgemeine Regelungen für Bauarbeiten jeder Art (Ausgabe: Oktober 2006)

- Vereinigung der Metall-Berufsgenossenschaften (Hrsg.): Berufsgenossenschaftliche Informationen für Sicherheit und Gesundheit bei der Arbeit (BGI) – BG-Information 560: Arbeitssicherheit durch vorbeugenden Brandschutz. Köln: Karl Heymanns Verlag GmbH (Ausgabe: 2007)

- WTA-Merkblatt 4-4-04/D: Mauerwerksinjektion gegen kapillare Feuchtigkeit. Wissenschaftlich-Technische Arbeitsgemeinschaft für Bauwerkserhaltung und Denkmalpflege e. V. München: WTA Publications, 2004

- WTA-Merkblatt 4-4-98/D: Nachträgliches Abdichten erdberührter Bauteile. Wissenschaftlich-Technische Arbeitsgemeinschaft für Bauwerkserhaltung und Denkmalpflege e. V. München: WTA Publications, 1998

- WTA-Merkblatt 2-9-04/D: Sanierputzsysteme. Wissenschaftlich-Technische Arbeitsgemeinschaft für Bauwerkserhaltung und Denkmalpflege e. V. München: WTA Publications, 2004

- WTA-Merkblatt 4-6-05/D: Nachträgliches Abdichten erdberührter Bauteile. Wissenschaftlich-Technische Arbeitsgemeinschaft für Bauwerkserhaltung und Denkmalpflege e. V. München: WTA Publications, 2005

3 Bauschäden bei Dämm- und Abdichtungsarbeiten

In diesem Kapitel werden Schadensfälle aus der Baupraxis beschrieben, die auf fehlerhafte Ausführungen und/oder Ablaufprozesse bei Dämm- und Abdichtungsarbeiten zurückzuführen sind. Abhängig vom einzelnen Schadensfall werden Vorbemerkungen und Sachverhalte, Mangel- und Schadenserkennung, Fragestellungen an die Sachverständigen, Feststellungen zum Sachverhalt, Hinweise zur Beurteilung, Beantwortung von Fragestellungen und Schadensursachen sowie die erforderlichen Maßnahmen zur Mängel- und Schadensbeseitigung dargestellt.

Bei den nachfolgend beschriebenen Schadensfällen handelt es sich zum einen um einen infolge mangelhafter Abdichtung verursachten Wasserschaden im Kellergeschoss eines Einfamilienhauses und zum anderen um einen Feuchteschaden infolge fehlerhaft ausgeführter Fußpunktkonstruktionen bodentiefer Fenster- und Türelemente bzw. eines mangelhaften Gebäudesockels.

3.1 Mangelhafte Ausführung von Dämm- und Abdichtungsarbeiten

Vorbemerkungen und Sachverhalt

Bei diesem Schadensfall handelt es sich eine mangelhaft ausgeführte Bauwerksabdichtung an einer Kelleraußenwand eines Einfamilienhauses.

Im Jahr 2004 wurde ein Generalunternehmer mit der Errichtung eines schlüsselfertigen, frei stehenden Einfamilienhauses (s. Abb. 3.1.1) in einer Neubausiedlung beauftragt. Es handelt sich dabei um ein 1½-geschossiges Einfamilienhaus in Massivbauweise, voll unterkellert und mit einem Steildach mit Pfanneneindeckung überdeckt. Die Außenwände wurden im Zuge der Herstellung eines WDVS in heller Farbgebung mit einer strukturgebenden Putzfläche ausgeführt. Die Außenflächen der Gebäudesockel sind im Anschluss an die Geländeoberfläche zurückgesetzt und weisen im Übergang zum Kellergeschoss einen entsprechend dunkler gefärbten Sockelputz auf einer Wärmedämmebene auf.

Auf der Bauwerkssohle des Kellergeschosses ist ein schwimmender Estrich mit Fliesen- bzw. Teppichbodenbelägen ausgeführt.

Das Kellergeschoss weist eine Nutzfläche von ca. 80 m² auf. Hier befinden sich ein Kellerraum, ein Vorratskeller, eine Waschküche und das Treppenhaus. Die erdberührenden Außenwände des Kellergeschosses sind nach Angaben und ausweislich der Planunterlagen aus 36,5 cm starkem Hochlochziegel-Mauerwerk, das beidseitig verputzt wurde, hergestellt.

Vor Beginn der Bauarbeiten wurde durch ein Ingenieurbüro eine Baugrunduntersuchung auf dem betreffenden Baugrundstück durchgeführt.

Der Generalunternehmer beauftragte seinerseits in Anlehnung an den Rahmenvertrag zwischen Bauherr und Generalunternehmer einen externen Bauleiter mit der Bauüberwachung des Bauvorhabens. Der Bauleiter hatte entsprechend des Leistungsbildes seines Einzelvertrages die Aufgabe, das Bauobjekt unter Zugrundelegung der Vergabe- und Vertragsordnung für Bauleistungen (VOB), den anerkannten Regeln der Technik, der statischen Berechnung unter Berücksichtigung des vorliegenden Bodengutachtens und auf Grundlage des genehmigten Bauantrages zu erstellen.

Entsprechend des Rahmenvertrages zwischen Bauherr und Generalunternehmer erstreckte sich das Aufgabengebiet des Bauleiters vom Einreichen des Bauantrages über die Objektüberwachung bis hin zur Beseitigung der Mängel- und Restarbeiten im Gewährleistungszeitraum des Bauunternehmers.

Im Zuge der Bauausführung wurde durch den Generalunternehmer ein Subunternehmen mit der Ausführung der anstehenden Bauwerksabdichtung einschließlich der Schutzmaßnahmen und der Herstellung einer Dränanlage, beauftragt. Eine Angabe des in der Baugrunduntersuchung ermittelten »Lastfalls« für die vorgesehene Bauwerksabdichtung erfolgte gegenüber dem Subunternehmer in diesem Zusammenhang nicht. Unterhalb der Bodenplatte wurde der Einbau einer Flächendränung in einer Stärke von 15 cm beauftragt und um das Gebäude eine Ringdränung mit Spülrohren vorgesehen. Darüber hinaus sah der Bauvertrag des mit der Ausführung einer Bauwerksabdichtung beauftragten Unternehmens ebenfalls eine Flächendränung an den Kelleraußenwänden, bestehend aus Dränplatten mit vorgesetztem Filtervlies, vor.

Der Beginn der Bauarbeiten fand im September 2004 statt. Die Schlussabnahme des Einfamilienwohnhauses erfolgte vertragsgemäß Ende August 2005 durch die Bauherren in Anwesenheit der Bauleitung. Bereits im Vorfeld der Abnahme sowie in dem darauffolgenden Zeitraum wurden in Teilabschnitten der Kelleraußenwände erhebliche Feuchteerscheinungen mit Folgeschäden im Bereich des gesamten Kellergeschosses festgestellt.

Aufgrund der Firmeninsolvenz des für die Rohbau- und Abdichtungsarbeiten verantwortlichen Subunternehmers wurde der Bauleiter durch den Generalunternehmer für die mangelhaft ausgeführten Abdichtungsarbeiten in Regress genommen. Unter Bezug auf die ihm zur Last gelegten Anschuldigungen zeigte der Bauleiter daraufhin seinem Berufshaftpflichtversicherer die entstandenen Schäden an dem betroffenen Gebäude an. Vor diesem Hintergrund fand Ende Juni 2006 ein Ortstermin mit den Beteiligten und einem Vertreter der Haftpflichtversicherung statt.

Mangel- und Schadenserkennung

Bereits im Zuge der Übergabe des Gebäudes im August 2005 wurden in einem Abnahmeprotokoll diverse Mängel, insbesondere die Feuchteerscheinungen im Bereich des Kellergeschosses, festgestellt. Zum Zeitpunkt der Abnahme war der Ausbau des Untergeschosses aufgrund dieser Feuchteerscheinungen nicht fertig gestellt worden, da sich an den Innenseiten der Kelleraußenwände auf den Putzoberflächen erhebliche Verfärbungen und Feuchteverfleckungen abzeichneten bzw. sich in Teilabschnitten mikrobieller Befall zeigte. Die Abnahme des Gebäudes wurde unter Ausschluss des gesamten Kellergeschosses durchgeführt.

Von Anfang bis Ende September 2005 erfolgten daraufhin eine technische Hohlraumtrocknung der Wärmedämmung unter dem schwimmenden Estrich im Kellergeschoss sowie eine unterstützende Raumluftentfeuchtung mittels Kondensationstrockner.

Anfang Dezember 2005 wurde durch den Eigentümer festgestellt, dass der im Kellergeschoss verlegte Teppichbodenbelag durchfeuchtet war. Daraufhin wurde seitens des Eigentümers zur Klärung der Schadensursache ein Bausachverständiger mit der Begutachtung des Schadens und der Ermittlung der Schadensursachen beauftragt. Im Rahmen der daraufhin stattgefundenen Untersuchungen wurden zunächst innenseitig zwei Bauteilöffnungen im Bereich des schwimmenden Zementestrichs im Kellergeschoss durchgeführt. Dabei wurde unterhalb der Estrichplatte in der Ebene der Wärmedämmung bis zu 4 cm hoch anstehendes Wasser festgestellt. Seitens des Sachverständigen wurde als Schadensursache der Ausfall der Dränagepumpe im Zusammenhang mit starken Regenfällen benannt. Daraufhin wurde die Pumpe ausgetauscht und in Betrieb genommen.

Im darauffolgenden Frühjahr, ca. Ende Mai 2006, zeigten sich bei weiteren Untersuchungen am Gebäude erneut Feuchteerscheinungen an der unteren Mauerwerksschicht der Kelleraußenwände. Im weiteren Verlauf wurde zur abschließenden Ermittlung der Schadensursache bzw. der Verantwortlichkeiten der Schäden aus technischer Sicht ein weiterer Bausachverständiger eingeschaltet.

Der Sachverständige forderte den Eigentümer im weiteren Untersuchungsprozess Anfang Juni 2006 auf, die Kelleraußenwände an der südwestlichen Gebäudeecke freizulegen, um die Außenwandkonstruktion von außen näher in Augenschein nehmen zu können.

Fragestellungen an die Sachverständigen

Nach Analyse der Grundlagen des Sachverhalts sowie nach der Durchführung der Ortstermine wurde dem Sachverständigen die Beantwortung folgender Fragestellungen auferlegt:

- Frage 1:
  Sind die Feuchteerscheinungen im Kellergeschoss des streitgegenständlichen Einfamilienhauses auf eine nicht fachgerechte Ausführung der Bauwerksabdichtung zurückzuführen? Sind diese hier ggf. auch schadensverstärkend auf Bauablauf- und/oder Materialfehler zurückzuführen?

- Frage 2:
  Sind die aufgetretenen Schäden im Kellergeschoss auch auf Versäumnisse der Bauleitung des für die Bauüberwachung verantwortlichen Bauleiters zurückzuführen?

- Frage 3:
  Welche sonstigen Zusammenhänge oder Umstände könnten ggf. für die Schäden ursächlich sein?

Hinweise zur Beurteilung

Von einem Vertreter des Generalunternehmens wurde bei der ersten Ortsbesichtigung berichtet, dass bereits im Mai 2005, während der Bauzeit, auf dem Fußboden im Kellergeschoss Wasser stand. Es wurde erklärt, dass zu diesem Zeitpunkt die Pumpe im Dränschacht noch nicht angeschlossen und die Dachentwässerung ebenfalls noch nicht an die Entwässerungsleitungen angeschlossen waren. Hierdurch konnte seiner Ansicht nach das Niederschlagswasser und das Wasser aus der Dränung in das Gebäude eindringen.

Nach Angaben des Generalunternehmers wurde im Januar 2006 an den Außenwänden des Kellergeschosses eine Bauwerksabdichtung, bestehend aus einer KMB, hergestellt sowie eine Ringdränanlage eingebaut. Das anfallende Wasser aus dem Baugrund wird in einem Dränschacht gesammelt und über eine Pumpe in die öffentliche Regenkanalisation abgeleitet.

Ausweislich der vorliegenden Baugrunduntersuchung war zum Zeitpunkt der Bauwerkserstellung keine Wasserhaltung erforderlich. Eine Ermittlung des höchsten zu erwartenden Grundwasserstandes, des Bemessungswasserstandes, erfolgte nicht. In der Zusammenfassung des Bodengutachtens wurde lediglich der Einbau einer Flächendränanlage ohne Dränrohr vorgeschlagen. Ausweislich der Angaben des Bodengutachters war mit der Herstellung einer funktionsfähigen Dränung eine Bauwerksabdichtung gegen Bodenfeuchte gemäß DIN 18195-4 ausreichend.

Des Weiteren geht aus den Angaben des Bodengutachtens hervor, dass im Zuge der Durchführung von zwei Rammsondierungen auf dem betreffenden Grundstück eine ca. 6 m starke Tonschicht im Baugrund unmittelbar unterhalb der Gründungsebene des betroffenen Gebäudes ermittelt wurde. Ausweislich der durch die Beteiligten vorgelegten Unterlagen sollen dem Bauleiter das in Rede stehende Baugrundgutachten und der Standsicherheitsnachweis vor Ausführung der Baumaßnahme vorgelegen haben.

Feststellungen zum Sachverhalt

Bei diversen Ortsterminen an dem betroffenen Gebäude wurde Folgendes festgestellt:

Kelleraußenwände:

Im Vorfeld der Baubegehungen wurden die westlichen und nördlichen Kelleraußenwände freigelegt (s. Abb. 3.1.2):

Abb. 3.1.2
Freilegung des
Kellergeschosses an
der nördlichen
Kelleraußenwand
[1]

Im Zuge der Baubegehungen wurde festgestellt, dass auf der kunststoffmodifizierten Bitumendickbeschichtung (KMB) des Kellermauerwerks 60 mm starke Polystyrolplatten, die außenseitig mit senkrecht verlaufenden Rillen und einer Vlieskaschierung als Flächendränung versehen sind, vorhanden sind (s. Abb. 3.1.3).

Abb. 3.1.3
Abnahme der Perimeterdämmplatten an der nordwestlichen Gebäudeecke [1]

Nach dem Abnehmen eines Teilabschnittes der Perimeterdämmung von der Kelleraußenwand wurde sichtbar, dass die Dämmplatten punktuell mit einer bituminösen Klebemasse an der Bauwerksabdichtung angebracht wurden. Beim Entfernen der Perimeterdämmplatten wurde festgestellt, dass die punktuell aufgebrachte Bitumenmasse teilweise sowohl an den Dämmplatten als auch auf der KMB-Beschichtung verbleibt (s. Abb. 3.1.4).

Abb. 3.1.4
Auf der KMB-Beschichtung verbleibende Klebepunkte [1]

Zudem löste sich die Abdichtungsebene im Bereich der Klebepunkte durch das Abnehmen der Platten in Teilflächen mit einem Durchmesser bis zu 20 cm vom Untergrund ab (s. Abb. 3.1.5).

Abb. 3.1.5
Ablösung der KMB-
Beschichtung mit
Gewebeeinlagen [1]

Die durch das Abnehmen der Dränplatten freigelegten Abdichtungsabschnitte, insbesondere im Bereich der oberen Wandabschnitte der Kelleraußenwände, wiesen zudem zwischen den Klebepunkten erhebliche Blasenbildungen auf. In den untersuchten Teilabschnitten der Kelleraußenwand waren sämtliche Dämmplatten lose und wiesen insofern keine Haftzugfestigkeit zum Abdichtungsuntergrund auf.

Anhand der vorliegenden Fotodokumentation des zuerst eingeschalteten Bausachverständigen konnte zudem erkannt werden, dass im Bereich der nur in Teilabschnitten vorhandenen Hohlkehle aus Bitumenmaterial in Höhe der Bauwerkssohle zur senkrechten Kelleraußenwand waagerecht verlaufende Rissbildungen mit zum Teil erheblichen Rissbreiten vorhanden waren (s. Abb. 3.1.6).

Abb. 3.1.6
Rissbildungen im Bereich der Hohlkehle an der Bauwerkssohle [1]

Von der auf den Perimeterdämmplatten vorhandenen bituminösen Klebemasse wurde örtlich eine Probe entnommen und in einem Labor materialtechnisch untersucht.

Boden- und Wandflächen im Kellergeschoss:

Die Wand- und Deckenflächen der Kellerräume in dem betroffenen Einfamilienwohnhaus sind innenseitig verputzt und mit einem Farbanstrich versehen. Der oberhalb der Bauwerkssohle eingebrachte, schwimmend verlegte Zementestrich weist einen grauen Anstrich auf. In den Estrichplatten waren zum Zeitpunkt des ersten Ortstermins mehrere Bohrungen mit einem Durchmesser von ca. 50 mm vorhanden, über die offensichtlich bereits nach den Feststellungen des ersten Sachverständigen eine technische Trocknung der Dämmschicht unter den Estrichplatten erfolgt war.

Mit einem Feuchtemessgerät wurde an der südlichen Außenwand bis zu einer Höhe von ca. 20 cm ab der Oberkante des Fußbodenaufbaus eine Durchfeuchtung des Innenputzes ermittelt. Es wurden Feuchtewerte bis zu 110 digits festgestellt.

Anmerkung:

*Die Messung mit dem o. g. Feuchtemessgerät basiert auf dem Messprinzip des ka-
pazitiven elektrischen Feldes. Das Messfeld bildet sich zwischen der aktiven Kugel
und der zu beurteilenden Untergrundmasse aus. Die Veränderung des elektrischen
Feldes durch Material und Feuchte wird erfasst und auf der Anzeige des Messge-
rätes digital angezeigt (0 bis 199 digits). Bei der vorliegenden Messung handelt es
sich um eine relative Messung, das heißt, es wird der Unterschied zwischen dem
augenscheinlich »trockenen« und dem »feuchten« Baustoffabschnitt angezeigt. Bei
Innenoberflächen von Mauerwerkswänden in Wohnräumen sind Bereiche von 25
bis 40 digits als »trocken« und Bereiche von 80 bis 140 digits als im Wesentlichen
»feucht« zu bezeichnen. Mauerwerkswände in Kellerräumen sind in Bereichen zwischen 60 bis 80 digits als »trocken« und 100 bis 150 digits als deutlich »feucht«
einzustufen.*

In dem Kellerraum an der südwestlichen Gebäudeecke wurde im Vorfeld des
Ortstermins eine Bauteilöffnung im Estrich und im Innenputz vorgenommen.
Das freigelegte Mauerwerk aus Hochlochziegeln weist in diesem Untersuchungsabschnitt Feuchtewerte bis zu ca. 120 digits auf. Auf der Bodenplatte des Kellergeschosses unterhalb der Estrichkonstruktion ist eine vertikale Bauwerksabdichtung als Sohlabklebung mit einer Bitumenschweißbahn hergestellt
(s. Abb. 3.1.7).

Abb. 3.1.7
Innenseitige Bauteil-
öffnung an der
südwestlichen
Gebäudeecke [1]

Im Hohlraum im Bereich der Wärmedämmschicht zwischen der vertikalen Bauwerksabdichtung und der Estrichplatte konnten im Zuge des Ortstermins mit dem Messgerät keine Feuchterscheinungen festgestellt werden.

An der südöstlichen Raumecke des vorgenannten Kellerraumes wurde eine Durchfeuchtung des Außenwandsockels aus Hochlochziegeln bis zu einer Höhe von ca. 60 cm ermittelt. Der Innenputz wies in Teilabschnitten diverse Ausblühungen, und an der Oberfläche ein Ablösen des Farbanstrichs auf. Mit dem Feuchtemessgerät wurden in diesen Bereichen bis zu ca. 120 digits gemessen, so dass die untersuchten Teilabschnitte in Bezug zu den augenscheinlich »trockenen« Referenzflächen als deutlich »feucht« zu bezeichnen sind.

Die Wand- und Deckenflächen der Waschküche sind ebenfalls verputzt und wie die Bodenflächen jeweils mit einem Farbanstrich versehen. An den Kelleraußenwänden sind oberhalb der Oberkante des Fertigfußbodens auf einer Höhe bis zu ca. 20 cm umlaufend Feuchterscheinungen des Innenputzes festzustellen. In diesen Bauteilabschnitten wurden bis zu ca. 120 digits gemessen. An der westlichen Außenwand sind Durchfeuchtungen sogar bis zu einer Höhe von 80 cm ab Oberkante des Fußbodens vorhanden. In der Estrichplatte waren ebenfalls mehrere, zum Zeitpunkt des ersten Ortstermins bereits verschlossene Bohrungen vorhanden, über die die technische Trocknung der Estrichkonstruktion ausgeführt wurde (s. Abb. 3.1.8 und 3.1.9).

Abb. 3.1.8
Verfärbungen bzw. Feuchteverfleckungen am Mauerwerkssockel [1]

Abb. 3.1.9
Innseitig erkenn-
bare Feuchte-
erscheinungen an
der südwestlichen
Gebäudeecke [1]

Der ebenfalls im Kellergeschoss befindliche Vorratsraum wird als Arbeitszimmer und insofern zu Wohnzwecken genutzt. Die Wand- und Deckenflächen sind auch hier geputzt und mit einer Raufasertapete nebst Farbanstrich versehen. Der hier ursprünglich verlegte Teppichbodenbelag war im Dezember 2005, ebenso wie im Treppenhaus, aufgrund der bereits aufgetretenen Feuchteerscheinungen ausgebaut und entsorgt worden. An diesen Außenwandabschnitten waren auf einer Höhe bis zu ca. 20 cm ebenfalls Durchfeuchtungen des Putzes sowie das Ablösen der Raufasertapete festzustellen. Auch hier wurden Feuchtewerte bis zu ca. 120 digits gemessen.

Beantwortung von Fragestellungen und Schadensursachen

Ausweislich der DIN 18195-1 *»Bauwerksabdichtung; Grundsätze, Definitionen, Zuordnung der Abdichtungsarbeiten«* ist beim Einbau einer Dränung eine Bauwerksabdichtung gegen Bodenfeuchte und nichtstauendes Sickerwasser nach DIN 18195-4 *»Bauwerksabdichtung; Bauwerksabdichtung und Abdichtung gegen Bodenfeuchte (Kapillarwasser, Haftwasser) und nichtstaunendes Sickerwasser an Bodenplatten, Wänden, Bemessungen und Ausführungen«* herzustellen. Gemäß Abschnitt 7.3.3 »Abdichtung mit kunststoffmodifizierten Bitumendickbeschichtungen (KBM)« darf das Aufbringen der Schutzschicht auf der Bauwerksabdichtung erst nach ausreichender Durchtrocknung der Abdichtung erfolgen.

Die Schutzschicht in Form der profilierten Perimeterdämmebene aus Polystyrolplatten mit Vlieskaschierung ist im Abdichtungssystem der gewählten KMB mit geeigneten Klebemassen mit ausreichendem Flächenkontakt zum Untergrund aufzubringen. Die Verwendung und Eignung dieser Klebeverbindungen ist insbesondere im Hinblick auf die zu erwartenden Bauwerkssetzungen und hinsichtlich der Materialverträglichkeit zwischen Klebemasse und Abdichtungsebene bzw. der Klebemasse zur Perimeterdämmung zu prüfen.

Des Weiteren müssen gemäß der DIN 18195-3 »Bauwerksabdichtungen; Anforderungen an den Untergrund und Verarbeitung der Stoffe«, Abschnitt 4 »Anforderungen an den Untergrund« Kanten gefast und Kehlen abgeschrägt oder gerundet sein, um in diesen Abdichtungsabschnitten eine Durchgängigkeit der erforderlichen Schichtdicken zu gewährleisten.

Örtlich konnte festgestellt werden, dass sich im Bereich der Klebepunkte der aufgebrachten Schutzschicht aus Polystyroldämmplatten die KMB vom Untergrund ablöst und insofern Fehlstellen in der Abdichtungsebene an der Außenseite der Kelleraußenwände entstehen.

Auf Grundlage dieser Erkenntnisse können die zuvor gestellten Fragen wie folgt beantwortet werden:

- Beantwortung der Frage 1:
  Die labortechnische Untersuchung der örtlich entnommen Probe der punktuellen Klebeverbindung auf der Perimeterdämmung ergab, dass die bituminöse Klebemasse grundsätzlich für den Einsatz- und Anwendungsort materialtechnisch geeignet ist. Materialunverträglichkeiten zwischen der Klebemasse und der KMB-Beschichtung bzw. den Polystyrolplatten konnten im Rahmen der Untersuchungen nicht festgestellt werden. Aufgrund des Haftens der ursprünglich auf der Kelleraußenwand aufgebrachten KMB an der Probe steht insofern fest, dass offensichtlich der Haftzugverbund der punktuellen Klebeverbindung auf der Dämmplatte an diesen Stellen wesentlich größer ist als der zwischen der KMB und dem Putzgrund der Kelleraußenwand.

  Für das in Teilabschnitten auftretende Ablösen der vertikalen Bauwerksabdichtung ist eine nicht ausreichende Austrocknung der im Zuge des Bauablaufes aufgebrachten Bitumendickbeschichtung vor dem Aufbringen der Dämmplatten ursächlich. Anhand der festgestellten Blasenbildungen an den freigelegten Abdichtungsebenen kann davon ausgegangen werden, dass die Putzuntergründe bzw. ggf. die Mauerwerkskonstruktion des Kellergeschosses zum Zeitpunkt des Auftrages der KMB nicht ausreichend trocken waren. Aufgrund des feuchten bzw. nassen Untergrundes während der Verarbeitung der vertikalen Abdichtungsebene konnte es in der Folge zu keinem ausreichenden Haftzugverbund zwischen dem Putzuntergrund und der frisch aufgebrachten Abdichtungsebene kommen.

Die punktuell aufgebrachte bituminöse Klebemasse zur Fixierung der Perimeterdämmplatten hat nach ihrer Aushärtung und Verbindung mit der KMB unter den im Zuge der Baufertigstellung und in der Folgezeit stattfindenden Bauwerkssetzungen in Teilbereichen zu einem Abriss der vertikalen Abdichtungsebene vom Putzuntergrund geführt. Durch die so genannte Mitnahmesetzung in vertikaler Richtung haben sich die Perimeterdämmplatten samt Klebeverbindungen mit den Teilflächen der anhaftenden, vertikalen Bauwerksabdichtung vom Untergrund gelöst und u. a. zu den Fehlstellen in der Abdichtungsebene und in der Folge zu den vorgefundenen Durchfeuchtungserscheinungen, insbesondere im Bereich des Fußpunktes des Mauerwerkssockels, geführt.

Zudem konnte anhand der Fotodokumentation, die im Verlauf des Schadenhergangs durch den ersten Bausachverständigen erstellt wurde, abgeleitet werden, dass die Unterkanten der Dämmplatten im Bereich der vorhanden Hohlkehlen nicht abgerundet waren und Rissbildungen an der Abdichtung vorhanden sind, so dass hier insofern ein baulich bedingter Mangel am Übergang der aufgehenden Kelleraußenwand zur Bauwerkssohle vorliegt. Dementsprechend stellen die Abdichtungs- und Schutzmaßnahmen insgesamt keine fachgerechten Bauausführungen dar.

Ferner hatten sich offensichtlich die Kanten der Dämmplatten aufgrund einer unzureichenden Aushärtung in die KMB gedrückt und so zu einer Verringerung der Schichtstärke der Abdichtungsebenen geführt. Die hieraus entstehenden Undichtheiten an der Abdichtung stellen insofern ebenfalls bauliche Mängel dar. Die Verringerung der Schichtdicke der Abdichtung führte zusätzlich zu den Beschädigungen der Abdichtungsebene in der Fläche und zu den vorgefundenen Rissbildungen der Sockel an den Kelleraußenwänden.

Unter Bezugnahme auf die Beantwortung der Frage 1 ist festzustellen, dass aufgrund der festgestellten o. g. Mängel an der KMB die Bauwerksabdichtung insgesamt mangelhaft, nicht fachgerecht ausgeführt, für den entsprechenden Einsatzort weder geeignet noch dauerhaft funktionsfähig ist und zu den vorgefundenen Durchfeuchtungserscheinungen an den Kelleraußenwänden des Einfamilienhauses geführt hat. Abgesehen von den sonstigen konstruktiven Mängeln an der Abdichtungsebene sind in diesem Zusammenhang die Schadensursachen für die Feuchterscheinungen in dem betroffenen Kellergeschoss im Wesentlichen durch Bauablauffehler (z. B. zu feuchte Untergründe beim Auftrag der Abdichtung, unmittelbares Aufbringen der Dämmplatten nach Herstellung der Bitumendickbeschichtung) verursacht worden.

■ Beantwortung der Frage 2:

Wie bereits in der Beantwortung der Frage 1 ausgeführt, sind die entstandenen Schäden an der Bauwerksabdichtung auf Mängel bei der Ausführung der Abdichtungsarbeiten und Schutzmaßnahmen durch das ausführende Subunternehmen zurückzuführen, da im Wesentlichen der Einbau der Perimeterdämmplatten vor der Bauwerksabdichtung zum einen vor dem vollständigen Aushärten der Bitumendickbeschichtung erfolgte und zum anderen der Untergrund zum Aufbringen der Bitumendickbeschichtung nicht ausreichend »trocken« gewesen war. In der Regel werden im Zuge derartiger Abdichtungsmaßnahmen mittels KMB Referenzproben zur Feststellung der Durchtrocknung bzw. Aushärtung sowie zur Kontrolle der Nass- und Trockenschichtdicken von dem ausführenden Unternehmen erstellt, die grundsätzlich auch durch den Bauleiter kontrolliert werden müssen. Ein vorzeitiger Einbau der Dämmplatten als Schutzschicht hätte so verhindert werden können.

Unter der Vorraussetzung der Herstellung einer mangelfreien Bitumendickbeschichtung als Bauwerksabdichtung gegen Bodenfeuchte bzw. gegen nichtstauendes Sickerwasser gemäß der DIN 18195-4 wären die durch den Bauleiter gewählten Produktssysteme von Bauwerksabdichtung und Dränanlagen für den genannten Lastfall geeignet gewesen.

Die Beantwortung der Frage 2 erfolgt ausschließlich unter Berücksichtigung der technischen Maßgaben und stellt insofern keine juristische Wertung oder Einschätzung der Verantwortlichkeiten bzw. Sachlage dar. Durch die nicht durchgeführte Kontrolle der streitgegenständlichen Abdichtungsmaßnahmen, insbesondere im Hinblick auf die Prüfung des Verarbeitungsuntergrundes vor dem Auftrag der bituminösen Beschichtung und der Überprüfung der ausreichenden Aushärtung der Bitumendickbeschichtung während des Bauprozesses, ist hier von einem »Versäumnis« des für die Bauüberwachung verantwortlichen Bauleiters aus *technischer* Sicht auszugehen.

Insofern obliegt dem Planer und Bauleiter im Zusammenhang mit den aufgetretenen Schäden, unter Zugrundelegung der technischen Erfordernisse zur Erfüllung des beauftragten Leistungsbildes, die Anforderung des Protokolls der Prüfung des Untergrundes vor Ausführung der Abdichtungsmaßnahmen bzw. die Dokumentation der Eigenüberwachung für die Herstellung der Abdichtungsebene.

Die aufgetretenen Schäden an dem Gebäude sind aufgrund der o. g. Ausführungen, neben der mangelhaften Ausführung des Subunternehmers, auch auf »technische Versäumnisse« des Planers bzw. Bauleiters zurückzuführen.

- Beantwortung der Frage 3:
Rückschlüsse auf mögliche weitere Ursachen oder Zusammenhänge im Hinblick auf die Umstände, die zu der Entstehung der beschriebenen Schäden geführt haben, sind in dem dargestellten Schadensfall anhand der durchgeführten Untersuchungen im Zuge der Ortstermine nicht festzustellen. Zumindest in Bezug auf die unzureichende Austrocknung der Untergründe bzw. Bitumendickbeschichtung könnten sehr knapp gesetzte oder zu eng kalkulierte Bauzeiten im Zusammenhang mit vertraglich zugesicherten Fertigstellungsterminen eine mögliche schadensbegünstigende Ursache sein.

Mangel- und Schadensbeseitigung

Unter Mangel- und Schadensbeseitigung ist die Beseitigung von schadensursächlichen Mängeln und daraus resultierenden (Folge-)Schäden zu verstehen.

Zur Mangel- und Schadensbeseitigung der innenseitigen Feuchterscheinungen in den betroffenen Kellerräumen des vorliegenden Schadensfalls sind folgende Maßnahmen erforderlich:

- Freilegung der Außenwände des gesamten Kellergeschosses, zusätzliche Sicherungsmaßnahmen der im Arbeitsraum der Baugrube vorhandenen Entwässerungsleitungen und der Dränanlage, Entfernen der Perimeterdämmebene sowie der mangelhaft ausgeführten Abdichtungsebene aus KMB im Strahlverfahren, einschließlich der fachgerechten Entsorgung, ggf. Überarbeitung des Untergrundes zur Aufnahme der neuen Abdichtungsebene, Herstellung einer fachgerechten Abdichtungsebene, Aufbringen der profilierten Perimeterdämmung mit Vlieskaschierung, Überarbeitung der Ringdränung, Wiederverfüllung der Baugrube mit geeignetem Bodenmaterial, Wiederherstellung der Außenanlagen und des Spritzwasserschutzstreifens.

- Nach erfolgter Bauwerksabdichtung ist die Absaugung des freien Wassers und eine fachgerechte technische Hohlraumtrocknung des gesamten Fußbodenaufbaus im Kellergeschoss des betroffenen Einfamilienwohnhauses erforderlich.

- Die schadhaften Innenputzflächen an den Wandsockeln sind zu erneuern. Zur Wiederherstellung des ursprünglichen Zustandes werden raumabhängig diverse Maler-, Tapezier- und Bodenbelagsarbeiten erforderlich.

3.2 Feuchteschäden durch fehlerhafte Abdichtungen bodentiefer Fenster- und Türelemente

Vorbemerkungen und Sachverhalt

Ein Generalunternehmer errichtete im Auftrag eines Bauherrn ein nicht unterkellertes Doppelhaus. Der Wohngebäudekomplex ist in massiver Bauweise errichtet und mit pfanngedeckten Satteldächern überdeckt. Die Doppelhaushälften sind auf Geländeniveau auf einer durchgehenden Stahlbetonbodenplatte gegründet. Die Außenwände sind mit einem WDVS mit einer zurückgesetzten Sockelzone versehen. Gartenseitig sind bodentiefe Fenster- und Türelemente aus Kunststoff ausgeführt. Für die Herstellung der Bauwerksabdichtungen der erdberührenden Außenflächen der Umfassungswände an dem betroffenen Doppelhaus wurde seitens des Generalunternehmers ein Subunternehmer beauftragt. Vertragsgemäß erfolgte die Schlussabnahme der Doppelhaushälften im Dezember 2006 durch die Bauherren. Bis auf einige unwesentliche Beanstandungen wurden die Doppelhaushälften im Zuge der Abnahme übergeben.

Zwischen Frühjahr und Sommer 2007 wurden in den Wohnzimmern der Doppelhaushälften innenseitige Feuchteerscheinungen festgestellt. Daraufhin wurde(n) u. a. die Bauwerksabdichtung(en) einzelner Bauteile am Sockelpunkt des Gebäudes durch den Generalunternehmer von außen freigelegt. Unter Bezug auf die durch das Schadensbild erkennbar betroffenen Räumlichkeiten bzw. Bauteilabschnitte wurde als Schadensursache eine mangelhafte oder fehlende Abdichtung im Bereich der bodentiefen Fenster- und Türelemente auf der Gartenseite vermutet.

Mangel- und Schadenserkennung

Nach Angaben des Generalunternehmers und ausweislich der vorliegenden Planunterlagen nebst Fotodokumentation wurden die auf der Stahlbetonbodenplatte errichteten tragenden Außen- und Innenwände aus KS-Planblöcken hergestellt. Die nichttragenden Innenwände wurden als Gipsdielenwände ausgeführt.

Der Generalunternehmer beauftragte einen Subunternehmer mit der Ausführung der Abdichtungsarbeiten an den erdberührenden Bauteilen des in Rede stehenden Gebäudes. Als Bauwerksabdichtung wurde eine KMB verwendet. Die bodentiefen Fenster- und Türelemente wurden von einem weiteren Subunternehmer des Generalunternehmens geliefert, montiert und eingebaut. Im Zuge der Montage der Fenster- und Türelemente wurde umlaufend ein Fugendichtband zwischen den Fenster- und Türelementaußenseiten im Anschluss an die Mauerwerkswände und unterseitig über die Stirnseite der Bodenplatte geführt.

Die Abdichtung mittels KMB wurde durch das beauftragte Unternehmen auf die abzudichtenden Bauteile und im Bereich der bodentiefen Fenster- und Türelemente auf die Fugendichtbänder des Fensterbauers aufgetragen.

Im Laufe der Nutzung des Gebäudes wurden durch die Bauherren zunehmend innenseitige Feuchteerscheinungen an den Innenputzflächen der Außenwandsockel im Bereich der bodentiefen Terrassentürelemente angezeigt.

Zur Ermittlung der Schadensursache wurde im September 2007 ein Sachverständiger mit der Feststellung der Schadensursache(n) bzw. der Beseitigung der Mängel beauftragt. Zur Untersuchung der betreffenden Bauteilkonstruktionen fanden zwei Ortsbesichtigungen an den Gebäuden statt.

Fragestellungen an die Sachverständigen

Dem Sachverständigen wurden folgende Fragen gestellt:

- Frage 1:
  Sind die entstandenen Feuchteschäden im Erdgeschoss der Doppelhaushälfte auf eine nicht fachgerecht ausgeführte Bauwerksabdichtung, insbesondere auf die mangelhaft ausgeführten Abdichtungsmaßnahmen im Bereich der bodentiefen Fenster- und Türelemente zurückzuführen?

- Frage 2:
  Ist die Art und Wahl der Wärmedämmebene am Gebäudesockel für den Einsatzort im Anschluss an die Geländeoberkante geeignet? Falls diese Frage mit nein beantwortet wird: Welche Maßnahmen sind zur Beseitigung des daraus entstehenden Mangels erforderlich?

Hinweise zur Beurteilung

Anforderungen an Bauwerksabdichtungen bei bodentiefen Fenster- und Türelementen; Schutz gegen eindringendes Wasser:

Bei der Ausführung von Bauwerksabdichtungen an Fußpunkten von bodentiefen Fensterelementen in den Übergängen zu Dachterrassen bzw. Balkonen sowie Türelemente im Anschluss an die Geländeoberfläche sind die allgemein anerkannten Regeln der Technik einzuhalten und insbesondere abdichtende Schutzmaßnahmen gegen von außen eindringendes Wasser gemäß *DIN 18195 Bauwerksabdichtungen und den Regeln für Dächer mit Abdichtungen,* der so genannten *»Flachdachrichtlinie«,* vorzusehen.

In der *DIN 18195 Bauwerksabdichtungen* wird bezüglich der vertikalen Aufkantungshöhen an bodentiefen Fenster- und Türelementen insbesondere im Zusammenhang ihrer Detailausbildung (Detailpunkte) Folgendes geregelt:

- Die DIN 18195 *»Bauwerksabdichtungen, Teil 2: Stoffe«*, Abschnitt 1.1 »Anwendungsbereich«, regelt die Art und Wahl der geeigneten Abdichtungsebenen. Die Norm gilt für Abdichtungsstoffe und Hilfsstoffe, die zur Herstellung von Bauwerksabdichtungen gegen (u. a.)

  – Bodenfeuchte nach DIN 18195-4 und

  – nichtdrückendes Wasser nach DIN 18195-5

  verwendet werden.

- Die DIN 18195 *»Bauwerksabdichtungen, Teil 3: Anforderungen an den Untergrund und Verarbeitung der Stoffe«* regelt insbesondere die Ausführung der Abdichtungsebenen bzgl. der notwendigen Anforderungen der entsprechenden Abdichtungsmaterialien an den Untergrund. Dementsprechend müssen Bauwerksflächen zur Aufnahme der Abdichtung frostfrei, fest, eben und frei von Nestern und klaffenden Rissen, Graten und schädlichen Verunreinigungen sein. Ferner müssen diese Oberflächen ausreichend trocken sein.

- Gemäß DIN 18195 *»Bauwerksabdichtungen, Teil 9: Durchdringungen, Übergänge, An- und Abschlüsse«*, Abschnitt 5.4.3, sind bei der Abdichtung von waagerechten und schwach geneigten Flächen die aufgehenden Bauteile so auszubilden, dass die Abdichtung bis deutlich über die ungünstigstenfalls auftretende Wasserbeanspruchung aus Oberflächen-, Spritz- und/oder Sickerwasser, im Regelfall mindestens 150 mm über die Schutzschicht, die Oberfläche des Belags oder die Überschüttung, hochgeführt (s. auch Abb. 3.2.1) und auf weitgehend lückenloser, ebener, tragfähiger Rücklage gegen Abgleiten gesichert und verwahrt werden kann.

DIN 18195-9, Abschnitt 5.4.4:

Sind die unter den Abschnitten 5.4.2 und 5.4.3 genannten Aufkantungshöhen im Einzelfall nicht herstellbar (z. B. bei behindertengerechten Hauseingängen, Terrassentüren, Balkon- oder Dachterrassentüren), so sind dort besondere Maß-

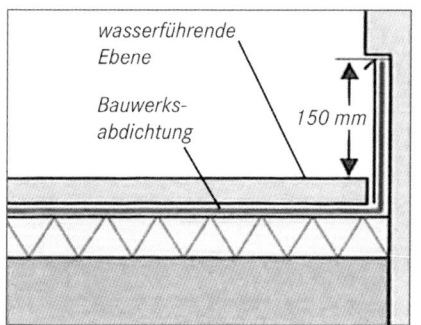

Abb. 3.2.1
Vertikale Hochführung der Abdichtung [2, S. 25]

nahmen gegen das Eindringen von Wasser oder das Hinterlaufen der Abdichtung einzuplanen. So sind z. B. Türschwellen und Türpfosten von der Abdichtung zu hinterfahren oder an ihrer Außenoberfläche so zu gestalten, dass die Abdichtung z. B. mit Klemmprofilen wasserdicht angeschlossen werden kann.

Schwellenanschlüsse mit geringer oder ohne Aufkantung sind zusätzlich z. B. durch ausreichend große Vordächer, Fassadenrücksprünge und/oder unmittelbar entwässerten Rinnen mit Gitterrosten vor starker Wasserbelastung zu schützen (s. auch Abb. 3.2.2).

Abb. 3.2.2
Vertikales Hochführen der Abdichtung mit Linienentwässerung [2, S. 25]

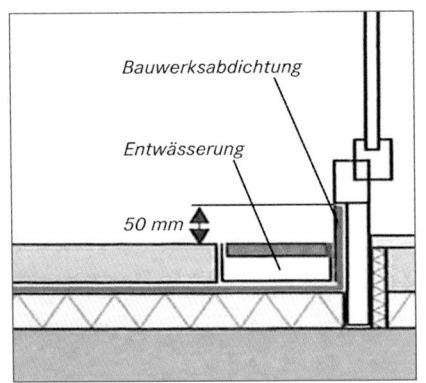

Feststellungen zum Sachverhalt

Im Rahmen des ersten Ortstermins wurde festgestellt, dass an dem zu begutachtenden Gebäude lediglich ein Fußpunkt eines bodentiefen Fenster-/Türelementes auf die rückwärtige Gartenfassade freigelegt worden war. Dieses Element war im geöffneten Bereich des Abdichtungsanschlusses bereits durch das Bauunternehmen mit dem zur Ausführung gekommenen Bitumendickbeschichtungssystem nachgearbeitet worden. Innenseitig wurden an den Außenwandsockeln am Innenputz im Bereich aller bodentiefen Fenster- und Türelemente Feuchteerscheinungen festgestellt (s. Abb. 3.2.3).

Aufgrund der Schäden an allen bodentiefen Fenster- und Türelementen im Erdgeschoss wurde durch den Sachverständigen mit einem Vertreter des Generalunternehmers beim ersten Ortstermin örtlich festgelegt, dass die übrigen Fußpunkte der bodentiefen Öffnungen freizulegen sind, um in diesem Zusammenhang auch die vorhandenen Wärmedämmebenen hinter der Abdichtungsebene kontrollieren zu können.

Beim zweiten Ortstermin waren die Fußpunkte aller betroffenen Fenster- und Türelemente freigelegt (s. Abb. 3.2.7).

Abb. 3.2.3
Feuchteerschei-
nungen an den
Wandsockeln im
Innenbereich
(Feuchtehorizont,
Pfeil) [1]

Folgendes wurde in den einzelnen Untersuchungsabschnitten festgestellt:

Die Überprüfung der vertikalen, mittels KMB hergestellten Anschlusshöhen an den Fußpunkten der betroffenen Rahmenprofile ergab, dass die Oberkante der Abdichtungen in einem Bereich zwischen 5 und 10 cm über der Oberkante der Bauwerkssohle auf die jeweiligen Profile geführt wurde. Die Oberkante des Terrassenbelags aus Holz lag bei allen bodentiefen Fenster- und Türelementen oberhalb dieser Abdichtungsabschlüsse. Der obere Abschluss der Abdichtungsebene im Übergang zu den Rahmenprofilen ließ sich ohne größeren Kraftaufwand entfernen.

Insbesondere bei der Abdichtung eines Fenster-/Türelementes konnte nur eine sehr geringe Überbindung der Abdichtungsebene auf dem Rahmenprofil vorgefunden und insofern die Haftzugfestigkeit der Abdichtung auf dem Profil als sehr gering eingestuft werden (s. Abb. 3.2.4).

Abb. 3.2.4
Ablösung der KMB-
Beschichtung auf
dem Blendrahmen-
profil [1]

Des Weiteren wurde bei der Öffnung der Abdichtungsebene festgestellt, dass die KMB direkt auf das untere Fugendichtband zur Herstellung der erforderlichen Wind- und Luftdichtheit aufgetragen wurde. Bereits eine geringe Druckbeanspruchung auf die Abdichtungsfläche führte zum Abreißen der Abdichtung von den Profilrahmen aus Kunststoff.

Zudem lag das Fugendichtband samt Abdichtungsebene hohl (s. Abb. 3.2.5 und 3.2.6).

Abb. 3.2.5
Geöffnete Abdichtungsebene am Fußpunkt des Rahmenprofils [1]

Abb. 3.2.6
Deutlich erkennbare Hohllage hinter dem Fugendichtband [1]

Insofern war keine geeignete Hinterfüllung zur Herstellung eines geeigneten Untergrundes für den Auftrag des bituminösen Abdichtungssystems über der Oberkante der Bodenplatte gegeben.

Im Zuge der Bauteilöffnungen wurde auch die Wärmedämmebene des WDVS am zurückgesetzten Gebäudesockel geprüft. Ergebnis der Untersuchungen war, dass es sich bei dem vorgefundenen Dämmmaterial nicht um eine so genannte Sockeldämmplatte gemäß der DIN 4108 »*Wärmeschutz und Energie-Einsparung in Gebäuden, Anwendungsbezogene Anforderungen an Wärmedämmstoffe, Teil 10: Werkmäßig hergestellte Wärmedämmstoffe*« handelt.

Abb. 3.2.7
Bauteilöffnung am Fußpunkt eines Terrassentür-elementes [1]

Auf der Putzfläche am Gebäudesockel wurden diverse Hohlstellen und Abplatzungen der Putzbeschichtung festgestellt.

Bei einer weiteren Prüfung der Abdichtungsmaßnahmen an der Rückfassade des Doppelhauses wurde ferner festgestellt, dass die Durchdringung eines Elektrokabels, die unmittelbar durch das Abdichtungssystem am Gebäudesockel geführt wurde, ohne zusätzliche Abdichtungsmaßnahmen bzw. Anarbeitungen der Abdichtung hergestellt worden war.

Beantwortung von Fragestellungen und Schadensursachen

Auf Grundlage der vorliegenden Unterlagen und der bei den Ortsterminen gewonnen Erkenntnisse wurden die Fragen an den Sachverständigen wie folgt beantwortet:

■ Beantwortung der Frage 1:
Insgesamt ist festzustellen, dass die vorgefundene KMB sowohl in der Art und Wahl als auch im Hinblick auf die Verarbeitung im Bereich der in Rede stehenden bodentiefen Fenster- und Türelemente nicht ordnungsgemäß angeschlossen wurde und für die innenseitigen Feuchterscheinungen verantwortlich ist. Derartige Anschlüsse sind zusätzlich mit geeigneten selbstklebenden Abdichtungsbahnen auf geeigneten Untergründen hohlraumfrei an die Umgebungsbauteile und an die vorhandene Sockelabdichtung aus z. B. KMB anzuarbeiten. Hierbei sind Untergründe in Form von Fugendichtbändern zur Herstellung der Wind- und Luftdichtheit für KMB-Beschichtungen absolut ungeeignet und führen zu keiner dauerhaft funktionsfähigen Detaillösung. Eine abdichtende Funktion im Sinne eines Abdichtungssystems gemäß der DIN 18195 wird durch derartige Fugendichtbänder nicht erfüllt.

Je nach Anschlusshöhe des vorhandenen Geländes bzw. des Terrassenbelags sind, den anerkannten Regeln der Technik entsprechend, wie bereits unter dem Abschnitt *Hinweise zur Beurteilung* ausgeführt, an den Fußpunkten bodentiefer Fenster- und Türelemente zusätzliche Maßnahmen (z. B. mit Klemmprofilen) vorzusehen.

Zusammenfassend ist insoweit festzustellen, dass die ausgeführte Abdichtungsebene im Bereich der bodentiefen Fenster- und Türelemente insgesamt mangelhaft ausgeführt ist und nicht den allgemein anerkannten Regeln der Technik entspricht. Die gesamten Abdichtungsanschlüsse dieser streitgegenständlichen Bauteilbereiche sind fachgerecht zu überarbeiten.

■ Beantwortung der Frage 2:
Wie sich aus den vorgenannten Feststellungen ergibt, ist die Art und Wahl der Wärmedämmebene für den vorgefundenen Einsatzort am Gebäudesockel nicht geeignet. Hierbei handelt es sich nicht um eine für den Sockelbereich von Gebäuden geeignete Perimeterdämmung zur Aufnahme des Sockelputzes im System des ausgeführten WDVS.

Insgesamt ist festzustellen, dass die vorgefundene Wärmedämmebene für den Einsatzort an Gebäudesockeln im Anschluss an die Geländeoberkante ungeeignet ist. Das erdberührende WDVS ist unterhalb der Abschlussschiene vollständig zu entfernen und fachgerecht mit für den Einsatzort geeigneten Materialien passend zum vorhandenen WDVS im Regelquerschnitt der Außenwände umlaufend neu herzustellen.

Mangel- und Schadensbeseitigung

Zur Mangel- und Schadensbeseitigung der innenseitigen Feuchteerscheinungen an den betroffenen Außenwandbereichen des vorliegenden Schadensfalls sind folgende Maßnahmen erforderlich:

- zerstörungsfreier Rückbau, seitliche Lagerung und spätere Wiederherstellung der Holzterrasse; umlaufendes Entfernen und Wiederherstellen des Kiesstreifens;

- Freilegen des gesamten Gebäudesockels bis zur Unterkante der vorhandenen Wärmedämmung mittels Handschachtung, späteres Wiederverfüllen; umlaufendes Entfernen und Wiederherstellen des WDVS mit einem für den Einsatzort geeigneten Wärmedämmstoff am Gebäudesockel des Doppelhauses; Herstellen einer fachgerechten Bauwerksabdichtung im Bereich der bodentiefen Fenster- und Türelemente unter Berücksichtigung der Höhe der Geländeanschlüsse;

- technische Trocknung im Bereich der innenseitigen Feuchteerscheinungen im Erdgeschoss des Doppelhauses; zur Wiederherstellung des ursprünglichen Zustandes werden raumabhängig diverse Maler-, Tapezier- und Bodenbelagsarbeiten erforderlich.

3.3   Literaturverzeichnis

Verwendete Literatur

[1]   VHV – Vereinigte Hannoversche Versicherung AG: Gutachten aus den Schadensfällen der VHV-Versicherung. 2005 bis 2007

[2]   RAL-Gütegemeinschaft Fenster und Haustüren e. V. (Hrsg.): Leitfaden zur Planung und Ausführung der Montage von Fernstern und Fenstertüren. Frankfurt, 2006

Allgemeine Literaturhinweise

– Zimmermann, G.; Ruhnau, R. (Hrsg.); Muth, W.: Schäden an Dränanlagen. 2., überarbeitete und erweiterte Auflage. Stuttgart: Fraunhofer IRB Verlag, 2003 (Schadenfreies Bauen; 17)

Gesetze/Verordnungen/Regelwerke

- DIN 18195-1: Bauwerksabdichtungen – Teil 1: Grundsätze, Definitionen, Zuordnung der Abdichtungsarten (Ausgabe: August 2000)

- DIN 18195-2: Bauwerksabdichtungen – Teil 2: Stoffe (Ausgabe: August 2000)

- DIN 18195-3: Bauwerksabdichtungen – Teil 3: Anforderungen an den Untergrund und Verarbeitung der Stoffe (Ausgabe: August 2000)

- 18195-4: Bauwerksabdichtung – Teil 4: Bauwerksabdichtung und Abdichtung gegen Bodenfeuchte (Kapillarwasser, Haftwasser) und nichtstauendes Sickerwasser an Bodenplatten, Wänden, Bemessungen und Ausführungen (Ausgabe: August 2000)

- DIN 18195-6: Bauwerksabdichtungen – Teil 6: Abdichtung gegen von außen drückendes Wasser und aufstauendes Sickerwasser, Bemessungen und Ausführungen (Ausgabe: August 2000)

- DIN 18195-9: Bauwerksabdichtung – Teil 9: Durchdringungen, Übergänge, An- und Abschlüsse (Ausgabe: März 2004)

- DIN 18195: (Norm-Entwurf) Bauwerksabdichtungen Beiblatt 1: Beispiele für die Anordnung der Abdichtung bei Abdichtungen (Ausgabe: Januar 2006)

- DIN 18195-100: Bauwerksabdichtungen – Teil 100: Vorgesehene Änderungen zu den Normen DIN 18195: Teil 1 bis 6 (Ausgabe: Juni 2003)

4 Bauschäden an Außenwand-konstruktionen

Im Folgenden werden Schadensfälle durch fehlerhafte Ausführungen oder Ablaufprozesse bei Fassadenbauarbeiten beschrieben. Abhängig vom jeweiligen Fall werden Vorbemerkungen und Sachverhalte, Mangel- und Schadenserkennung, Fragestellungen an die Sachverständigen, Feststellungen zum Sachverhalt, Hinweise zur Beurteilung, Beantwortung von Fragestellungen und Schadensursachen sowie Mängel- und Schadensbeseitigungen dargestellt.

Folgende Fälle werden beschrieben:

- Durchfeuchtungsschäden an einer Außenwandkonstruktion infolge mangelhafter Ausführung von Abdichtungs- und Verblendarbeiten,

- Mängel an einem Wärmedämmverbundsystem infolge mangelhafter Ausführung und Bauüberwachung der Leistungen.

4.1 Durchfeuchtungsschäden an einer Außenwandkonstruktion infolge mangelhafter Ausführung von Abdichtungs- und Verblendarbeiten

Vorbemerkungen und Sachverhalt

Eine Dachdeckerfirma und eine Maurerfirma wurden im September 2006 mit Sanierungsarbeiten an einem frei stehenden 1½-geschossigen Einfamilienhaus mit Anbau beauftragt. Das unterkellerte Gebäude ist in massiver Bauart erstellt und mit einem Satteldach überdeckt. Der ebenfalls massiv errichtete, voll unterkellerte Erweiterungsbau wurde direkt an die westliche Giebelwand des Wohngebäudes (im Folgenden *Hauptgebäude* genannt) angebaut. Dieser Gebäudeteil wird als Wohnraumerweiterung genutzt und ist mit einem Flachdach überdeckt.

Der Anbau sowie die anschließende Giebelwand des Hauptgebäudes sind mit roten Klinkern im Fugenglattstrichverfahren vollflächig verblendet. In der Giebelwand befinden sich auf Höhe des 1. Obergeschosses zwei Fenster mit gemauerten Fensterbänken, wobei das Flachdach des Anbaus etwa 0,65 m unterhalb dieser beiden Fenster an die Fassade des Hauptgebäudes anschließt.

Die beauftragten Arbeiten an dem gesamten Gebäude umfassten für den Maurer die Erstellung einer neuen Vormauerschale an der westlichen Giebelwand des Hauptgebäudes sowie an den Außenwänden des daran anschließenden Anbaus. Der Dachdecker erhielt u. a. den Auftrag zur Sanierung der Flachdachabdichtung des Anbaus. Maurer- und Dachdeckerarbeiten wurden parallel ausgeführt.

Mangel- und Schadenserkennung

Nach Angaben des Eigentümers waren Mitte Januar 2007 nach heftigen Regenfällen Durchfeuchtungen und Wasserablaufspuren an Decken und Wänden in mehreren Räumen im Erdgeschoss des Hauptgebäudes zu erkennen. Betroffen waren vor allem das im Anbau gelegene Wohnzimmer und die Bereiche im Übergang zwischen Hauptgebäude und Anbau (s. Abb. 4.1.1). Daraufhin wurde der für die Dachabdichtungsarbeiten verantwortliche Dachdecker vom Eigentümer aufgefordert, die durchgeführten Arbeiten zu überprüfen. Dabei wurde festgestellt, dass in der neu verblendeten Giebelwand der untere Teil der sog. »Z-Folie«, die der Entwässerung des zweischaligen Mauerwerks dient, hinter der Verwahrung der Flachdachabdichtung endete. Die Abdichtungsfolie war in eine Lagefuge ca. 10 cm über der Oberkante des Flachdaches eingelegt und befand sich damit unterhalb des Anschlusses der Verwahrung an die Fassade. Laut Schadensakte wurde vom Dachdecker daraufhin die Anschlusshöhe der Flachdachverwahrung an der Fassade auf etwa 7,5 cm reduziert, damit der Entwässerungspunkt der »Z-Folie« oberhalb der Verwahrung liegt.

Abb. 4.1.1
Durchfeuchtete
Wand im Wohn-
zimmer; Trennwand
zwischen Haupt-
gebäude und Anbau
[1]

14 Tage später, nach erneuten starken Niederschlägen, stellte der Eigentümer abermals Durchfeuchtungserscheinungen fest. Die Schäden waren insbesondere im Bereich der Gebäudetrennfuge zwischen Hauptgebäude und Anbau vorhanden (s. Abb. 4.1.2). Infolgedessen meldete der Eigentümer Gewährleistungsmängel gegenüber den mit den Sanierungsarbeiten beauftragten Firmen (Maurer und Dachdecker) an, die daraufhin den Schaden ihrem Berufshaftpflichtversicherer anzeigten.

Abb. 4.1.2
Durchfeuchtungserscheinungen und Wasserablaufspuren an Wand und Decke; Wohnzimmer unter dem Anbau [1]

Fragestellungen an den Sachverständigen

Für den vom Eigentümer beauftragten Sachverständigen stellte sich nach der Ortsbegehung und erster Sichtprüfung der aufgetretenen Schäden insbesondere die Frage, welche Umstände zu den beschriebenen Durchfeuchtungsschäden geführt haben. Im Einzelnen war auf folgende Fragestellungen einzugehen:

- Frage 1:
  Sind die Durchfeuchtungen auf eine nicht fach- und sachgerechte Ausführung der »Z-Folie« zurückzuführen?

- Frage 2:
  Kann eine mangelhafte bzw. nicht schlagregendichte Ausführung der neu erstellten Giebelverblendung schadensursächlich gewesen sein?

- Frage 3:
  Welche der beteiligten Parteien hat die beschriebenen Schäden aus technischer Sicht zu vertreten?

Feststellungen zum Sachverhalt

Im Zusammenhang mit der Beantwortung der Fragestellungen an den Sachverständigen wurden exemplarisch zwei Öffnungen der Giebelwand oberhalb des Flachdaches durchgeführt. Für die erste Untersuchung wurde ein Klinker in Höhe des Fußpunktes der »Z-Folie« entnommen. Dabei konnte festgestellt werden, dass auf der unteren Lagerfuge eine Kunststofffolie (die »Z-Folie«) aufgeklebt war, die hinter der Vormauerschale parallel zum aufsteigenden Mauerwerk verlief. Die Höhe der Lagerfuge befand sich etwa 10 cm über der Oberkante des Flachdaches. Der nachträglich veränderte Abschluss der Flachdachverwahrung (vgl. Abschnitt »Mangel- und Schadenserkennung«) verlief einige Zentimeter darunter, in einer Höhe von ca. 7,5 cm über der Oberkante des Flachdaches. Die zweite Fassadenöffnung erfolgte im Bereich unterhalb des linken Fensters, etwa 0,65 m über der Flachdachfläche. Wie in Abb. 4.1.3 zu erkennen ist, wurden hier sowohl zwei Klinker der gemauerten Außenfensterbank als auch zwei weitere Steine der anschließenden Vormauerschale entnommen.

Abb. 4.1.3
Giebelfenster mit
geöffnetem Mauer-
werk [1]

Durch die Fassadenöffnung konnte festgestellt werden, dass der obere Teil der hinter der Vormauerschale hoch geführten Kunststofffolie (»Z-Folie«) direkt unterhalb der gemauerten Außenfensterbank in einer Lagerfuge eingelegt war (s. Abb. 4.1.4).

Abb. 4.1.4
Verwahrung der Abdichtungsfolie in der Lagerfuge unterhalb der Fensterbank [1]

Nach Aussage eines Vertreters der verantwortlichen Maurerfirma war die Lage der »Z-Folie« seinen Mitarbeitern von einem Angestellten der Dachdeckerfirma vorgegeben worden. Weiterhin waren in der Vormauerschale keine Entwässerungsöffnungen zu erkennen.

Darüber hinaus wurden im Rahmen des Ortstermins Feuchtemessungen an der Giebelaußenwand vorgenommen. Mit Hilfe eines Baufeuchte-Messgerätes konnten sowohl im Außen- als auch im Innenbereich erhöhte Feuchtewerte ermittelt werden. In diesem Zusammenhang teilte der Vertreter der Maurerfirma mit, dass dem Mörtel des Klinkermauerwerks ein hydrophobierendes Zusatzmittel beigemischt wurde, das die Fugen wasserabweisend machen soll.

Hinweise zur Beurteilung

Verblendmauerwerk ist grundsätzlich nicht schlagregendicht. Daher kann es bei Niederschlägen zu Durchfeuchtungen und einem Ablauf von Wasser hinter der Verblendschale kommen. Um dieses Wasser wieder nach außen abzuleiten und somit eine Durchfeuchtung des Hintermauerwerks zu vermeiden, wird bei Neubauten eine Abdichtungsfolie in die Lagerfuge der inneren Mauerschale sowie in eine tiefer liegende Lagerfuge der Verblendmauerschale eingelegt. Diese Folie bildet somit einen Z-Querschnitt (»Z-Folie«).

Im vorliegenden Fall war diese Ausführung nicht möglich, da es sich bei dem Hintermauerwerk um ein bereits bestehendes Bauteil handelte. Bei derartigen nachträglichen Einbauten wird die Folie üblicherweise am Hintermauerwerk mit Hilfe von Dübeln verwahrt. Der Folienquerschnitt ergibt somit die Form eines »L«.

Wie bei der Fassadenöffnung im Rahmen der Ortsbegehung von dem Sachverständigen ermittelt werden konnte, war die Folie im oberen Bereich jedoch nicht am Hintermauerwerk befestigt, sondern wiederum in eine Lagerfuge der Verblendfassade direkt unterhalb der gemauerten Fensterbank eingelegt. Diese Folie bildete somit kein »Z« bzw. ein »L« aus, sondern ergab die Form eines »C«. Diese Ausführung entspricht nicht den (allgemein) anerkannten Regeln der Technik. Die Folie ist in der ausgeführten Weise nutzlos, da sie nicht am Hintermauerwerk verwahrt ist und somit Durchfeuchtungen z.B. der tragenden Innenschale, ermöglicht.

Zudem ist die Anordnung des Fußpunktes der Abdichtungsfolie (»Z-Folie«) auf einer Höhe von ca. 10 cm ab Oberkante Flachdach (vgl. Abschnitt »Mangel- und Schadenserkennung«) deutlich zu gering. Gemäß den »Richtlinien für die Planung und Ausführung von Dächern mit Abdichtungen« des Zentralverbandes des Deutschen Dachdeckerhandwerks (ZVDH) muss die »Z-Folie« oberhalb der Verwahrung der Flachdachabdichtung vorgesehen werden. Die Verwahrung selbst soll dabei, jeweils in Abhängigkeit von der Dachneigung, mindestens in einer Höhe von 15 cm über der Oberkante des Flachdaches angeordnet sein. Im vorliegenden Fall wurde dagegen die ohnehin schon regelwidrige Höhe von 10 cm auf 7,5 cm reduziert. Darüber hinaus war keine wirksame Entwässerung des »Fußbereiches« der zweischaligen Außenwand möglich, da weder Entwässerungssteine noch offene Stoßfugen dafür vorgesehen worden sind.

Weiterhin werden Außenwände hinsichtlich ihrer Schlagregenbeanspruchung gemäß DIN 4108-3 »Wärmeschutz und Energie-Einsparung in Gebäuden; Klimabedingter Feuchteschutz, Anforderungen, Berechnungsverfahren und Hinweise für Planung und Ausführung« in die drei Beanspruchungsgruppen I (geringe Beanspruchung), II (mittlere Beanspruchung) und III (starke Beanspruchung) unterteilt. Die Beanspruchungsgruppe III wird danach u. a. für Gebiete mit Jahresniederschlagsmengen über 800 mm oder für Häuser in exponierter Lage in Gebieten, die aufgrund der regionalen Regen- und Windverhältnisse einer mittleren Schlagregenbeanspruchung zuzuordnen wären, angewendet.

Das in Rede stehende Wohngebäude ist entsprechend dieser Definition der Beanspruchungsgruppe III zuzuordnen. Um die Anforderungen des Schlagregenschutzes an Außenwände zu erfüllen, wird z.B. bei zweischaligem Verblendmauerwerk (mit Luftschicht und Wärmedämmung oder mit Kerndämmung) die Anwendung von hydrophobiertem Mörtel gefordert. Entsprechend der Aussage des Vertreters der Maurerfirma wurde dem Mörtel zwar ein hydrophobierendes Zusatzmittel beigemischt, dies erfolgte allerdings erst vor Ort auf der Baustelle. Eine derartige Verarbeitung entspricht nicht den Anforderungen der DIN 4108-3 an wasserabweisende Mörtel für die Schlagregenbeanspruchungsgruppe III. Grundsätzlich werden diese Anforderungen nur von vorgemischten Werktrockenmörteln erfüllt.

Beantwortung von Fragestellungen und Schadensursachen

Im Folgenden werden Antworten zu den eingangs gestellten Fragen gegeben.

- Beantwortung der Fragen 1 und 2:

  Die vorgefundenen Feuchteschäden sind auf eine Durchfeuchtung insbesondere der tragenden Innenschale der Giebelaußenwand zurückzuführen. Bei der Feuchte handelt es sich um Niederschlagswasser, das aufgrund der fehlerhaft eingebauten Abdichtung (»Z-Folie«) hinter der Flachdachverwahrung in die zweischalige Außenwand entwässerte und somit vor allem die daran angrenzenden Bauteile durchfeuchtete. Darüber hinaus war die Abdichtungsfolie im unteren Bereich mit einer Höhe von 10 bzw. 7,5 cm über der Oberkante des Flachdaches nicht regelkonform eingebaut worden. Entsprechend den gültigen Richtlinien muss die Folie oberhalb der Verwahrung der Flachdachabdichtung in der Fassade liegen, wobei die Verwahrung ihrerseits mindestens 15 cm über der Oberkante des Flachdaches angeordnet sein muss.

  Die Ausführung der Abdichtungsfolie entsprach grundsätzlich nicht den (allgemein) anerkannten Regeln der Technik, da die Folie sowohl im oberen als auch im unteren Bereich in den Lagerfugen der Vormauerschale eingelegt war und somit keine Funktion erfüllte. Zudem war keine wirksame Entwässerung des »Fußbereiches« der zweischaligen Außenwand möglich, da von der verantwortlichen Maurerfirma weder Entwässerungssteine noch offene Stoßfugen dafür vorgesehen worden sind. Dieser Sachverhalt kann die Durchfeuchtung der inneren Bauteile noch zusätzlich intensiviert haben.

  Darüber hinaus erfüllt das Verblendmauerwerk der Giebelaußenwand nicht die der DIN 4108-3 zu entnehmenden Anforderungen an den notwendigen Schlagregenschutz. Das auftreffende Niederschlagswasser kann durch die ungehinderte kapillare Saugwirkung des Mörtels sowie der Steinoberfläche in die Konstruktion eindringen und eine zusätzliche Durchfeuchtung der inneren Bauteile verursachen.

- Beantwortung der Frage 3:
Wie den vorliegenden Unterlagen zu entnehmen ist, hat die Dachdeckerfirma den Maurern falsche Anweisungen beim Einbau der Abdichtungsfolie (»Z-Folie«) gegeben. Diese haben die Folie in einer nicht den Normen entsprechenden Höhe über der Oberkante des Flachdaches in die aufgehende Vormauerschale eingelegt. Im Laufe der weiteren Arbeiten hätten die beteiligten Dachdecker jedoch erkennen müssen, dass die Folie deutlich zu niedrig angeordnet war. Darüber hinaus wurde der Fassadenanschluss der Verwahrung der Flachdachabdichtung fehlerhaft ausgeführt. Gemäß den gültigen Richtlinien muss die Anschlusshöhe der Verwahrung mindestens 15 cm über der Oberkante des Flachdaches liegen, während im vorliegenden Fall die Anschlusshöhe lediglich 10 cm betrug. Die Maurerfirma hat dagegen den nicht fach- und sachgerechten Einbau der »Z-Folie« im oberen Anschlussbereich zu verantworten. So wurde die Folie nicht am Hintermauerwerk verwahrt, sondern in eine Lagerfuge der Vormauerschale eingelegt. Damit hatte dieses Bauteil seine Funktion verloren. Zudem wurde für die Ausführung der Vormauerschale ein nicht den Normen entsprechender bzw. den Anforderungen an den Witterungsschutz genügenden Fugenmörtel verwendet.

Zusammenfassend bleibt festzuhalten, dass für die beschriebenen Schäden Ausführungsfehler an den Abdichtungs- und Verblendarbeiten schadensursächlich gewesen sind und daher sowohl in den Verantwortungsbereich des Dachdeckers als auch des Maurers fallen.

Mangel- und Schadensbeseitigung

Unter *Mangel- und Schadensbeseitigung* ist die Beseitigung von schadensursächlichen Mängeln und daraus resultierenden Schäden zu verstehen.

Wie bereits ausgeführt wurde, sind die durch eine mangelhafte Ausführung der Abdichtungs- und Verblendarbeiten entstandenen Durchfeuchtungen im Bereich der Innen- und Außenschale des zweischaligen Giebelmauerwerks schadensursächlich für die ermittelten Schäden. Die notwendigen Schadensbeseitigungsmaßnahmen umfassen insbesondere die Sanierung der Vormauerschale. Dazu muss der betroffene Bereich geöffnet, die Abdichtung (»Z-Folie«) sowie die Entwässerung instand gesetzt und das Verblendmauerwerk erneuert werden. Um die von der Norm geforderte Schlagregendichtigkeit des Giebelmauerwerks zu erreichen, sollte ein entsprechender Fugenmörtel mit hydrophoben Eigenschaften verwendet werden. Damit der gesamte Giebel den Anforderungen an den Schlagregenschutz genügt, besteht die Möglichkeit, die Fassade vollflächig zu hydrophobieren (»Imprägnieren« des Mauerwerks) oder aber komplett neu zu errichten. Darüber hinaus ist der Anschluss der Verwahrung der Flachdachabdichtung an die Giebelwand regelkonform herzustellen.

Weiterhin ist zur Schadensbeseitigung eine technische Trocknung der Innenräume durchzuführen. Die beschädigten Decken- und Wandbekleidungen sind auszubauen bzw. zu entfernen und durch neue zu ersetzen.

4.2 Mängel an einem Wärmedämmverbundsystem infolge mangelhafter Ausführung und Bauüberwachung der Leistungen

Vorbemerkungen und Sachverhalt

Ein Architekturbüro wurde im Jahr 2004 mit der Planung und Bauüberwachung von Umbau- und Sanierungsmaßnahmen an einem bestehenden 3-geschossigen Mehrfamilienhaus mit Anbau beauftragt. Die Architektenleistung umfasste die Leistungsphasen (LP) 1 bis 8 gemäß der »Verordnung über die Honorare für Leistungen der Architekten und der Ingenieure (Honorarordnung für Architekten und Ingenieure)« (HOAI) § 15 »Leistungsbild Objektplanung für Gebäude, Freianlagen und raumbildende Ausbauten«.

Das unterkellerte Wohngebäude ist in massiver Bauart erstellt und mit einem Satteldach überdeckt. Der ebenfalls massiv errichtete, voll unterkellerte 2-geschossige Erweiterungsbau wurde 2005 im Zuge der Baumaßnahmen erstellt und auf der rückwärtigen Giebelseite des Wohngebäudes (im Folgenden *Bestandsgebäude* genannt) angebaut (s. Abb. 4.2.1). Dieser Gebäudeteil wird als Wohnraumerweiterung der jeweiligen Etagenwohnungen genutzt und ist mit einem Flachdach, das als Dachterrasse dient, überdeckt.

Sowohl das bestehende Gebäude als auch der neu erstellte Anbau erhielten eine verputzte Außenwärmedämmung in Form eines sog. Wärmedämmverbundsystems (WDVS). Die Arbeiten wurden nach Ausschreibung und Vergabe über das Architekturbüro durch ein Fachunternehmen ausgeführt und im November 2005 abgenommen.

Abb. 4.2.1
Ansicht Bestands-
gebäude mit neu er-
richtetem Anbau
(links) [1]

Mangel- und Schadenserkennung

Im Rahmen der Abnahme der in Rede stehenden Leistungen ist eine große Anzahl von Mängeln festgestellt worden, woraufhin das verantwortliche Unternehmen durch das Architekturbüro zur Mängelbeseitigung aufgefordert wurde.
Entsprechende Maßnahmen wurden jedoch nicht durchgeführt, da das Unternehmen Mitte Januar 2006 Insolvenz angemeldet hatte.

Die im Einzelnen festgestellten Mängel und Schäden am WDVS werden im Folgenden nach Bauteilen gegliedert dargestellt und erläutert.

- Sockelabschluss:
  Die Sockeldämmung aus EPS-Dämmplatten war größtenteils nicht bis in den
  Baugrund geführt. Der auf den Wärmedämmplatten aufgebrachte armierte
  Oberputz war teilweise über deren Unterkante hinausgeführt und lag somit
  »hohl«. Zudem war der untere Abschluss der Putzschicht nicht gerade ausgeführt und wies kein Anschlussprofil an die Sockelabdichtung auf (s. Abb. 4.2.2
  bis 4.2.5 und Abb. 4.2.14).

Abb. 4.2.2
Bestandsgebäude;
ungerade ausge-
führter Putzab-
schluss im Sockel-
bereich [1]

Abb. 4.2.3
Bestandsgebäude;
ungerade ausge-
führter Putz-
abschluss in einer
Gebäudeecke [1]

Abb. 4.2.4
Anbau; ungerade
ausgeführter Putz-
abschluss im So-
ckelbereich mit frei
liegendem Armie-
rungsgewebe [1]

Abb. 4.2.4
Anbau; ungerade
ausgeführter Putz-
abschluss im So-
ckelbereich mit frei
liegendem Armie-
rungsgewebe [1]

Abb. 4.2.5
Bestandsgebäude;
hohl liegende Ober-
putzschicht im
Sockelbereich [1]

- Bewegungs-/Gebäudetrennfuge:
  Im Anschlussbereich zwischen Bestandsgebäude und Neubau war ein durch-
  gehender Riss im Oberputz zu erkennen (s. Abb. 4.2.6). Hier ist im WDVS kein
  Dehnfugenprofil eingearbeitet worden.

Abb. 4.2.6
Durchgehender Riss
in der Gebäude-
trennfuge zwischen
Bestandsgebäude
und Anbau [1]

■ Fensterbänke/Fensteranschluss:
Die Aluminium-Fensterbänke schließen bündig mit der Fensterleibung ab. Wie in Abb. 4.2.7 zu erkennen ist, sind die Bauteile weder seitlich an den Abschlussprofilen noch unterhalb mit einem Fugendichtband ausgeführt worden. Dieser Sachverhalt konnte an sämtlichen Fenstern des Bestandsgebäudes sowie des Anbaus beobachtet werden.

An einem Fenster wurden zudem Risse und Hohllagen an den angrenzenden Endkappen im Oberputz festgestellt. Die Aluminium-Fensterbank stieß beidseitig direkt gegen die Endkappen und hatte keinen Dehnungsspielraum (s. Abb. 4.2.15).

Abb. 4.2.7
Anschluss Fenster-
bank an Fenster-
leibung; Ausführung
ohne Dichtband [1]

Abb. 4.2.8
Durchdringung
eines Bauteils durch
das WDVS; Ausfüh-
rung ohne Dicht-
band [1]

■ Durchdringungen:
Das WDVS durchdringende Bauteile sind nicht mit Fugendichtbändern oder
sonstigen Formstücken angeschlossen worden. Wie in den Abb. 4.2.8 und
4.2.9 zu erkennen ist, wurde direkt an die Durchdringungen angeputzt.

Abb. 4.2.9
Durchdringung
eines Kabels durch
das WDVS; Ausfüh-
rung ohne Dicht-
band [1]

Abb. 4.2.10
Hervorstehende
Abdeckkappe eines
Verankerungsloches
[1]

- Gerüstanker:
  Die Bereiche der ehemaligen Verankerung der Fassadengerüste wiesen deutlich erkennbare Unebenheiten im Oberputz auf. Stellenweise war der Putz
  nicht bündig an die Abdeckkappen der Verankerungslöcher angearbeitet
  (s. Abb. 4.2.10).

- Kellertreppenwand:
  Der Anschluss der Kellertreppenwand an die Außenwand des Bestandsgebäudes ist ohne Dichtungsband ausgeführt worden. Wie in Abb. 4.2.11 zu erkennen ist, wurde der Oberputz des WDVS direkt bis an das Stahlbetonbauteil geführt. Im Anschlussbereich war ein Fugenriss von ca. 0,5 mm zu erkennen.

Abb. 4.2.11
Fugenriss im Anschlussbereich der Kellertreppenwand an das WDVS; Ausführung ohne Dichtband [1]

Abb. 4.2.12
Oberer Putzabschluss zum Dachkasten; Ausführung ohne Dichtband [1]

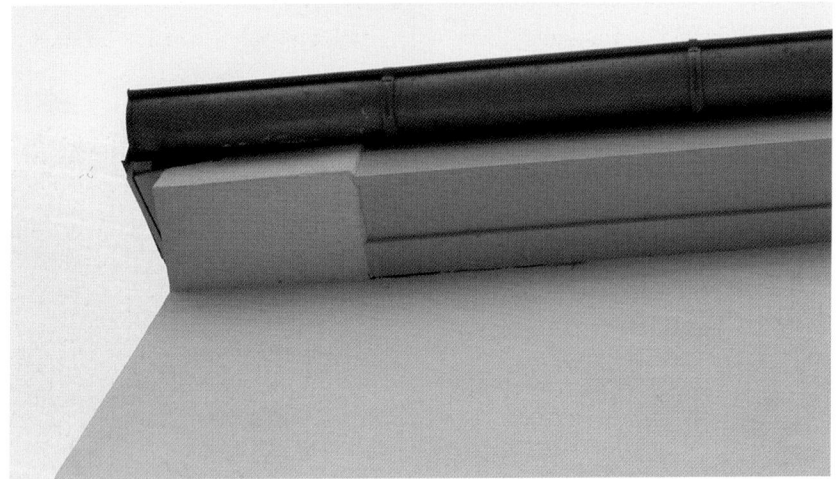

- Oberer Putzabschluss:
  Der obere Anschlussbereich zwischen dem WDVS und dem vorspringenden Dachkasten aus Holz wies einen offenen Spalt auf (s. Abb. 4.2.12). Auch hier war der Anschluss ohne Fugendichtband ausgeführt worden.

- Putzoberfläche:

In der Putzoberfläche waren Ungleichmäßigkeiten in der Putzstruktur ersichtlich, wobei die Intensität je nach Betrachtungsabstand und -winkel variierte. Stellenweise war erkennbar, in welcher Höhenlage sich die Gerüstböden während der Bauausführung befunden haben. Wie in Abb. 4.2.13 zu erkennen, wies der Oberputz teilweise erhebliche Rissbildungen sowie eine »wolkige« Putzstruktur auf (s. auch Abb. 4.2.17).

Darüber hinaus kam es bei der Prüfung und Freigabe der gestellten Abschlagsrechnungen durch das Architekturbüro zu Fehlern. Auch nach Abzug des üblichen Sicherheitseinbehaltes von 5 % der gesamten Bausumme ergab sich in der Schlussrechnung eine erhebliche Überzahlung des mit den in Rede stehenden Leistungen beauftragten Unternehmens. Daher war die Möglichkeit einer Beseitigung der in der Abnahme beanstandeten Mängel mit Hilfe dieser Gewährleistungssumme nicht mehr gegeben.

Nach Zugeständnissen zur Schadensregulierung wurde das Architekturbüro Anfang 2006 im gegenseitigen Einvernehmen mit dem Bauherrn aus den vertraglichen Vereinbarungen entlassen. Für die Mangelbeseitigung und Restabwicklung der Baumaßnahme beauftragte der Bauherr daraufhin ein anderes Architekturbüro. Dieses Büro erstellte im Rahmen seiner Grundlagenermittlung ein Gutachten unter Berücksichtigung bzw. in Ergänzung zu den bereits festgestellten Mängeln und Schäden sowie dem vermeintlichen Schadenshergang im Rückblick auf die Rechnungsprüfung.

Abb. 4.2.13
Risse im Oberputz
des WDVS [1]

In diesem Zusammenhang wurde das ursprünglich beauftragte Architekturbüro Mitte 2006 mit einer sog. Kostenübernahmeerklärung für die Ausgaben,
die aus den erforderlichen Maßnahmen zur Beseitigung der entstandenen Mängel resultieren, regresspflichtig gemacht. Der Architekt übersandte das entsprechende Schreiben daraufhin seinem Berufshaftpflichtversicherer.

Fragestellungen an den Sachverständigen

Für den vom Bauherrn beauftragten Sachverständigen stellte sich nach der
Ortsbegehung und erster Sichtprüfung der aufgetretenen Schäden insbesondere die Frage, welche Umstände zu den beschriebenen Mängeln und Schäden am
WDVS geführt haben. Im Einzelnen war auf folgende Fragestellungen einzugehen:

- Frage 1:
  Kann für die dargestellten Mängel und Schäden eine nicht fach- und sachgerechte Ausführung des WDVS schadensursächlich gewesen sein?

- Frage 2:
  Sind die aufgetretenen Mängel und Schäden auf eine fehlerhafte Bauüberwachung des ursprünglich beauftragten Architekten zurückzuführen?

Feststellungen zum Sachverhalt

Im Rahmen der Ausschreibung wurden Angebotsanfragen an mehrere Baufir-
men übersandt. Diese Schreiben umfassten u. a. das Leistungsverzeichnis, die
Besonderen Vertragsbedingungen und die Zusätzlichen Technischen Vertragsbedingungen (ZTV). In den ZTV wurde in Bezug auf das WDVS darauf hingewiesen, dass sämtliche Materialien für die ausgeschriebenen Leistungen nur
von einem bestimmten Systemhersteller zu beziehen seien. Andere Systeme
sollten dagegen nur zulässig sein, sofern eine Gleichwertigkeit nachgewiesen
werden konnte.

Nach der ersten Submission erfolgte eine weitere Angebotsanfrage bezüglich
des Gewerkes Wärmedämmverbundsystem, wobei dem Angebot laut Schadensakte jedoch nicht die ZTV beigefügt war. Im mitgelieferten Leistungsverzeichnis
wird das WDVS als »rein mineralisches System« beschrieben und unter Angabe
der Wärmeleitfähigkeitsgruppe (WLG) die Verwendung von Fassadendämm-
platten aus Mineralwolle gefordert. Für die Anwendung wurde ein bestimmtes
Herstellersystem oder »Gleichwertiges« vorgegeben.

Das Angebot des Unternehmens, das schließlich den Auftrag erhielt, bezog sich
entsprechend den vorliegenden Unterlagen umfänglich *nicht* auf den Leistungs-

text der Leistungsverzeichnisse. Die Fassadendämmung wurde darin lediglich als »Wärmedämmverbundsystem« benannt. Eine detaillierte Angabe zu dem gewählten Herstellersystem erfolgte nicht.

Hinweise zur Beurteilung

Aus den vorliegenden Unterlagen geht hervor, dass ein Architekturbüro im Jahr 2004 mit der Planung und Bauüberwachung von Umbau- und Sanierungsmaßnahmen an einem bestehenden Mehrfamilienhaus mit Anbau beauftragt war. Die Arbeiten umfassten insbesondere das Aufbringen einer nachträglichen Außenwärmedämmung in Form eines WDVS.

Aufgrund von diversen Mängeln und Schäden, die im Rahmen der Endabnahme Ende 2005 festgestellt worden sind, wurde das beauftragte Unternehmen vom verantwortlichen Architekten zu einer Mangelbeseitigung aufgefordert. Dem kam das Unternehmen nicht nach, da es zu dem Zeitpunkt bereits seine Insolvenz angemeldet hatte. Im Folgenden lösten der Bauherr und der Architekt ihren Vertrag vorzeitig auf (vgl. Abschnitt *»Mangel- und Schadenserkennung«*). Die daraufhin von dem neu beauftragten Architekturbüro geltend gemachten Ansprüche an den ehemaligen Architekten bezogen sich auf eine »mangelhafte Planung und Bauüberwachung« der in Rede stehenden erbrachten Leistungen sowie auf eine »mangelhafte Kostenprüfung«.

Die Feststellungen des Sachverständigen im Rahmen der Begutachtung der genannten Mängel und Schäden am WDVS werden im Folgenden nach Bauteilen gegliedert (vgl. Abschnitt *»Mangel- und Schadenserkennung«*) dargestellt und erläutert.

- Wärmedämmverbundsystem:

  Durch die Auswertung der entsprechenden Lieferscheine war es möglich, den Hersteller des tatsächlich gewählten WDVS zu benennen. Die Überprüfung durch den Sachverständigen ergab, dass dieses WDVS als gleichwertig mit dem vorrangig gewünschten System einzustufen war. Ein Mangel hinsichtlich der Wahl des Systems besteht daher zunächst einmal nicht. Allerdings wurden im Rahmen der Auswertung auch Lieferscheinen von Produkten weiterer Systemhersteller gefunden. Inwieweit die Produkte miteinander verarbeitet wurden oder aber eine Trennung der Systeme erfolgte, war zum Zeitpunkt der Baubegehung nicht mehr festzustellen.

  Ein Vermengen von Produkten unterschiedlicher Systemhersteller ist nicht zulässig, da somit die Gewährleistung des Herstellers auf das System nicht mehr gegeben ist. Darüber hinaus wird die Verwendung von WDVS in Deutschland nicht durch DIN-Normen, sondern durch bauaufsichtliche Zulassungen geregelt. Diese beziehen sich jeweils auf ein bestimmtes System eines Herstellers. Für sog. Mischsysteme, also Systeme aus Produkten verschiedener Hersteller, gibt es dagegen keine Regelungen.

■ Sockelabschluss:
Die Ausführung des unteren Abschlusses des WDVS entspricht nicht den Herstellervorgaben (s. Abb. 4.2.14). Sofern die Fassadendämmung in das Erdreich eingebunden werden soll, müssen die Dämmplatten unten schräg abgeschnitten werden. Die Armierungsschicht wird dabei über die Dämmplatten bis auf den tragenden Untergrund geführt. Durch die genannten Abweichungen von den Herstellervorgaben war zudem ein optischer Mangel gegeben. Auch für den Fall, dass das Gelände noch über die Unterkante des WDVS angehoben und dieses dadurch ins Erdreich eingebunden wird, würde die Ausführung nicht mangelfrei sein. Wie beschrieben, besteht kein regelkonformer Verbund mit der tragenden Außenwand, so dass ein unkontrolliertes Eindringen von Wasser hinter das System möglich ist.

■ Bewegungs-/Gebäudetrennfuge:
Die Ausführung ohne Dehnfugenprofil im Anschlussbereich zwischen Bestandsgebäude und Neubau entsprach nicht den Vorgaben des Herstellers. Der Einsatz eines Bewegungsprofils gewährleistet üblicherweise den Ausgleich von Bewegungsdifferenzen zwischen Gebäuden, ohne dass Risse und in der Folge Undichtheiten im WDVS entstehen. Ein starrer Anschluss birgt dagegen die Gefahr von Rissbildungen, wie sie bereits in Teilbereichen zu beob-

Abb. 4.2.14
Anbau; mangelhafter Sockelabschluss des WDVS [1]

achten sind. Sobald Risse im WDVS auftreten, ist die Dichtheit des Systems nicht mehr gegeben. Darüber hinaus wurde die in der einschlägigen Fachliteratur [2] benannte zulässige Rissbreite für Putz auf Mineralfaserdämmung von <0,2 mm erheblich überschritten.

- Fensterbänke / Fensteranschluss:
Die Ausführung der Fensterbankanschlüsse an das WDVS ohne den Einbau von Fugendichtbändern ist nicht fach- und sachgerecht. Aufgrund einer mangelhaften Dichtheit der Anschlüsse kann Wasser in die Fugen sowie die gesamte Fassadenkonstruktion eindringen. Eine dauerhafte Gebrauchstauglichkeit ist somit nicht gegeben. Wie beschrieben erfolgte der Einbau der Aluminium-Fensterbänke ohne Dehnungsspielraum zur Fensterleibung. Thermisch bedingte Längenänderungen können somit nicht mehr aufgenommen werden und führen zu Rissen und Hohllagen im Putz des WDVS. Derartige Schäden konnten im Rahmen der Begutachtung bereits beobachtet werden (s. Abb. 4.2.15).

- Durchdringungen:
Anschlüsse von WDVS an Durchdringungen bzw. durchdringende Bauteile sind grundsätzlich schlagregendicht auszuführen. Gemäß den Herstellervorgaben des gewählten WDVS sind dazu Fugendichtbänder zu verwenden. Wei-

Abb. 4.2.15
Mangelhafter Anschluss der Aluminium-Fensterbank an die Leibung; Ausführung ohne Fugendichtband und seitliche Ausdehnungsmöglichkeit [1]

Abb. 4.2.16
Mangelhafte Durch-
dringung des WDVS;
Ausführung ohne
Fugendichtband [1]

terhin müssen Armierungsgewebe und Oberputzschicht durch einen Kellen-
schnitt von den angrenzenden Bauteilen getrennt werden. Wie die Überprüfung
durch den Sachverständigen ergab, sind diese Vorgaben bei der Ausführung
nicht berücksichtigt worden (s. Abb. 4.2.16).

■ Gerüstanker:
Der Oberputz insbesondere im Bereich der ehemaligen Verankerung der Fassadengerüste weist Unebenheiten auf und ist stellenweise unsauber bzw. nicht
bündig an die Abdeckkappen der Verankerungslöcher angearbeitet. Die Ausführung der Putzarbeiten ist insgesamt als mangelhaft zu bezeichnen.

■ Kellertreppenwand:
Die Ausführung ohne Dehnfugenprofil im Anschlussbereich zwischen Kellertreppenwand und Außenwand des Bestandsgebäudes entsprach nicht den Vorgaben des Herstellers. Wie bereits unter dem Punkt *Bewegungs-/Gebäudetrenn-
fuge* beschrieben, kann ein starrer Anschluss zwischen verschiedenen Gebäudeteilen zu Rissbildungen führen. Wie in Abb. 4.2.11 zu erkennen ist, sind
bereits Fugenrisse im Anschlussbereich aufgetreten. Auch hier wurde die zulässige Rissbreite für Putz auf Mineralfaserdämmung von < 0,2 mm erheblich
überschritten. Rissbildungen im WDVS können Undichtheiten der gesamten
Konstruktion zur Folge haben.

■ Oberer Putzabschluss:
Für diesen Bereich gelten die gleichen Aussagen, die unter *Bewegungs-/Gebäu-
detrennfuge* sowie Kellertreppenwand getroffen worden sind.

- Putzoberfläche:

Gemäß den Ausführungen des Systemherstellers stellt eine »wolkige« Putzoberfläche keinen »technischen Mangel« dar. Witterungs- und verarbeitungsbedingt können an mineralischen Putzen Farbtonunterschiede beim Auftrocknen auftreten. Nach Herstellervorgaben sollte daher aus optischen Gründen mindestens ein Anstrich zur Egalisierung der Oberputzschicht erfolgen. Ein derartiger Anstrich wurde im vorliegenden Fall lediglich an der Putzfassade des neu erstellten Anbaus durchgeführt, während die Putzfassade des Bestandsgebäudes nicht weiter überarbeitet wurde (s. Abb. 4.2.17). Darüber hinaus ist die Ungleichförmigkeit der Putzstruktur im Bereich der ursprünglichen Lage der Gerüstböden ebenfalls auf eine mangelhafte Ausführung der Arbeiten zurückzuführen.

Abb. 4.2.17
Unregelmäßig aufgetrocknete Putzoberfläche [1]

Beantwortung von Fragestellungen und Schadensursachen

Im Folgenden werden Antworten zu den eingangs gestellten Fragen gegeben.

- Beantwortung der Frage 1:

Die vorgefundenen Mängel und Schäden an dem WDVS sind vorwiegend auf eine mangelhafte Ausführung der Arbeiten zurückzuführen. Es wurden insbesondere die Verarbeitungsvorgaben des Systemherstellers unberücksichtigt gelassen sowie grundlegende Ausführungsregeln nicht beachtet. Im Rahmen der Baubegehung konnte allerdings festgestellt werden, dass sich durch die vorhandenen Mängel und Schäden noch keine Folgeschäden in anderen Gebäude- oder Bauteilen ergeben hatten.

- Beantwortung der Frage 2:

  Zur Schadensvermeidung hätte das beauftragte Unternehmen ein den Normen und den (allgemein) anerkannten Regeln der Technik entsprechendes WDVS herstellen müssen. Die bereits ausführlich beschriebenen Ausführungsmängel wie z. B. fehlende Bewegungsprofile, Fugendichtbänder und Sockelanschlussprofile hätten im Zuge der Bauüberwachung durch das Architekturbüro kontinuierlich bemängelt und eine Nachbesserung angemahnt werden müssen. Bei den festgestellten Mängeln handelt es sich daher zwar grundsätzlich um Ausführungsfehler, die in den Verantwortungsbereich des ausführenden Unternehmens fallen. Sie sind aber mittelbar ebenso auf die mangelhafte Bauüberwachung des Architekten zurückzuführen.

  Insofern ist dem Architekturbüro eine mangelhafte Leistung bezüglich der beauftragten Architektenleistung, insbesondere der LP 8 »Objektüberwachung (Bauüberwachung)« gemäß HOAI § 15 anzulasten. Unabhängig davon bleibt festzuhalten, dass die Umstände, die zu dem beschriebenen Schadensumfang führten, überhaupt erst durch die unvollständige Angebotsanfrage des Architekturbüros an das beauftragte Unternehmen möglich wurden.

Mangel- und Schadensbeseitigung

Aus rein technischer Sicht war nach Einschätzung des Sachverständigen die vollumfängliche Erneuerung des WDVS nicht erforderlich. Eine Überarbeitung zur Beseitigung der dokumentierten Mängel wurde als technisch möglich und angemessen erachtet.

Die notwendigen Schadensbeseitigungsmaßnahmen umfassen insbesondere die Einbindung der Fassadendämmung in das Erdreich, das Herstellen von Bewegungsfugen an den relevanten Anschlusspunkten sowie den Austausch einschließlich der systemkonformen Abdichtung der Fensterbänke. Weiterhin ist das WDVS am oberen Dachüberstand sowie an allen Durchdringungen und sonstigen durchstoßende Bauteilen einzudichten. Darüber hinaus ist auf den vorhandenen Putz eine zusätzlichen Lage Außenputz mit Gewebeeinlage aufzubringen und die Fassade abschließend mit einem Egalisierungsanstrich zu versehen. Insofern erübrigt sich eine partielle Überarbeitung der ungleichförmigen Putzstruktur insbesondere im Bereich der ursprünglichen Lage der Gerüstböden, da im Zusammenhang mit den restlichen Sanierungsarbeiten ohnehin der gesamte Putz überarbeitet werden muss.

4.3 Literaturverzeichnis

Verwendete Literatur

[1] VHV – Vereinigte Hannoversche Versicherung AG: Gutachten aus den Schadensfällen der VHV-Versicherung. 2005 bis 2007

[2] Zimmermann, G.; Ruhnau, R. (Hrsg.); Cziesielski, E.; Vogdt, F. U.: Schäden an Wärmedämm-Verbundsystemen. 2., überarbeitete und erweiterte Auflage. Stuttgart: Fraunhofer IRB Verlag, 2007 (Schadenfreies Bauen; 20)

Allgemeine Literaturhinweise

– DIN Deutsches Institut für Normung e. V. (Hrsg.): Bauwerksabdichtungen, Dachabdichtungen, Feuchteschutz. Reihe DIN-Taschenbuch 129. 9. Auflage. Berlin: Beuth Verlag, 2006

– RKW Rationalisierungs-Gemeinschaft Bauwesen (RG-Bau) (Veranstalter); Institut für Bauforschung e. V. (IFB) (Veranstalter); Fraunhofer-Informationszentrum Raum und Bau (IRB) (Veranstalter); Vereinigte Hannoversche Versicherung a.G. (VHV) (Veranstalter): Schäden an Dächern. Ursachen, Bewertung und Sanierung. 42. Bausachverständigen-Tag im Rahmen der Frankfurter Bautage 2007. Tagungsband. Stuttgart: Fraunhofer IRB Verlag, 2007

Gesetze/Verordnungen/Regelwerke

– DIN 4108-3 Wärmeschutz und Energie-Einsparung in Gebäuden – Teil 3: Klimabedingter Feuchteschutz, Anforderungen, Berechnungsverfahren und Hinweise für Planung und Ausführung (Ausgabe: Juli 2001)

– DIN 1961 VOB Vergabe- und Vertragsordnung für Bauleistungen – Teil B: Allgemeine Vertragsbedingungen für die Ausführung von Bauleistungen (Ausgabe: Oktober 2006)

– Zentralverband des Deutschen Dachdeckerhandwerkes e. V. (ZDVH), Fachverband Dach-, Wand- und Abdichtungstechnik: Fachregeln für Metallarbeiten im Dachdeckerhandwerk. Köln: Verlagsgesellschaft Rudolf Müller GmbH, März 2006

– Zentralverband des Deutschen Dachdeckerhandwerks e. V. (ZDVH), Fachverband Dach-, Wand- und Abdichtungstechnik (Hrsg.); Hauptverband der Deutschen Bauindustrie e. V., Bundesfachabteilung Bauwerksabdichtung (BFA BWA) (Hrsg.): Flachdachrichtlinien – Richtlinien für die Planung und Ausführung von Dächern mit Abdichtungen. Köln: Verlagsgesellschaft Rudolf Müller GmbH, Mai 1992

Allgemeine Hinweise zu Gesetzen/Verordnungen/Regelwerken

- DIN 18531-1: Dachabdichtungen – Abdichtung für nicht genutzte Dächer – Teil 1: Begriffe, Anforderungen, Planungsgrundsätze (Ausgabe: November 2005)

- DIN 18531-3: Dachabdichtungen – Abdichtung für nicht genutzte Dächer – Teil 3: Bemessung, Verarbeitung der Stoffe, Ausführung der Dachabdichtung, November 2005

- DIN 18531-4: Dachabdichtungen – Abdichtung für nicht genutzte Dächer – Teil 4: Instandhaltung (Ausgabe: November 2005)

- DIN 18531-2: Dachabdichtungen – Abdichtung für nicht genutzte Dächer – Teil 2: Stoffe (Ausgabe: November 2005)

- Zentralverband des Deutschen Dachdeckerhandwerks e.V. (ZDVH), Fachverband Dach-, Wand- und Abdichtungstechnik (Hrsg.): Deutsches Dachdeckerhandwerk. Regeln für Dächer mit Abdichtungen. Aktualisierte Auflage Stand März 2007, mit Flachdachrichtlinien Stand September 2003. Köln: Rudolf Müller Verlag, März 2007

Dipl.-Ing. Tania Brinkmann, Hannover

5 Bauschäden an Fenstern

Nachfolgend werden drei Schadensfälle beschrieben, die im Zusammenhang mit mangelhaften Planungsleistungen bzw. mangelhaft ausgeführten Montagearbeiten an Fensterkonstruktionen stehen. Abhängig vom jeweiligen Fall werden Vorbemerkungen und Sachverhalte, Mangel- und Schadenserkennung, Fragestellungen an die Sachverständigen, Feststellungen zum Sachverhalt, Hinweise zur Beurteilung, Beantwortung von Fragestellungen und Schadensursachen sowie Mangel- und Schadensbeseitigung dargestellt.

Folgende Fälle werden beschrieben:

- Feuchteschäden an Holzbauteilen infolge mangelhafter Planung und Konstruktion einer Glasdachkonstruktion,

- Brandschäden an Aluminiumfenstern infolge fehlerhafter Montage einer Sonnenschutzanlage in einem Laborgebäude,

- Schimmelpilz- und Bläuebefall an Glashalteleisten von Holzfenstern.

5.1 Feuchteschäden an Holzbauteilen infolge mangelhafter Planung und Konstruktion einer Glasdachkonstruktion

Vorbemerkungen und Sachverhalt

Ein Architekturbüro wurde im Frühjahr 1997 mit der Planung und Bauüberwachung für den Anbau einer Schwimmhalle an ein bestehendes Einfamilienhaus beauftragt. Die Architektenleistung umfasste die Leistungsphasen (LP) 1 bis 8 gemäß der »Verordnung über die Honorare für Leistungen der Architekten und der Ingenieure (Honorarordnung für Architekten und Ingenieure)« (HOAI) § 15 »Leistungsbild Objektplanung für Gebäude, Freianlagen und raumbildende Ausbauten«. Mit den Verglasungsarbeiten für den Anbau wurde ein lokal ansässiges Fachunternehmen vertraglich gebunden.

Bei der Schwimmhalle handelt es sich um ein 1-geschossiges Gebäude in Mauerwerksbau mit großflächiger Verglasung. Das Dach ist als Flachdach konzipiert, dessen Tragkonstruktion aus einer Holzbalkendecke besteht. Innerhalb der Flachdachfläche ist ein Oberlicht in Form einer satteldachartigen Glaskonstruktion ausgebildet, das größtenteils aus einer Festverglasung mit zwei inte-

grierten Dachflächenfenstern besteht (s. Abb. 5.1.1). Für die Verglasung wurden rechteckige Isoliergläser aus Verbund-Sicherheitsglas (VSG) mit der Abmessung 0,86 m x 1,50 m gewählt, der Wärmedurchgangskoeffizient (U-Wert) beträgt 1,3 W/m²K.

Die Verglasung wurde als Pfosten-Riegel-Konstruktion geplant, wobei die Gläser zweiseitig auf den Holzsparren auf Kunststoff-Dichtungsprofilen aufliegen und über Halteprofile (Glashalteleisten) fixiert werden (s. Abb. 5.1.2). Die Dachsparren wiederum stehen am Fußpunkt auf einem Brettschichtholzbinder der Holzbalkendecke auf und schließen am Kopf an die Firstpfette an.

Mangel und Schadenserkennung

Nach Angaben der Bauherren wurde im Jahr 2001 eine erhöhte Kondensatbildung an der Dachverglasung festgestellt. Eine Überprüfung der Glasdachkonstruktion ergab, dass es im Übergangsbereich zwischen der Verglasung und dem Brettschichtholzbinder zu einem Lufteintritt kam, was an der Innenseite zu einer Kondensatbildung führte. Daraufhin wurde das für die Verglasungsarbeiten verantwortliche Unternehmen vom Architekten aufgefordert, den unteren Scheibenrand bis zur Dachabdichtung nachträglich abzukleben sowie eine zusätzliche innen umlaufende Versiegelung der Scheiben vorzunehmen. Laut Schadensakte erfolgte die außenseitig angeordnete luftdichte Abklebung mit einem Butyl-Klebeband (s. Abb. 5.1.3), innenseitig wurde die Fuge zwischen Verglasung und Sparren mit Acryl versiegelt.

Anfang 2005 stellten die Bauherren beginnende Zersetzungserscheinungen in Form von Vermorschungen an den Holzbauteilen der Glasdachkonstruktion fest. Die Schäden waren umlaufend am Brettschichtholzbinder und teilweise an den Sparren vorhanden. Infolgedessen meldete der Architekt Gewährleistungsmängel gegenüber der Verglasungsfirma an, die daraufhin den Schaden ihrem Berufshaftpflichtversicherer anzeigte.

Abb. 5.1.3
Butyl-Klebeband am
Fußpunkt der
Verglasung [1]

Fragestellungen an den Sachverständigen

Für den von den Bauherren beauftragten Sachverständigen stellte sich nach der Ortsbegehung und erster Sichtprüfung der aufgetretenen Schäden insbesondere die Frage, welche Umstände zu den beschriebenen Schäden an den Holzbauteilen der Glasdachkonstruktion geführt haben. Im Einzelnen war auf folgende Fragestellungen einzugehen:

- Frage 1:
  Sind die Feuchteschäden an den Holzbauteilen der Glasdachkonstruktion auf einen nicht ausreichenden bzw. nicht vorhandenen Dampfdruckausgleich in den Glasfalzen der Verglasung zurückzuführen?

- Frage 2:
  Kann die außenseitige Anordnung des Butyl-Klebebandes zwischen Holztragkonstruktion und Verglasung schadensursächlich gewesen sein?

- Frage 3:
  Sind die aufgetretenen Schäden auf eine mangelhafte Planung des Architekten zurückzuführen?

Zur Erarbeitung der gutachterlichen Stellungnahme wurden vom Sachverständigen insbesondere die Technischen Regeln für die Verwendung von linienförmig gelagerten Verglasungen (TRLV), DIN 18545 »Abdichten von Verglasungen mit Dichtstoffen«, VOB/C (ATV) DIN 18361 »Verglasungsarbeiten« sowie das Leistungsverzeichnis der beauftragten Verglasungsfirma herangezogen.

Feststellungen zum Sachverhalt

Im Zusammenhang mit der Beantwortung der Fragestellungen an den Sachverständigen wurde exemplarisch ein Halteprofil der geneigten Glasdachkonstruktion gelöst. Dabei konnte festgestellt werden, dass die zwei Isolierglasscheiben des VSG an ihrem Fußpunkt auf Aluminiumwinkeln aufliegen. Der gleichmäßige Abstand zwischen den Winkeln und den Glasscheiben wird durch ca. 5 mm dünne Distanzklötze gewährleistet. Wie in Abb. 5.1.4 zu erkennen ist, liegt die Verglasung rd. 15 mm auf den Winkeln auf.

Im Bereich der giebelseitigen Verglasung war das nachträglich aufgebrachte Butyl-Klebeband bereits wieder partiell entfernt worden. Hier stehen die Isoliergläser auf Holzklötzen auf einem Brettschichtholzbinder auf. Das Holzbauteil war augenscheinlich stark durchfeuchtet (s. Abb. 5.1.5). Darüber hinaus konnten an den weiteren Brettschichtholzbindern eine Vielzahl von Wasserablaufspuren festgestellt werden. Am Fußpunkt eines Sparrens waren zudem feuchtebedingte Zersetzungserscheinungen, ausgehend vom Falz, nach innen fortlaufend erkennbar.

Abb. 5.1.4
Auflagerung der
Verglasung auf Alu-
miniumwinkeln [1]

Abb. 5.1.5
Durchfeuchtetes
Holzbauteil [1]

Zum Ortstermin war bei einem leicht geöffneten Dachfenster eine Kondensatbildung an den Scheiben bis in eine Höhe von etwa 20 cm, ausgehend vom Fußpunkt, auszumachen. Nach Angabe der Bauherren erfolgt die Regulierung des
Raumklimas automatisch durch ein sog. Hygro-Thermostat, das für konstante
Werte von 23 °C Lufttemperatur und 60 % Luftfeuchte sorgt.

Hinweise zur Beurteilung

Aus den vorliegenden Unterlagen geht hervor, dass eine Fachfirma für Verglasungsarbeiten im Jahr 1997 mit der Lieferung und Montage der Verglasung für die an der in Rede stehenden Schwimmhalle beauftragt war. Gemäß dem Leistungsverzeichnis wurde eine Isolierverglasung aus VSG mit einem U-Wert von 1,3 W/m²K auf »geeigneten Kunststoff-Dichtungsstreifen« verlegt und mit Glashalteleisten befestigt.

Aufgrund von Kondensatbildungen an den Scheiben wurde im Jahr 2001 durch den für die Planung und Ausführung verantwortlichen Architekten veranlasst, dass der Fußpunkt der Verglasung außenseitig mit einem Butyl-Klebeband zusätzlich abgedichtet wurde, um damit einen Eintritt von kalter Luft im Übergangsbereich der Holztragkonstruktion und der Isolierverglasung zu verhindern. Laut Schadensakte wurde das Butyl-Klebeband umlaufend, auch im Bereich der Glashalteleisten, angeordnet.

Zur Konstruktion des Glasdaches ist Folgendes auszuführen: Die Verglasung erfolgte mit VSG, das auf den Sparren auf Kunststoff-Dichtungsprofilen aufliegt und über Glashalteleisten gehalten wird. Die Gläser sind demnach an zwei gegenüberliegenden Seiten linienförmig gelagert. Gemäß den Technischen Richtlinien des Glaserhandwerks »Linienförmig gelagerte Verglasungen« ist der Glaseinstand bei einer zweiseitigen linienförmigen Lagerung von Glasscheiben so zu wählen, dass dieser mindestens das Maß der Glasdicke zuzüglich 1/500 der Stützweite beträgt, mindestens aber 15 mm und maximal 20 mm.

Die Stützweite der Verglasung beträgt 860 mm und die Glasdicke 16 mm, so dass sich daraus ein erforderlicher Glaseinstand von rd. 18 mm (860 mm/ 500 mm + 16 mm = 17,72 mm) ergibt. Bei der Überprüfung vor Ort konnte bei einer Glasscheibe ein Glaseinstand auf dem Aluminiumwinkel von 15 mm festgestellt werden, so dass der vorhandene Glaseinstand als nicht fachgerecht zu werten ist. Da jedoch weder der Glaseinstand noch die Lagerung der Verglasung zu den aufgetretenen Schäden geführt haben, wird im Folgenden nicht weiter darauf eingegangen.

Schadensursächlich ist dagegen die fehlerhafte Belüftung und Entwässerung der Glasfalze. Diesbezüglich ist zwischen der Schrägverglasung und der vertikalen Verglasung zu unterscheiden. Für die Planung und Ausführung von Schrägverglasungen sind die Vorgaben aus der Richtlinie »Linienförmig gelagerte Verglasungen« zu beachten. Daraus ergibt sich, dass die Isolierglaseinheit mit einem dichtstofffreien Glasfalzraum mit Dampfdruckausgleich verglast werden muss. Ein Dampfdruckausgleich bewirkt, dass der Dampfdruck im Glasfalz nicht derartig hoch ansteigt, dass es im Falz zum Ausfall von Tauwasser kommt. Darüber hinaus wird von außen eingedrungene Feuchte über die Dampfdruckausgleichsöffnungen abgeführt, so dass es zu keiner Beschädigung des Randverbundes der Glasscheibe kommt. Grundsätzlich stellen Dampfausgleichsöffnungen aber keine Entwässerungsöffnungen dar.

Im Rahmen der Baubegehung konnte festgestellt werden, dass ursprünglich zumindest prinzipiell eine traufseitige Dampfdruckausgleichsöffnung vorhanden war. Wie beschrieben wurde auf die Verglasung eine Abdeckleiste mit Dichtung montiert, wobei zwischen der Abdeckleiste und der Verglasung aufgrund dieser Dichtung ein Zwischenraum von etwa 5 mm verbleibt. Damit wird die Anforderung für die Dampfdruckausgleichsöffnung gemäß DIN 18545-1 »Abdichten von Verglasungen mit Dichtstoffen; Anforderungen an Glasfalze« grundsätzlich erfüllt.

Nicht erfüllt ist dagegen die Anforderung der notwendigen Dampfdruckausgleichsöffnung im Firstbereich. Wie beschrieben kommt es aufgrund des Raumklimas in der Schwimmhalle zu einem höheren Dampfdruck als in herkömmlich genutzten Räumen, was bei nicht ausreichender Belüftung des Glasfalzes zu einer Kondensatbildung im Falzraum führen kann. Am First wurde keine Dampfdruckausgleichsöffnung geplant und ausgeführt. Da zudem der Glasfalz der Schrägverglasung traufseitig durch das Butyl-Klebeband und den Haltewinkel »abgesperrt« war, konnte das angefallene Tauwasser nicht abgeführt werden. Das angestaute Kondensat führte infolgedessen zu einer Durchfeuchtung der Holzkonstruktion.

Grund für die Verwendung des Butyl-Klebebandes war nach Angaben des verantwortlichen Architekten der Eintritt von kalter Luft im Bereich der traufseitigen losen Auflagerung der Verglasung auf einem Kunststoff-Dichtungsprofil. Durch diese Art der Scheibenauflagerung kann jedoch keine Fugendichtigkeit erzielt werden, wie sie entsprechend DIN 4108 »Wärmeschutz im Hochbau« gefordert wird. Diesbezüglich waren somit zwingend ergänzende Maßnahmen erforderlich. Die außenseitige Anordnung eines dampfdichten Klebebandes widerspricht jedoch den (allgemein) anerkannten Regeln der Technik. Grundsätzlich ist die dampfdichte Ebene *innen* anzuordnen.

Kondensat (Tauwasser) bildet sich im Allgemeinen dann, wenn feuchtegesättigte Luft auf kalte Oberflächen trifft. Im vorliegenden Schadensfall kühlte sich die im Rauminneren vorhandene feuchtwarme Luft an den kälteren Holzbauteilen ab und schlug sich daran als Kondensat nieder. Da eine Belüftung der Holzoberflächen konstruktionsbedingt nicht erfolgte und ein außenseitiges Abführen des Wasserdampfes aufgrund des absperrenden Butyl-Klebebandes nicht

möglich war, führte dies zu einer dauerhaften Feuchtebeaufschlagung der Holzbauteile. Der traufseitige Anschluss der Verglasung ist somit als *technisch falsch
geplant und ausgeführt* zu bewerten.

Dies gilt auch für die vertikale Verglasung an den Giebelseiten. Die VSG-Schei-
ben wurden auf Holzklötzen auf einem Brettschichtholzbinder (Tragbalken der
Glasdachkonstruktion) montiert. Innenseitig erfolgte ein »Abdichten« der Bau-
teilfuge zwischen Verglasung und Holzträger durch Acryl, außenseitig wurde
das Butyl-Klebeband aufgebracht. Ein Glasfalzraum mit Dampfdruckausgleichsöffnungen wurde nachweislich nicht hergestellt. Diese Art der Verglasung ist
jedoch normativ nicht geregelt.

Entsprechend der maßgebenden DIN 18545-3 »Abdichten von Verglasungen
mit Dichtstoffen; Verglasungssysteme« wird zwischen folgenden drei Vergla-
sungssystemen unterschieden:

- Verglasungssystem mit freier Dichtstofffase,
- Verglasungssystem mit Glashalteleisten und ausgefülltem Falzraum,
- Verglasungssystem mit Glashalteleisten und dichtstofffreiem Falzraum.

Die Ausführung eines Verglasungssystems ohne Falzraum ist demnach als
nicht fach- und sachgerecht zu bezeichnen.

Beantwortung von Fragestellungen und Schadensursachen

Im Folgenden werden Antworten zu den eingangs gestellten Fragen gegeben.

- Beantwortung der Frage 1:
  Die vorgefundenen Schäden, insbesondere die Zersetzungserscheinungen an
  den Holzsparren und den Brettschichtholzbindern, sind auf eine dauerhafte
  Feuchtebelastung der Bauteile zurückzuführen. Bei der Feuchte handelt es
  sich um Kondenswasser, das an dem nicht belüfteten und zudem unten abge-
  sperrten Glasfalz ausgefallen ist. Diese permanente Feuchtebeaufschlagung
  führt zu einer von außen nach innen fortschreitenden Durchfeuchtung des
  Sparrens und in der Folge zu einer Vermorschung der Substanz.

- Beantwortung der Frage 2:
  Eine luftdichte Abdichtung ist grundsätzlich innen anzuordnen. Sie verhindert, dass feuchte Raumluft in die Baukonstruktion eindringt und sich an Stellen, deren Oberflächentemperaturen unterhalb der Taupunkttemperatur liegen, als Tauwasser niederschlägt und auf diese Weise zu Kondensationsschäden
  und Schimmelpilzbildung führt. Außerdem werden unkontrollierte Wärme-
  verluste und Zugerscheinungen über die Anschlussfuge der Bauteile durch die

luftdichte Abdichtung unterbunden. Die beschriebene außenseitige Anordnung des Butyl-Klebebandes an der Anschlussfuge zwischen der Verglasung und dem Brettschichtholzbinder führte dagegen zu einer luftdichten Abdichtung auf der Außenseite. Darüber hinaus wurde die Entwässerungsebene der Glashalteprofile traufseitig abgesperrt. Das in der Folge angestaute und »überlaufende« Wasser konnte somit auf die Sparren- und Binderoberflächen gelangen und die Durchfeuchtung der Holzbauteile verursachen.

- Beantwortung der Frage 3:
  Zur Schadensvermeidung hätte eine den Normen und den (allgemein) anerkannten Regeln der Technik entsprechende Glasdachkonstruktion hergestellt werden müssen. Die ausgeführte Konstruktion ist aufgrund der fehlerhaften Glasfalzausbildung latent schadensträchtig. Bei den festgestellten Mängeln handelt es sich daher nicht um Ausführungsfehler, sondern um grundsätzliche Fehler im Konstruktionsprinzip. So hat das Architekturbüro im Rahmen der Planung die besonderen klimatischen Bedingungen in der Schwimmhalle nicht berücksichtigt, während es die Verglasungsfirma als Auftragnehmer versäumt hat, Bedenken gegen die fehlerhafte Planung der Verglasung anzumelden.

Zusammenfassend bleibt festzuhalten, dass für die beschriebenen Schäden Planungsfehler und Fehler bei der Bauüberwachung schadensursächlich gewesen sind und daher sowohl in den Verantwortungsbereich des Architekten als auch der Glaserei fallen.

Mangel- und Schadensbeseitigung

Unter *Mangel- und Schadensbeseitigung* ist die Beseitigung von schadensursächlichen Mängeln und daraus resultierenden Schäden zu verstehen.

Wie bereits ausgeführt wurde, ist aufgrund der fehlerhaften Glasfalzausbildung und der anhaltenden Feuchtebeaufschlagung der Glasrandverbunde von einem erhöhten Verbrauch des Trockenmittels im Scheibenzwischenraum der Verglasungseinheit auszugehen. Durch diesen Vorgang wird die Lebensdauer der Isolierverglasung deutlich reduziert, weshalb ein vollständiger Austausch der Verglasung zu empfehlen ist. Weiterhin ist es unumgänglich, die Holzkonstruktion eingehend hinsichtlich weiterer Schäden zu überprüfen. In Abhängigkeit von Art und Umfang der Feuchteschäden sind die betroffenen Bauteile auszutauschen. In diesem Zusammenhang ist darauf hinzuweisen, dass tragfähige, jedoch durchfeuchtete Holzbauteile in jedem Fall austrocknen müssen, um einen Befall mit holzzerstörenden Pilzen zu vermeiden.

Aufgrund der Unzugänglichkeit der Dachkonstruktion war es im Rahmen der Baubegehung nicht möglich, eine Feststellung zum genauen Schadensumfang zu treffen. Hierzu wäre ein Rückbau der Verglasung erforderlich gewesen. Der Sachverständige konnte nach Sichtprüfung lediglich einen erheblich geschädigten Sparren feststellen, wobei allerdings von weiteren feuchtegeschädigten Holzbauteilen ausgegangen werden kann (vgl. Abschnitt *»Beantwortung von Fragestellungen und Schadensursachen«)*. Die sichtbaren sowie eventuelle weitere, von innen nicht erkennbare Vermorschungen in der glasdachtragenden Holzkonstruktion bedeuten ein erhebliches Risiko für dessen Standsicherheit. Seitens des Sachverständigen wurde daher empfohlen, die gesamte Glasdachkonstruktion rückzubauen und durch eine neue Konstruktion zu ersetzen.

5.2 Brandschäden an Aluminiumfenstern infolge fehlerhafter Montage einer Sonnenschutzanlage in einem Laborgebäude

Vorbemerkungen und Sachverhalt

Ein Generalunternehmer (GU) wurde Anfang 2004 mit der schlüsselfertigen Erstellung eines Büro- und Laborgebäudes beauftragt. Daraufhin erfolgte durch den GU eine Subvergabe der Metallbau- und Fensterarbeiten an einen Metallbaubetrieb. Der Auftrag für den Subunternehmer umfasste vertragsgemäß die Lieferung und den Einbau der Fenster sowie der Sonnenschutzanlagen. Der Metallbaubetrieb beauftragte daraufhin seinerseits einen Fachbetrieb mit der Lieferung und der Montage der technischen Anlagen für den Sonnenschutz. Die beschriebenen Arbeiten wurden von Februar bis September 2004 ausgeführt, Ende September erfolgte die förmliche Abnahme der Leistungen durch den GU.

Das 1- bzw. 5-geschossige Büro- und Laborgebäude wurde in massiver Bauart errichtet und mit einem Flachdach versehen (s. Abb. 5.2.1). Die Fassadenbekleidung besteht aus dunkelbraunen Faserzementplatten, in die die Fensterelemente aus schwarzgrau eloxierten Aluminium-Profilen integriert sind. Die Fenster sind als Fensterbänder ausgebildet und weisen einen außen liegenden Sonnenschutz auf, der aus elektrisch angetriebenen Aluminium-Raffstores besteht. Die Steuerung der Sonnenschutzanlage erfolgt automatisch und kann zusätzlich über einen Taster manuell betätigt werden. Die Motoren für die Bedienung sind an der oberen Halterung der Raffstores montiert und werden nach außen durch eine vorgesetzte Faserzementplatte verdeckt. Generell sind jeweils zwei Raffstores über einen Motor miteinander gekoppelt, so dass diese gleich laufen.

Abb. 5.2.1
1-geschossiger
Gebäudeteil mit
Laborräumen [1]

Mangel und Schadenserkennung

Nach Angaben des GU erfolgte Ende 2004 im Rahmen der Mängelbeseitigung ein nachträgliches mechanisches Zusammenschließen der Raffstores des 1-geschossigen Laborgebäudes. Dazu wurden die Behänge vom Hersteller demontiert, im Werk zu jeweils paarweise gekoppelten Behängen umgebaut und wieder am Gebäude installiert. Im Oktober 2005 registrierten die Mieter der Laborräume »unmotivierte Fahreigenschaften« der Sonnenschutzanlagen, die sich darin äußerten, dass die Raffstores ohne ersichtlichen Grund ununterbrochen auf- und abwärts fuhren. Gemäß Prüfbericht war diese Fehlfunktion auf eine mangelhafte Steuerung zurückzuführen.

Anfang Mai 2006 kam es in einem der Laborräume an zwei Fensterelementen mehrfach zu einem Brand, bei denen sich jeweils die Dichtungsprofile und die Dämmung in den Metallprofilen entzündet haben (s. Abb. 5.2.2). Nach Aussage des Hausmeisters waren die betroffenen Fenster zum Zeitpunkt der Brandereignisse geschlossen und die Raffstores wurden automatisch heruntergefahren. Als Ursache für die Brände wurde ein frei hängendes, nicht isoliertes Kabel im Außenbereich der Fassade ermittelt, an dem normalerweise der Motor für den elektrisch betriebenen Sonnenschutz angeschlossen ist. Infolgedessen kündigte der GU Gewährleistungsmängel gegenüber dem Metallbaubetrieb an, in dessen Verantwortungsbereich diese Leistung fällt. Der Subunternehmer meldete den Schaden daraufhin vorsorglich seinem Berufshaftpflichtversicherer.

Abb. 5.2.2
Fensterflügel mit
sichtbaren Brand-
schäden [1]

Fragestellungen an den Sachverständigen

Für den vom GU beauftragten Sachverständigen stellte sich nach der Ortsbegehung und erster Sichtprüfung der aufgetretenen Schäden insbesondere die Frage, welche Umstände zu den Bränden an den Aluminiumfenstern geführt haben. Im Einzelnen war auf folgende Fragestellungen einzugehen:

- Frage 1:
  Welcher Umstand konnte dazu führen, dass das ungeschützte Kabel für den
  Motor der elektrisch betriebenen Sonnenschutzanlage ohne Anschlussgerät
  im Außenbereich der Fassade an den Aluminiumfenstern anlag?

- Frage 2:
  Für den Fall, dass ursprünglich ein Motor angeschlossen gewesen ist: Warum
  wurde das Gerät demontiert und wer war dafür verantwortlich?

- Frage 3:
  Kann das nicht isolierte Stromkabel im Außenbereich der Fassade schadensursächlich für die Brände an den Aluminiumfenstern gewesen sein?

Feststellungen zum Sachverhalt

Im Zusammenhang mit der Beantwortung der Fragestellungen an den Sachverständigen wurde die abgehängte Decke im Bereich des Deckenanschlusses an
die vom Brandschaden betroffenen Fensterelemente geöffnet. Dabei konnte
festgestellt werden, dass an der Stahlbetondecke zwischen den beiden zu den

Fenstern gehörenden Raffstores ein Elektroverteilerkasten (Aktor) montiert war, an dem das Elektrokabel des Motors der Sonnenschutzanlagen angeschlossen war. Wie in Abb. 5.2.3 zu erkennen ist, führte eine weitere Zuleitung zu dem Verteilerkasten, ohne jedoch am anderen Ende an einen Motor angeschlossen zu sein. Das Kabel war an einer Kunststoffklemme an der Decke befestigt, wobei das Kabelende weder eine Isolierung noch einen anderweitigen Schutz gegen direktes Berühren aufwies. Nach Angaben des Hausmeisters handelte es sich hierbei um das Kabel, das zum Zeitpunkt der Brandereignisse im Außenbereich an der Fassade hing. Eine zu dieser Zeit durchgeführte Überprüfung durch einen Elektriker ergab, dass das Kabel trotz fehlender Isolierung stromführend war.

Wie festgestellt werden konnte, war in einem Blechpaneel der Fensterelemente eine Bohrung vorhanden, durch die das Kabel nach außen gezogen worden war und an den Aluminiumprofilen der Fensterelemente anlag. Nach den Bränden wurde es vom Hausmeister durch die Öffnung nach innen gezogen und an der Stahlbetondecke befestigt. Weiterhin waren an der oberen Halterung der beiden Raffstores zwei Bohrungen zu erkennen, die auf eine frühere Montage eines Motors hindeuten.

Darüber hinaus konnten an den vom Brand betroffenen Fensterelementen diverse Schäden ermittelt werden. Wie in Abb. 5.2.4 zu erkennen ist, wiesen die Fensterflügel im unteren Falz am Öffnungsbegrenzer (Fensterschere) verkohlte Rückstände der EPDM-Fensterdichtung auf und es waren braune Verfärbungen

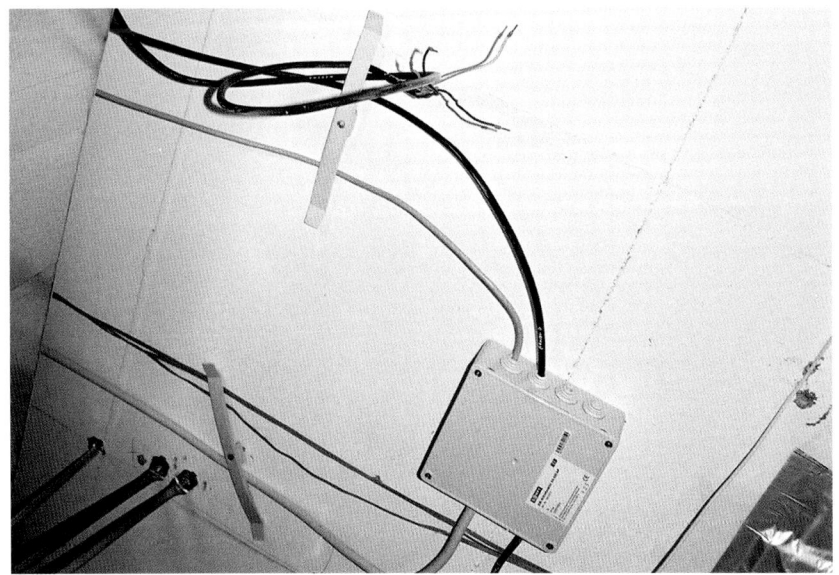

Abb. 5.2.3
Anschlusskabel für den Motor der Sonnenschutzanlage [1]

Abb. 5.2.4
Fensterflügel mit
sichtbaren Brand-
schäden [1]

und Schrumpfungserscheinungen an der Oberfläche des PUR-Dämmstoffes zu sehen. In der im Rahmen eingebauten Fensterdichtung war zudem eine 8 cm lange und 1 cm breite Fehlstelle festzustellen.

Hinweise zur Beurteilung

Das in Rede stehende Fensterband besteht aus sechs Fensterelementen, die jeweils 2,20 m hoch und 1,35 m breit sind. Die Gliederung erfolgt durch ein horizontal angeordnetes Fassadenelement aus Faserzementplatten, das die Fensterflügel optisch von den darüber liegenden Oberlichtern absetzt (s. Abb. 5.2.1). In diesem Bereich ist zudem die Sonnenschutzanlage angeordnet. Die Befestigung der Raffstores erfolgt über Halteschienen, die außenseitig auf einem waagerechten Blechpaneel montiert sind, während an den Halteschienen die Motoren für die Raffstores angebracht sind. Die gesamte Befestigungskonstruktion wird von außen von dem Faserzementstreifen verdeckt.

Nach Angaben des Metallbaubetriebes wurden die Motoren vertragsgemäß vom Hersteller der Sonnenschutzanlagen geliefert und eingebaut, wobei die Zuleitungen der Motoren werkseitig mit einem Kupplungsstecker zum Anschluss der Raffstores versehen waren. Der endgültige Einbau der Kabel erfolgte dann vom Metallbaubetrieb. Dazu wurden die Zuleitungen über eine Bohrung durch die Blechpaneele geführt, so dass sich die Anschlusskupplungen außen im Bereich der Halteschiene der Raffstores befanden (s. Abb. 5.2.5). Der abschließende elektrische Anschluss der Motoren erfolgte durch einen Elektroinstallateur.

An den Fensterelementen sind insgesamt acht Raffstores montiert, die manuell über Taster zu betätigen sind. Die von außen betrachteten Raffstores Nr. 1 und 2, Nr. 3 bis 6 sowie Nr. 7 und 8 sind jeweils miteinander gekoppelt, so dass diese gleich laufen. Die insgesamt vier Schalter für die Bedienung der Sonnenschutzanlagen befinden sich auf der Innenfensterbank, wobei der zwischen den Raffstores Nr. 5 und 6 angeordnete Taster ohne Funktion ist. Bei dessen Betätigung wird keine Bewegung der Sonnenschutzanlagen ausgelöst. Aus welchem Grund die Raffstores Nr. 3 bis 6 zusammengeschlossen worden sind, ließ sich im Rahmen der Baubegehung nicht ermitteln. Ebenfalls unklar blieb, warum und von wem der ursprünglich eingebaute Motor der Raffstores Nr. 5 und 6 wieder ausgebaut worden ist.

Nach Angaben des Elektroinstallateurs umfassten seine Leistungen im Zusammenhang mit der Sonnenschutzanlage lediglich den Anschluss der Raffstores

Abb. 5.2.5
Steckverbindung
zwischen Motor und
Sonnenschutz-
anlage [1]

an die Elektroinstallation im Inneren des Gebäudes. Dabei erfolgte die routinemäßige Kontrolle, ob an der jeweils anzuschließenden Zuleitung der zugehörige Motor montiert war. Dies war zum Zeitpunkt der Abnahme im September 2004 bei allen Raffstores offensichtlich der Fall.

Beantwortung von Fragestellungen und Schadensursachen

Im Folgenden werden Antworten zu den eingangs gestellten Fragen gegeben.

- Beantwortung der Fragen 1 und 2:
  Das freie Stromkabel am Verteilerkasten und insbesondere die vorhandenen Bohrungen in der oberen Halterung der beiden Raffstores Nr. 5 und 6 lassen darauf schließen, dass diese ursprünglich an einen eigenen Motor angeschlossen gewesen sind. Weiterhin gibt es für die beiden Behänge einen Taster zur manuellen Bedienung, der zum Ortstermin jedoch ohne Funktion war. Wie ermittelt werden konnte, sind die Raffstores Nr. 4 und 5 mechanisch zusammengeschlossen. Aufgrund der bereits im Rahmen der Mängelbeseitigung Ende 2004 vorgenommenen paarweisen Koppelung bedeutet dies, dass die Raffstores Nr. 3 und 4 sowie Nr. 5 und 6 über *einen* Taster und *einen* Motor auf- und abgefahren werden. Es steht zu vermuten, dass der Motor im Zuge der Mängelbeseitigung demontiert wurde, möglicherweise weil er aus einem unbekannten Grund nicht funktionierte. Durch welchen Betrieb der Ausbau erfolgte, ist anhand der zum Ortstermin erteilten Auskünfte sowie der vorliegenden Unterlagen nicht nachzuvollziehen.

  Nachdem der Motor demontiert worden war, sollte offensichtlich auch die Zuleitung nach außen zu den Raffstores entfernt werden. Zu diesem Zweck wurde der Verbindungsstecker abgebaut, um das Kabel durch die Bohrung im Blechpaneel nach innen zu ziehen. Tatsächlich wurde das Kabel jedoch weder in das Gebäudeinnere gezogen, noch vom Verteilerkasten abgeklemmt. Von wem der Auftrag zur Entfernung des Verbindungssteckers erteilt wurde und von welchem Betrieb diese Arbeit ausgeführt worden ist, konnte zum Ortstermin nicht ermittelt werden und ist anhand der vorliegenden Unterlagen nicht nachvollziehbar.

- Beantwortung der Frage 3:
  Wie den vorliegenden Unterlagen zu entnehmen ist, wurde nach den Bränden eine Überprüfung der Elektroinstallationen in dem betroffenen Laborraum durchgeführt. Die Untersuchung ergab, dass ein Stromkabel der Sonnenschutzanlage durch die Fassade nach außen geführt war. An der Zuleitung war keine Anschlusskupplung für den Verbindungsstecker der Raffstores vorhanden. Überdies lag Strom an dem Kabel an. Aus diesseitiger Sicht ist davon auszuge-

hen, dass während der Aktivierung der Sonnenschutzanlagen das stromführende Kabel an die Aluminiumprofile der Fensterelemente gelangte und somit die Brände auslöste.

Zusammenfassend bleibt festzuhalten, dass für die beschriebenen Brandschäden anscheinend Ausführungsfehler bei den Arbeiten zur Mängelbeseitigung schadensursächlich gewesen sind. In wessen Verantwortungsbereich diese Leistungen fallen, ist im Nachhinein nicht mehr festzustellen.

Mangel- und Schadensbeseitigung

Wie bereits ausgeführt wurde, sind die durch mehrere Brände entstandenen Beschädigungen an den Aluminiumfenstern schadensursächlich für die vom Metallbaubetrieb angezeigten und während des Ortstermins festgestellten Schäden. Aufgrund der umfassenden Schäden an den Fensterdichtungen und der -dämmung ist die Funktion und Gebrauchstauglichkeit der betroffenen Fensterelemente nicht mehr gewährleistet, weshalb vom Sachverständigen ein vollständiger Austausch angeraten wird. Um die Arbeiten an den Fenstern auszuführen, müssen zuvor die Faserzementplatten im Bereich der horizontalen Fassadenverkleidung demontiert und nach Abschluss wieder angebaut werden. Darüber hinaus muss die vorhandene Innenwandbekleidung des Laborraumes an die neuen Fensterelemente angearbeitet werden.

5.3 Schimmelpilz- und Bläuebefall an Glashalteleisten von Holzfenstern

Vorbemerkungen und Sachverhalt

Ein Architekturbüro wurde Ende 2002 von einer öffentlichen Versicherungsanstalt mit der Planung und Bauüberwachung für den Neubau eines Gästehauses mit 120 Zimmern beauftragt. Die Architektenleistung umfasste die Leistungsphasen (LP) 1 bis 9 gemäß der »Verordnung über die Honorare für Leistungen der Architekten und der Ingenieure (Honorarordnung für Architekten und Ingenieure)« (HOAI) § 15 »Leistungsbild Objektplanung für Gebäude, Freianlagen und raumbildende Ausbauten«. Mit der Lieferung und dem Einbau der Fenster wurde eine örtlich ansässige Tischlerei vertraglich gebunden.

Das mehrgeschossige Gästehaus wurde in massiver Bauart errichtet und mit einem Flachdach versehen. Die mehrteiligen Fenster sind als Holz-Aluminium-Fenster ausgebildet und bestehen aus insgesamt vier Einzelelementen. Es handelt sich dabei jeweils um zwei Dreh-Kipp-Elemente sowie zwei Festelemente. Die Verbundkonstruktionen bestehen aus Holzprofilen aus lackierter Kiefer

Abb. 5.3.1
Flügelrahmen; Holz-
profil mit umlau-
fendem Aluminium-
rahmen als
Witterungsschutz
[2]

mit an der Außenseite als Witterungsschutz angebrachten Aluminiumrahmen (s. Abb. 5.3.1). Die Fensterelemente wurden Ende des Jahres 2003 vom Hersteller geliefert und eingebaut.

Mangel und Schadenserkennung

Nach Angaben des verantwortlichen Architekten wurde im Frühjahr 2005 im Rahmen einer ersten Grobreinigung ein Befall der Fenster mit Schimmel- und Bläuepilzen registriert (s. Abb. 5.3.2). Betroffen waren die Glashalteleisten im Innenbereich, wobei die Schäden umlaufend an allen Leisten sowie in allen Geschossen des Gästehauses auftraten. Eine Überprüfung sämtlicher Fenster

Abb. 5.3.2
Sichtbarer Befall
der Fenster mit
Schimmel- und
Bläuepilzen [2]

ergab, dass sich die Intensität des Befalls mit zunehmender Geschosshöhe verstärkte. An einem exemplarisch untersuchten Fenster im 3. Obergeschoss konnte aufstehendes Wasser auf einer Glashalteleiste festgestellt werden, an der Verglasung waren dagegen keine Wasserspuren zu erkennen.

Daraufhin wurden alle am Bau Beteiligten angewiesen, die Fenster dauerhaft in einer gekippten Stellung geöffnet zu lassen. Nach Angaben des verantwortlichen Architekten ist es zuvor oftmals versäumt worden, die Räume in ausreichendem Maße zu belüften. Darüber hinaus meldete der Architekt den Bauleistungsschaden bei seinem Berufshaftpflichtversicherer an.

Fragestellungen an den Sachverständigen

Für den vom Bauherrn beauftragten Sachverständigen stellte sich nach der Ortsbegehung und der ersten Sichtprüfung der aufgetretenen Schäden insbesondere die Frage, welche Umstände zu den beschriebenen Schäden an den Glashalteleisten der Fensterelemente geführt haben. Im Einzelnen war auf folgende Fragestellungen einzugehen:

- Frage 1:
  Ist der Schimmelpilz- und Bläuebefall an den Glashalteleisten der Fensterelemente auf eine zu hohe Baufeuchte bzw. eine nicht ausreichende Belüftung der Räume zurückzuführen?

- Frage 2:
  Kann eine fehlerhafte Konstruktion der Fenster schadensursächlich gewesen sein?

Zur Erarbeitung der gutachterlichen Stellungnahme wurden vom Sachverständigen insbesondere die DIN 68121-2 »Holzprofile für Fenster und Fenstertüren; Allgemeine Grundsätze« sowie die DIN 68800-3 »Holzschutz; Vorbeugender chemischer Holzschutz« herangezogen.

Feststellungen zum Sachverhalt

Im Zusammenhang mit der Beantwortung der Fragestellungen an den Sachverständigen wurde exemplarisch ein Fensterelement im 3. Obergeschoss ausgewählt und zur genaueren Überprüfung der Konstruktion demontiert. Dabei konnte festgestellt werden, dass die Gehrungsschnitte der Glashalteleisten eine Fugenbreite von 1 bis 2 mm aufwiesen (s. Abb. 5.3.3). Dieser Sachverhalt war im Übrigen bei einem Großteil der im Gästehaus vorhandenen Fenster zu beobachten.

Abb. 5.3.3
Sichtbare Fugen in
den Eckverbin-
dungen (Gehrung)
der Glashalteleisten
[2]

Bei dem ausgewählten Prüfexemplar wurde weiterhin festgestellt, dass die inneren und äußeren Dichtungen ebenfalls auf Gehrung geschnitten waren und sie in den Rahmenecken partiell Fugen von bis zu 3 mm Breite aufwiesen. Darüber hinaus war bei den Dichtungen ein mangelhafter bzw. kaum vorhandener Anpressdruck zu registrieren. Die Verglasung (Mehrscheiben-Isolierglas) war auf sog. Verklotzungsbrücken aufgelagert und stand gegenüber dem tragenden Flügelrahmen geringfügig über. Konstruktionsbedingt ergab sich zwischen Flügelrahmen und Verglasung eine Fuge von etwa 0,75 mm Breite sowie zwischen Holzprofil und Aluminiumrahmen umlaufend eine Fuge von ca. 5 mm Breite.

Wie die Demontage der Glashalteleisten ergab, waren am Flügelrahmen keine Feuchteschäden zu erkennen. Die Glashalteleisten wiesen zudem eine unvollständige Lackierung an ihren Stirnflächen auf.

Hinweise zur Beurteilung

Aus den vorliegenden Unterlagen geht hervor, dass eine Tischlerei im Jahr 2002 mit der Lieferung und Montage der Fensterelemente für das in Rede stehenden Gästehaus beauftragt war. Bei den Fenstern handelte es sich um eine Holz-Aluminium-Verbundkonstruktion mit einer dichtstofffrei ausgeführten Verglasung, der sog. Trockenverglasung. Um Feuchteschäden an einem derartigen Verglasungssystem zu vermeiden, werden üblicherweise Dampfdruckausgleichsöffnungen im Glasfalz angeordnet. Ein Dampfdruckausgleich bewirkt, dass der Dampfdruck im Glasfalz nicht so hoch ansteigt, dass es im Falz zum Ausfall von

Tauwasser kommt. Gemäß den Anforderungen der DIN 68121-2 »Holzprofile für Fenster und Fenstertüren; Allgemeine Grundsätze« sind dazu an vier Ecken Öffnungen in Form von Bohrungen mit einem Durchmesser von 8 mm bzw. Schlitze mit einer Größe von 5 mm x 12 mm herzustellen.

Bei der Begutachtung des exemplarisch ausgebauten Fensterelements konnte festgestellt werden, dass die Fenster über eine Dampfdruckausgleichsöffnung verfügten. Wie beschrieben war aus konstruktiven Gründen zwischen dem Holzprofil und dem Aluminiumrahmen umlaufend eine Fuge von 5 mm Breite vorhanden. Damit wird die Anforderung für die Dampfdruckausgleichsöffnung gemäß DIN 68121-2 grundsätzlich erfüllt.

Nicht erfüllt ist dagegen die Anforderung an eine fest anliegende Dichtung an der Verglasung. Eine raumseitig möglichst absolut luftdichte Konstruktion soll den Übergang von warmer Raumluft in den Glasfalzraum verhindern. Bei der Begutachtung dieser Ausführung war festzustellen, dass der erforderliche Anpressdruck der Dichtungen an den Isolierglasscheiben nicht vorhanden war. Darüber hinaus wiesen die Dichtungen in den Rahmenecken Fugen von teilweise erheblicher Breite auf, was einen unerwünschten Luftaustausch zwischen Innen- und Außenbereich zur Folge hat. Ist dieser Anschluss nicht entsprechend abgedichtet, kann es dort zu einem Tauwasseranfall kommen. Der raumseitige Anschluss der Dichtung an die Verglasung ist somit als fehlerhaft zu bewerten.

Dies gilt auch für die Ausführung des Schutzanstriches der Glashalteleisten, bei dem entgegen den Vorgaben der DIN 68800-3 »Holzschutz; Vorbeugender chemischer Holzschutz« die Flächen im Bereich der Gehrungsschnitte ausgespart worden sind. Über diese nicht geschützten Flächen kann es zu einem Wassereintritt in die Holzleisten sowie in die gesamte Fensterkonstruktion kommen. Eine dauerhafte Feuchtebeaufschlagung der Holzbauteile kann in der Folge zu einem Befall mit Schimmelpilzen sowie einem Bläuebefall führen.

Beantwortung von Fragestellungen und Schadensursachen

Im Folgenden werden Antworten zu den eingangs gestellten Fragen gegeben.

- Beantwortung der Frage 1:
  Die vorgefundenen Mängel an den Glashalteleisten sind auf eine dauerhafte Feuchtebelastung der Bauteile zurückzuführen. Bei der Feuchte handelt es sich um Kondenswasser, das an den nicht luftdicht ausgeführten Anschlussdichtungen an der Verglasung der Fenster ausgefallen ist. Diese permanente Feuchtebeaufschlagung führt zu einer fortschreitenden Durchfeuchtung u.a. der Glashalteleisten und kann einen Befall mit Schimmelpilzen und Bläue verursachen.

Der Tauwasserausfall ist jedoch nicht ausschließlich auf das Vorhandensein der beschriebenen »Wärmebrücken« (die fehlerhaft ausgeführte Fensterdichtungen) zurückzuführen. Bedingt durch den laufenden Baubetrieb wies die Innenraumluft eine relativ hohe Luftfeuchte auf. Da die Räume nach Angabe des Architekten nicht ausreichend und zudem nur unregelmäßig gelüftet worden seien, konnte die feuchtegesättigte Luft nicht abgeführt werden und in der Folge zu einem verstärkten Ausfall von Tauwasser führen.

■ Beantwortung der Frage 2:
Die raumseitig angeordneten Dichtungen von Fensterverglasungen sind grundsätzlich luftdicht auszuführen. Weisen sie, wie im vorliegenden Fall, jedoch nicht genügend Anpressdruck an der Verglasung sowie klaffende Fugen in den Rahmenecken auf, kann es an diesen Stellen zu einem unerwünschten Luftaustausch zwischen Innen- und Außenbereich kommen, mit der Folge, dass die Oberflächentemperaturen unter die Taupunkttemperatur fallen. Daraufhin kann sich warme, feuchtegesättigte Raumluft an den Bauteilen als Tauwasser niederschlagen und auf diese Weise zu Kondensationsschäden sowie zu Schimmelpilzbildung und Bläuebefall führen. Darüber hinaus ermöglichte der fehlende Holzschutz der Glashalteleisten im Bereich der Gehrungsschnitte einen zusätzlichen Wassereintritt in die Konstruktion, was neben dem beschriebenen Schimmelpilz- und Bläuebefall auch eine Verformung der Glashalteleisten zur Folge hatte.

Zusammenfassend ist auszuführen, dass die beschriebenen Mängel bzw. Schäden aus einer Kombination von ausführungsbedingten Fehlern an der Fensterkonstruktion und mangelhaftem Lüftungsverhalten der am Bau Beteiligten während der Bauphase resultieren.

Mangel- und Schadensbeseitigung

Bläuepilze zählen zu den holzverfärbenden Pilzen. Sie ernähren sich von den Zellinhaltsstoffen und greifen die Zellsubstanz selbst nicht bzw. in nur geringem Maße an. Bläuepilze zerstören das Holz nicht, d. h. die Festigkeit des Holzes wird durch die Bläue nicht wesentlich beeinträchtigt. Der Befall verändert lediglich die Holzfarbe, sichtbar als schwarz-bläuliche Verfärbung, und führt dadurch zu optischen Beeinträchtigungen. Aus diesem Grund sind die betroffenen Glashalteleisten auszutauschen.

Verfärbungen an Bauteilen durch Schimmelpilze führen zu optischen Beeinträchtigungen, jedoch nicht zu einer Festigkeitsverminderung. Allerdings gelten Schimmelpilze im Gegensatz zu den Bläuepilzen als gesundheitsschädliche

Organismen, die giftige Stoffwechselprodukte (sog. Mykotoxine) freisetzen können. Die durch einen Befall hervorgerufenen erhöhten Schimmelpilzkonzentrationen in der Innenraumluft können schwere Gesundheitsschäden, insbesondere Allergien sowie infektiöse Pilzerkrankungen (sog. Mykosen), verursachen. Seitens des Sachverständigen wurde daher empfohlen, auch die ausschließlich mit Schimmelpilz befallenen Glashalteleisten auszubauen und durch neue zu ersetzen.

5.4   Literaturverzeichnis

Verwendete Literatur

[1] VHV Versicherungen – Vereinigte Hannoversche Versicherung a. G.: Gutachten aus den Schadensfällen der VHV. 2005 bis 2007

[2] VGH Versicherungen – Versicherungsgruppe Hannover: Gutachten aus einem Schadensfall der VGH. 2005

Allgemeine Literaturhinweise

- Institut für Fenstertechnik e. V., Theodor-Gietl-Straße 7–9, 83026 Rosenheim. URL: http://www.ift-rosenheim.de [regelmäßig aktualisiert]

- Institut für internationale Architektur-Dokumentation GmbH & Co. KG (Hrsg.): Glasbau Atlas. 2. überarbeitete und erweiterte Auflage. München: Edition Detail, 2006

- Pech, A.; Pommer, G.; Zeininger, J.: Fenster. Wien/New York: Verlag Springer, 2005 (Baukonstruktionen; 11)

- RAL-Gütegemeinschaft Fenster und Haustüren e. V. und Bundesinnungsverband des Glaserhandwerks (Hrsg.): Leitfaden zur Planung und Ausführung der Montage von Fenstern und Haustüren. Frankfurt: 2006

- Scholz, W.; Hiese, W. (Hrsg.); Knoblauch, H.: Baustoffkenntnis. 16., neu bearbeitete und erweiterte Auflage. Köln: Werner Verlag, 2007

- Wagner, E.: Glasschäden. Oberflächenbeschädigungen, Glasbrüche in Theorie und Praxis. Ursachen – Entstehung – Beurteilung. 3., überarbeitete und erweiterte Auflage. Stuttgart: Fraunhofer IRB Verlag, 2008

Gesetze/Verordnungen/Regelwerke

- Deutsches Institut für Bautechnik (Hrsg.): Technische Regeln für die Verwendung von linienförmig gelagerten Verglasungen (TRLV) (Ausgabe: September 1998)

- DIN 18545-1: Abdichten von Verglasungen mit Dichtstoffen – Teil 1: Anforderungen an Glasfalze (Ausgabe: Februar 1992)

- DIN 18545-3: Abdichten von Verglasungen mit Dichtstoffen - Teil 3: Verglasungssysteme (Ausgabe: Februar 1992)

- DIN 18361: VOB Vergabe- und Vertragsordnung für Bauleistungen - Teil C: Allgemeine Technische Vertragsbedingungen für Bauleistungen (ATV) - Verglasungsarbeiten (Ausgabe: Dezember 2002)

- DIN 68121-2: Holzprofile für Fenster und Fenstertüren; Allgemeine Grundsätze (Ausgabe: Juni 1990)

- DIN 68800-3: Holzschutz; Vorbeugender chemischer Holzschutz (Ausgabe: April 1990)

- Technische Richtlinien des Glaserhandwerks Nr. 19: Linienförmig gelagerte Verglasung (Ausgabe: 2002)

- Verordnung über die Honorare für Leistungen der Architekten und der Ingenieure (Honorarordnung für Architekten und Ingenieure - HOAI) (Ausgabe: November 2001)

Dipl.-Ing. Architekt Michael Scheckermann, Hannover

6 Bauschäden an Bauwerksabdichtungen

Nachfolgend werden zwei Schadensfälle beschrieben, die im Zusammenhang mit mangelhaft ausgeführten Abdichtungsebenen bzw. mangelhaft ausgeführten Dichtungen an Durchdringungen an erdberührenden Bauteilen stehen. Abhängig vom jeweiligen Fall werden Vorbemerkungen und Sachverhalte, Mangel- und Schadenserkennung, Fragestellungen an die Sachverständigen, Feststellungen zum Sachverhalt, Hinweise zur Beurteilung, Beantwortung von Fragestellungen und Schadensursachen sowie Mangel- und Schadensbeseitigung dargestellt.

Folgende Fälle werden beschrieben:

- Wasserschaden infolge mangelhafter Abdichtung der Kelleraußenwände eines Einfamilienhauses,

- Feuchteschaden infolge fehlerhafter Abdichtung an einer Hauseinführung in ein Kellergeschoss.

6.1 Wasserschaden infolge mangelhafter Abdichtung der Kelleraußenwände eines Einfamilienhauses

Vorbemerkungen und Sachverhalt

Bei dem vorliegenden Schadenfall handelt es sich um Undichtheiten einer Abdichtung aus kunststoffmodifizierter Bitumendickbeschichtung (KMB-Beschichtung) im Bereich einer Kelleraußenwand eines Einfamilienhauses. Ein Generalunternehmer wurde Ende 2005 mit der schlüsselfertigen Erstellung eines voll unterkellerten 1½-geschossigen frei stehenden Einfamilienwohnhauses einschließlich Nebengebäude beauftragt. Noch im selben Jahr wurde mit den Bauarbeiten begonnen; Ende September 2006 wurde das Gebäude fertig gestellt und an den Bauherrn übergeben.

Das Wohnhaus ist in massiver Bauart erstellt und mit einem pfannengedeckten Satteldach überdeckt. Das ebenfalls massiv errichtete, nicht unterkellerte Nebengebäude wurde direkt an das Wohngebäude angebaut. Es wird als Garage mit integriertem Kellerabgang zum Wohnhaus genutzt und ist mit einem Flachdach mit weicher Bedachung überdeckt.

Direkt an der Grundstücksgrenze befindet sich auf dem Nachbargrundstück eine Doppelgarage, an die auf der Grundstücksseite des in Rede stehenden Gebäudekomplexes die Garage mit dem Treppenabgang unmittelbar angebaut wurde. Aus Gründen der Vermeidung einer Abfangung der auf dem Nachbargrundstück vorhandenen Doppelgarage wurde die Baugrube für den Treppenabgang des betroffenen Wohnhauses erst nach Fertigstellung des Rohbaus nachträglich hergestellt.

Die Außenwände des Kellergeschosses und der Treppenabgang sind mit Mauerwerkswänden aus Kalksandstein-Planblöcken hergestellt. Eine Baugrunduntersuchung wurde vor Ausführung der Bauarbeiten weder von den Bauherren noch seitens des Generalunternehmers beauftragt. Der seitlich gelagerte Bodenaushub wurde nach Fertigstellung des Kellergeschosses ebenfalls ohne weitere Untersuchungen zur Wiederverfüllung der Baugrube verwandt. Außenseitig vor den Mauerwerkswänden des Kellergeschosses wurde vor dem Verfüllen der Baugrube eine Abdichtungsebene aus einer KMB-Beschichtung hergestellt. Vor der Abdichtungsebene kamen eine Noppenbahn als Dränelement und eine Perimeterdämmebene zur Ausführung.

Unterhalb der ersten Steinschicht der Außen- und Innenwände ist auf der Bauwerkssohle aus Stahlbeton eine Abdichtungsbahn aus Bitumenmaterial verlegt. Die Bauwerkssohle weist eine durchgehende Sohlabklebung im Anschluss an die horizontale Querschnittsabdichtung unterhalb der Außen- und Innenwände auf (s. Abb. 6.1.1).

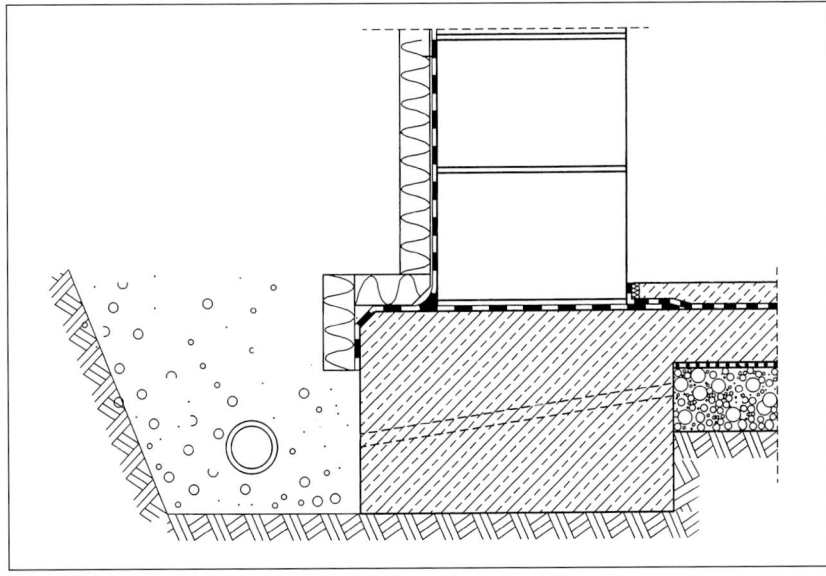

Abb. 6.1.1
Vertikalschnitt der Kelleraußenwand; Prinzipskizze nach [R 1, S. 23]

Eine wesentliche technische Anforderung der Bau- und Leistungsbeschreibung des Generalunternehmers war, dass das Kellergeschoss zu »Wohnzwecken« genutzt und insofern beheizt werden soll. Dementsprechend ist oberhalb der Sohlabklebung der Bauwerkssohle ein schwimmender Estrich mit einer Wärmedämmebene ausgeführt. Die Wandoberflächen sind in einigen Räumen geputzt und gespachtelt, in anderen Räumen tapeziert. Die Bodenbeläge auf dem schwimmenden Zementestrich sind in einigen Kellerräumen mit Fertigparkett bzw. mit Bodenfliesen belegt.

Die Schlussabnahme des Gebäudekomplexes erfolgte vertragsgemäß Ende September 2006 durch die Bauherrenschaft. Bis auf einige, kleinere Mängel- und Restarbeiten kam es seitens der Bauherren zu keinen wesentlichen Beanstandungen der Bauausführung, so dass das Bauwerk termingerecht übergeben wurde.

Mangel- und Schadenserkennung

Etwa Mitte Oktober 2006, kurz nach dem Einzug, bemerkten die Eigentümer, dass sich die Innenputzflächen an den Wandsockeln der Außen- und Innenwände im gesamten Kellergeschoss im Verhältnis zu den darüber befindlichen Wandoberflächen dunkler verfärbten (s. Abb. 6.1.9). In den Räumen mit Wandbelägen hätten sich bereits nach kurzer Zeit in den unteren Wandabschnitten die Tapetenbeläge von den Untergründen abgelöst.

Nach den Angaben der Eigentümer weise der in einem Kellerraum vorhandene Fußbodenbelag aus Fertigparkett nach kurzer Nutzungsdauer aufklaffende Fugen der einzelnen Paneelen untereinander auf (s. Abb. 6.1.10). Zudem hätten sich diverse Fugenabschnitte der in einigen Räumen vorhandenen Bodenfliesen dunkel verfärbt (s. Abb. 6.1.12). Die durch die Bauherren festgestellten Schäden seien bei der Schlussabnahme noch nicht vorhanden gewesen. Wie aus dem vorliegenden Schriftverkehr ersichtlich, haben die Bauherren dem Generalunternehmer unmittelbar nach der Schadensfeststellung eine Mängelanzeige nach Abnahme zugestellt.

Der Schadensfeststellung durch die Eigentümer waren ca. Anfang Oktober, unmittelbar nach der Schlussabnahme, lang andauernde, heftige Regenfälle mit erheblichen Niederschlagsmengen vorausgegangen.

Nach der ersten gemeinsamen Besichtigung mit den Eigentümern und dem Generalunternehmer wurde ein Bausachverständiger mit diversen Fragestellungen zur Feststellung der Schadensursache(n) bzw. Beseitigung der Mängel und Schäden beauftragt.

Fragestellungen an die Sachverständigen

Die Bauherren beauftragten den Sachverständigen mit der Besichtigung des Gebäudekomplexes hinsichtlich der Untersuchung der innenseitig bereits festgestellten Feuchteerscheinungen und der Erstattung eines Gutachtens bezüglich folgender Fragestellungen:

- Frage 1:
  Entspricht die von dem Generalunternehmer eingebaute Bauwerksabdichtung des Kellergeschosses als gesamtes Abdichtungskonzept den heutigen gültigen DIN Normen und anerkannten Regeln der Technik?

- Frage 2:
  Ist die vertikale Bauwerksabdichtung DIN- und fachgerecht eingebaut worden? Sind die Herstellervorgaben, insbesondere die der KMB, eingehalten worden? Liegt hier ein Ausführungsfehler seitens des Bauunternehmers vor?

- Frage 3:
  Entspricht die vorhandene Querschnittsabdichtung unterhalb der Kelleraußenwände den normativen Vorgaben bzw. den allgemein anerkannten Regeln der Technik?

- Frage 4:
  Ist das eingebaute Bodenmaterial zum Verfüllen der Baugrube für das gewählte Abdichtungskonzept des Kellergeschosses für den Lastfall »Bodenfeuchte« im Hinblick auf die tatsächliche Wasserbeanspruchung aus dem Baugrund geeignet gewesen?

- Frage 5:
  Sind die Wandsockel der Außen- und Innenwände des Kellergeschosses und der Hohlraum des schwimmenden Estrichs feucht? Worauf sind diese innenseitigen Feuchteerscheinungen zurückzuführen?

Zur Erarbeitung der gutachterlichen Stellungnahme wurden dem Sachverständigen die Hersteller- und Verarbeitungsrichtlinien der KMB und die Rechnung einer Dachdeckerfirma, die im Auftrag des Generalunternehmers die Querschnittsabdichtung unterhalb der Mauerwerkswände durchgeführt hatte, zur Verfügung gestellt.

Hinweise zur Beurteilung

Zur Beantwortung der Fragestellungen werden zunächst folgende Hinweise zur Beurteilung gegeben:

- Feuchtegehalt von Baustoffen und Feuchtemessungen:

  Im Hinblick auf die Fragestellung, ob ein bestimmtes Bauteil oder ein bestimmter Baustoff »feucht« oder »trocken« ist, wird in diesem Zusammenhang darauf hingewiesen, dass diese Begriffe aus technischer Sicht zunächst unbestimmt sind. Als technisch »trocken« werden Baustoffe bezeichnet, die ihre sog. Ausgleichsfeuchte erreicht haben. Entsprechende Grenzwerte sind in den einschlägigen DIN-Normen festgelegt.

  Darüber hinausgehende Materialfeuchten sind Ursachen von Feuchtigkeitserscheinungen oder -schäden, die z.B. in Form von Feuchteverfleckungen und auch in Form von Salzausfällungen sichtbar werden und in der Folge zu Substanzschäden von Baustoffen, z.B. von Mauerwerk, führen können.

  Mit handelsüblichen auf dem Markt verfügbaren Messgeräten und deren Messmethoden lassen sich allerdings die tatsächlichen Feuchtegehalte in Massen- oder Volumenprozent nur näherungsweise bestimmen. Zur Feststellung des tatsächlichen Feuchtegehaltes von Baustoffen sind labortechnische Untersuchungen/Messungen (z.B. Darrmethode) erforderlich, denen in der Regel zerstörende Probeentnahmen der Materialien vorausgehen.

  Die Ergebnisse von zerstörungsfreien Feuchtemessungen mit den handelsüblichen Handgeräten können insofern lediglich einen Vergleich zwischen augenscheinlich »trockenen« Referenzflächen und mutmaßlich »feuchten« bzw. »nassen« Bereichen herstellen und deshalb nur zur groben Abschätzung des Feuchtezustandes der oberflächennahen Bauteilschichten dienen.

  Im Zuge der Durchführung der erforderlichen Ortstermine wurden die Feuchtemessungen unter Zuhilfenahme verschiedener Messgeräte zur Bestimmung der Feuchtezustände an den betroffenen Bauteilabschnitten durchgeführt.

- Bauwerksabdichtung:

  An erdberührenden Bauwerksteilen wie z.B. an Bodenplatten, Kelleraußenwänden, Gebäudesockeln, aber auch in Feucht- und Nassräumen, sind Bauwerksabdichtungen erforderlich. Die vorzusehenden Bauwerksabdichtungen schützen die Gebäude bzw. Gebäudeteile vor Feuchteinwirkungen aus dem Baugrund. Die Art, Wahl, Ausführung und Bemessung von Abdichtungen erdberührender Bauteile erfolgt in Abhängigkeit von der Beanspruchung der Bauwerke und ist im Wesentlichen in der *DIN 18195 »Bauwerksabdichtungen«* geregelt.

Bei der Abdichtung von erdberührenden Wänden bzw. Sockelbereichen sind im Wesentlichen grundsätzlich zwei Abdichtungsebenen zu unterscheiden:

- Die Horizontalabdichtung (Querschnittsabdichtung), die verhindern soll, dass in das Mauerwerk eingedrungene Feuchtigkeit kapillar aufsteigt, und

- die Vertikalabdichtung, die das seitliche Eindringen von außen anstehender Feuchtigkeit in das Mauerwerk verhindern soll.

Eine wirksame Abdichtung kann dabei immer nur dann vorliegen, wenn beide Abdichtungsebenen funktionsfähig sind und regelgerecht aneinandergeführt wurden.

Bauwerksabdichtungen bestehen aus einer oder mehreren untereinander verklebten, geschweißten oder gespachtelten bzw. angespritzten Abdichtungsebenen und schützen die Bauwerksabschnitte flächenhaft vor von außen aber auch von innen einwirkenden Feuchtebeanspruchungen.

In der Abdichtungstechnik wird im Wesentlichen zwischen den »hautartigen« Abdichtungen, z. B. Mauerwerkskonstruktionen mit einer im weiteren Baufortschritt aufgebrachten Abdichtungsebene, und konstruktiv starren Abdichtungsmaßnahmen wie z. B. Stahlbetonkonstruktionen aus wasserundurchlässigem Beton (z. B. WU-Wanne), die selbst die Abdichtungsebene bilden und keiner weiteren Abdichtungsebene bedürfen, unterschieden.

Wesentlich für die Art, Wahl und Ausführung der Bauwerksabdichtungen erdberührender bzw. erdnaher Gebäudeteile (z. B. Wandsockel) ist der anzusetzende »Lastfall« der Wasserbeanspruchungen an den betreffenden Außenbauteilen. Hierbei spielt der Bemessungswasserstand eine wesentliche Rolle. Der Bemessungswasserstand definiert den höchsten nach Möglichkeit aus langjähriger Betrachtung ermittelte Grundwasser-/Hochwasserstand und bei von innen drückendem Wasser den planmäßigen Wasserstand. Das Wasser im Baugrund tritt im Wesentlichen in drei verschiedenen Erscheinungsformen auf, die sich entsprechend den Gegebenheiten auch jahreszeitlich bedingt verändern können (z. B. Schwankungen des Grundwasserspiegels in Sommer und Winter) und insofern auf die erdberührenden Bauteile von Gebäuden erheblichen Einfluss haben.

Die Erscheinungsformen der im Baugrund vorhandenen Wasserbelastungen werden im Wesentlichen in die folgenden Lastfälle unterteilt:

- Lastfall 1   Bodenfeuchtigkeit,

- Lastfall 2   nichtdrückendes/nichtstauendes Wasser,

- Lastfall 3   drückendes Wasser.

Einer Gebäudesanierung bzw. einem nachträglichen Einbau von Abdichtungen an bereits bestehenden Bauteilen bzw. Bauwerken gehen in der Regel im Hinblick auf die Art, Wahl und Ausführung der Abdichtungsebenen Untersuchungen des Baugrundes, detaillierte Bauwerks- bzw. Bauteilanalysen, Ausführungsplanungen und -überwachungen voraus.

Flankierende Maßnahmen wie z. B. die Anordnung einer Dränanlage oder der Einbau von sog. Perimeterdämmebenen etc. an den erdberührenden Bauteilen erfolgen parallel zu den Abdichtungsmaßnahmen lastfallabhängig und tragen zu deren dauerhaften Funktionsfähigkeit bei.

- Ausführung und Verarbeitung von kunststoffmodifizierten Bitumendickbeschichtungen (KMB):
  Die Ausführung und Verarbeitung von Abdichtungsebenen aus KMB-Beschichtungen ist im Wesentlichen in der *»Richtlinie für die Planung und Ausführung von Abdichtungen mit kunststoffmodifizierten Bitumendickbeschichtungen (KMB) - erdberührte Bauteile«* (s. auch [R1]) geregelt. Die Richtlinie berücksichtigt die zwischenzeitlichen Entwicklungen in der Normung, insbesondere der DIN 18195.

In Teil A »Allgemeine Anforderungen« dieser Richtlinie werden allgemeine Grundlagen in Bezug auf die Lastfälle, Abdichtungsstoffe und den Untergrund - hier vor allem die erforderlichen Vorarbeiten - erläutert. Darüber hinaus wird auf Arbeitssicherheit, Transport und Entsorgung eingegangen.

Der Teil B »Ausführung der Abdichtungen gemäß DIN 18195« beschreibt die Ausführung der Abdichtungen mit Bitumendickbeschichtungen nach DIN 18195 mit diversen Detailskizzen zur Anordnung der Abdichtung, Durchdringungen, Fugen und Anschlüssen.

Die Ausführung sollte aufgrund der erforderlichen speziellen Fachkenntnisse immer durch besonders qualifizierte Verarbeiter erfolgen. Im Anhang 1 »Hinweise zu Abdichtungen mit KMB außerhalb der DIN 18195« der Richtlinie werden Abdichtungen mit KMB behandelt, die nicht in der DIN 18195 enthalten sind, z. B. Abdichtungen gegen von außen drückendes Wasser und Anschlüsse an Bodenplatten aus wasserundurchlässigem Beton.

Ausweislich der Richtlinie sind KMB grundsätzlich zweilagig auszuführen. Die Richtlinie beinhaltet als Arbeitsanweisung u. a. die Prüfung zur Qualitätssicherung der Abdichtungsmaßnahmen mittels durchzuführenden Messungen der Schichtdicken, Prüfung der Durchtrocknung und der Dokumentation der Ergebnisse in Eigenüberwachung auf der Baustelle durch ausführende Fachfirmen, um die dauerhafte und mangelfreie Funktionsfähigkeit der KMB-Abdichtungsmaßnahmen zu gewährleisten. Die anzufordernden Protokolle der Fachfirmen sollten neben den Angaben der Wetterdaten ebenfalls Angaben zu Vorbehandlung, Beschaffenheit und Feuchtigkeitsintensität des Untergrundes vor bzw. während der Ausführung der Abdichtungsmaßnahme enthalten. Die Art und Wahl bzw. die genaue Lage der verwendeten Fugendichtbänder bzw. Verstärkungseinlagen ist ebenfalls schriftlich zu protokollieren.

▪ Ausführung und Verarbeitung von bahnenförmigen Querschnittsabdichtungen:
Die Ausführung und Verarbeitung von Abdichtungsebenen aus bahnenförmigen Abdichtungsebenen sind im Wesentlichen ebenfalls in der DIN 18195 geregelt. Entsprechend dieses Regelwerkes sind folgende waagerechte Abdichtungen in oder unter Wänden (Mauersperrbahnen) zu verwenden:

- *Bitumen-Dachbahnen mit Rohfilzeinlage nach DIN 52128 »Bitumendachbahnen mit Rohfilzeinlage; Begriff, Bezeichnung, Anforderungen« (bzw. DIN V 20000-202 »Anwendung von Bauprodukten in Bauwerken – Teil 202: Anwendungsnorm für Abdichtungsbahnen nach Europäischen Produktnormen zur Verwendung in Bauwerksabdichtungen«),*

- *Bitumen-Dachdichtungsbahnen nach DIN 52130 »Bitumen-Dachdichtungsbahnen; Begriffe, Bezeichnungen, Anforderungen« (bzw. DIN V 20000-202),*

- *Kunststoff-Dichtungsbahnen nach Tabelle 5 »Kunststoff- und Elastomer-Dichtungsbahnen« von DIN 18195-2 »Bauwerksabdichtungen; Stoffe«.*

Gemäß der DIN 18195-4 »Bauwerksabdichtungen; Abdichtungen gegen Bodenfeuchte (Kapillarwasser, Haftwasser) und nichtstauendes Sickerwasser an Bodenplatten und Wänden, Bemessung und Ausführung«, Abschnitt 7.2 »Waagerechte Abdichtungen in oder unter Wänden« dürfen bahnenförmige Abdichtungen nicht aufgeklebt werden; sie müssen eine durchgehende Abdichtungsebene bilden und sich um mindestens 200 mm überdecken.

Feststellungen zum Sachverhalt

Im Zusammenhang mit der Beantwortung der Fragestellungen an den Sachverständigen wurden an der Kelleraußenwand zur Untersuchung des Abdichtungskonzeptes zwei Suchschachtungen (an der Außenwand und am Kellerabgang in der Garage) bis auf Ebene der Bauwerkssohle durchgeführt. Hierbei wurden die vorhandene Perimeterdämmebene und die darunter befindliche Noppenbahn als Dränelement an der Kelleraußenwand entfernt und somit die Abdichtungsebenen in Teilflächen freigelegt. Des Weiteren wurde eine Bauteilöffnung im Bereich des Fußbodens im Kellergeschoss durchgeführt, bei der der Zementestrich und die Dämmebene oberhalb der Bauwerkssohle entfernt wurden.

Folgendes wurde in den einzelnen Untersuchungsabschnitten an den Bauteilen festgestellt:

■ KMB / horizontale Querschnittsabdichtung:
  – Die vertikale Abdichtungsebene als KMB-Beschichtung eines handelsüblichen Herstellers mit bauaufsichtlicher Zulassung weist in Teilflächen erhebliche Fehlstellen in Form von Rissbildungen auf (s. Abb. 6.1.2). Es wurden in den untersuchten Abschnitten Risse mit maximalen Rissbreiten bis zu ca. 2,5 mm und Risslängen bis zu ca. 30 cm insbesondere an den Fugen der Kalksandstein-Planblöcke der Kelleraußenwand festgestellt. An der KMB-Beschichtung waren zum Zeitpunkt der Ortstermine augenscheinlich diverse mechanische Beschädigungen zu erkennen (s. Abb. 6.1.3).

Abb. 6.1.2
Risse in der vertikalen KMB-Abdichtungsebene am Treppenabgang

Abb. 6.1.3
Messung der Rissbreite in der vertikalen KMB-Beschichtung an der straßenseitigen Kelleraußenwand mittels eines Rissbreitenmessstabes

Abb. 6.1.4
Nicht mit dem Sohl-
plattenüberstand
verklebte horizonta-
le Querschnittsab-
dichtung (Polymer-
bitumen-Schweiß-
bahn)

- Die horizontale Querschnittsabdichtung ist ausweislich der Rechnung der Dachdeckerfirma, wie auch augenscheinlich festzustellen, als Polymerbitumen-Schweißbahn PYE-PV 200 S5 ausgeführt. Die Schweißbahn ist nicht mit dem Sohlplattenüberstand verklebt und weist außenseitig in Bezug zur Außenkante der Kelleraußenwand im Untersuchungsabschnitt einen Überstand von ca. 120 mm auf (s. Abb. 6.1.4). Die Überlappungen der vertikalen Mauersperre sind in den Bereichen der Suchschachtungen entsprechend mit ≥ 200 mm hergestellt worden.

- Nach dem Entfernen der Noppenbahn waren an der vertikalen KMB-Beschichtung flächendeckende tief einbindende »Abdrücke« festzustellen, die insofern die Trockenschichtdicke der Abdichtungsebene nennenswert reduzieren (s. Abb. 6.1.5). Eine Prüfung der noch verbleibenden Trockenschicht-

Abb. 6.1.5
»Abdrücke« auf der
KMB-Beschichtung

Abb. 6.1.6
Fehlende Hohlkehle
der KMB-Beschich-
tung

dicke ergab, dass die KMB-Beschichtung in den Abschnitten der Abdrücke noch eine Schichtdicke von ca. 1,0 mm bis 2,0 mm aufweist.

- Des Weiteren ist die KMB-Beschichtung in Teilabschnitten nicht bis an die horizontale Querschnittsabdichtung unterhalb der Kelleraußenwände herangeführt (s. Abb. 6.1.6). Der Überstand der Schweißbahn ist im Randbereich der Bauwerkssohle auch hier weder verklebt noch bis zur Vorderkante der Kelleraußenwand zurückgeschnitten.

- An einem von den Bauherren vorgelegten Bohrkern, der im Zuge der erforderlich werdenden Hausanschlüsse noch vorhanden war, wurde die Schichtdicke der KMB-Beschichtung gemessen. Die Trockenschichtdicke der KMB-Beschichtung beträgt an dem Bohrkern ca. 3 mm (s. Abb. 6.1.7).

Abb. 6.1.7
Trockenschichtdicke
am Bohrkern

■ Wand- und Bodenflächen im Kellergeschoss:
- An den gesamten Wandsockeln aller Außen- und Innenwände wurden beim Ortstermin an den gespachtelten Putz- bzw. Tapetenoberflächen im gesamten Kellergeschoss mit den o. g. Messgeräten zur Bestimmung der Feuchtezustände in Bezug zu den Referenzflächen signifikant erhöhte Feuchtewerte gemessen. Die im Flur des Kellers vorhandenen Tapetenbeläge lösten sich nach Angaben der Eigentümer im Bereich des Wandsockels vom Putzuntergrund ab und waren bereits vor der Durchführung des ersten Ortstermins entfernt worden. Zudem wurden an den Wandsockeln auf den Putzflächen erhebliche Feuchteverfleckungen festgestellt (s. Abb. 6.1.8 und 6.1.9).

Abb. 6.1.8
Aufsteigende Feuchte am Wandsockel im Keller

Abb. 6.1.9
Putzuntergründe mit Feuchteverfleckungen im Flur am Treppenabgang

Abb. 6.1.10
Fugenbildung
des Fertigparkett-
Belags

- In einem Kellerraum mit Fertigparkett-Belag wurden zwischen den einzelnen Paneelen, augenscheinlich aufgrund der extremen Feuchteeinwirkungen des Untergrundes, bis zu ca. 4 mm breite Fugenbildungen festgestellt, die nach Angaben der Eigentümer bei der Schlussabnahme noch nicht vorhanden waren (s. Abb. 6.1.10).

■ Fußbodenkonstruktion des Kellers oberhalb der Bauwerkssohle:
- Auf der Sohlabklebung oberhalb der Bauwerkssohle wurde im Bereich der Bauteilöffnung des schwimmenden Estrichs »freies Wasser« vorgefunden (s. Abb. 6.1.11).

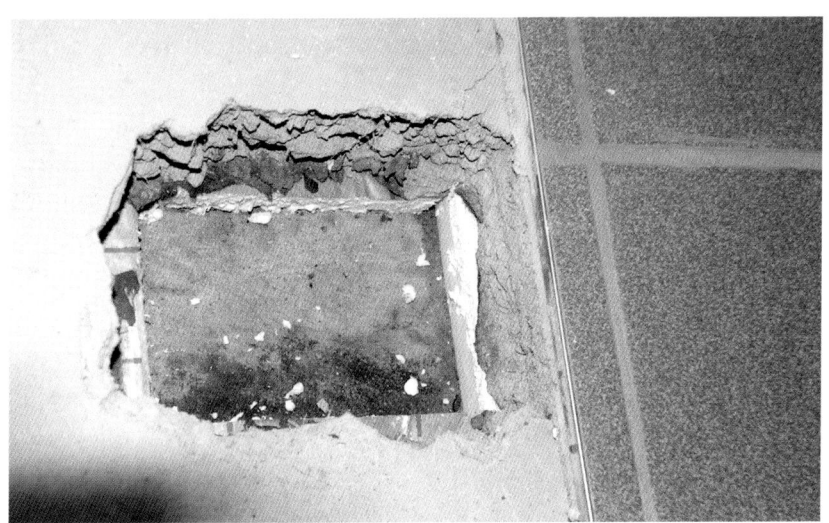

Abb. 6.1.11
»Freies Wasser«
oberhalb der Sohl-
abklebung

Abb. 6.1.12
Dunkle Fugenverfär-
bungen im Bad

- Im Bad des Kellergeschosses waren an der harten Verfugung der Bodenfliesen in Teilflächen dunkle Verfärbungen sichtbar (s. Abb. 6.1.12). Die Feuch-
temessung mit den o. g. Messgeräten ergab in diesen Bodenabschnitten
deutlich erhöhte Feuchtewerte.

Aufgrund der massiv angetroffenen Feuchteerscheinungen wurden sämtliche
Leitungsnetze (Frischwasser-, Abwasser- und Heizleitungen) von einer Fachfirma
auf Leckagen geprüft, um im Hinblick auf die Ermittlung der Schadensursache(n)
ggf. vorhandene Leitungswasserschäden im Gebäude ausschließen zu können.

Beantwortung von Fragestellungen und Schadensursachen

Nach Angabe des Generalunternehmers wurde die Abdichtungsebene als KMB
mit einem Voranstrich in einem Arbeitsgang ausgeführt. Seitens des Unterneh-
mers konnte kein Protokoll zur Qualitätssicherung der Abdichtungsmaßnahme
(Eigenüberwachung) zur Verfügung gestellt werden, so dass hinsichtlich der
Ausführung und den zum Zeitpunkt der Verarbeitung vorherrschenden Rand-
bedingungen keine detaillierten Informationen vorlagen. Wie bereits unter dem
Abschnitt *Hinweise zur Beurteilung* ausgeführt, ist die vertikale und horizontale
Abdichtungsebene aneinanderzuführen und zu verbinden.

Die horizontale Querschnittsabdichtung in oder unter Wänden ist den normativen Vorgaben der DIN 18195 entsprechend als Mauersperrbahnen (Bitumen-
Dichtungsbahnen, Bitumen-Dachdichtungsbahnen oder Kunststoff-Dichtungsbahnen) auszuführen.

■ Beantwortung der Frage 1:

Die horizontale Querschnittsabdichtung wurde in den Untersuchungsabschnitten an den Sohlplattenrändern nicht regel- bzw. richtlinienkonform bis auf die Vorderkante der Kelleraußenwände zurückgeschnitten, so dass es insofern insbesondere unterhalb der horizontalen Bitumen-Schweißbahn und der Stahlbetonsohle zu Wassereintritten in das Kellergeschoss kommen konnte. Die KMB-Beschichtung wurde lediglich in einem Arbeitsgang ausgeführt und wies in den untersuchten Abschnitten in Teilflächen erhebliche Fehlstellen bzw. Rissbildungen auf. Der Übergang der KMB-Beschichtung zu der horizontalen Abdichtungsebene aus Bitumenschweißbahnen wurde zudem ohne Flaschenkehle (Herstellung aus KMB-Material) ausgeführt bzw. endet oberhalb der Horizontalabdichtung, so dass auch hier kein regelgerechter, dichtender Übergang der vertikalen zur horizontalen Abdichtungsebene, wie dieser in der folgenden Abb. 6.1.13 dargestellt wird, entsteht.

Im Bereich der »Abdrücke« ist die erforderliche Trockenschichtdicke von mindestens 3 mm deutlich unterschritten worden.

Zusammenfassend ist insoweit festzustellen, dass die ausgeführte Bauwerksabdichtung des Kellergeschosses des vorliegenden Abdichtungskonzeptes insgesamt *nicht* den gültigen normativen Vorgaben und anerkannten Regeln der Technik entspricht und insofern stark mangelbehaftet ist. Die Wassereintritte und die in der Folge entstehenden Feuchterscheinungen im Kellergeschoss sind zweifelsfrei auf die nicht fachgerecht ausgeführte Bauwerksabdichtung zurückzuführen.

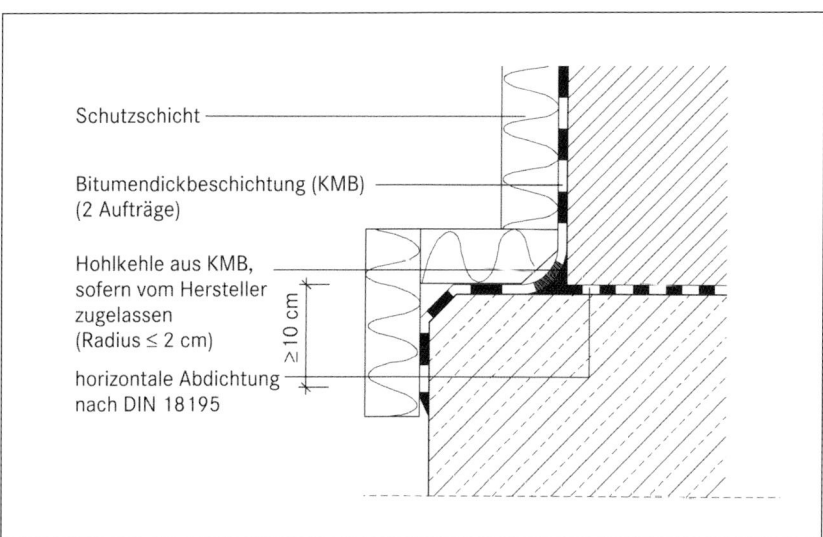

Abb. 6.1.13
Kelleraußenwand;
Fußpunkt an der
Bauwerkssohle [R1,
S. 24]

- Beantwortung der Frage 2:

  Wie bereits in der Beantwortung der Frage 1 ausgeführt, entspricht die Bauwerksabdichtung nicht den allgemein anerkannten Regeln der Technik. Sie ist mangelhaft und somit nicht fachgerecht eingebaut. Die KMB-Beschichtung wurde lediglich in einem Arbeitsgang aufgetragen, nicht fachgerecht mit der horizontalen Querschnittsabdichtung verbunden und weicht im Hinblick auf die Trockenschichtdicke insbesondere in den betreffenden Abschnitten der »Abdrücke« (s. Abb. 6.1.5) durch die Noppenbahnen von den Vorgaben des Herstellers ab. Die Noppenbahnen wurden offensichtlich vor dem vollständigen Durchtrocknen der KMB-Beschichtung an die Kelleraußenwand geführt.

  Die Herstellervorgaben bzw. Verarbeitungsrichtlinien des Systemgebers der KMB-Beschichtung wurden unter den o. g. Gesichtspunkten nicht eingehalten, so dass hier eindeutig ein Verarbeitungs- bzw. Ausführungsfehler seitens des ausführenden Unternehmens vorliegt.

- Beantwortung der Frage 3:

  Die horizontale Querschnittsabdichtung wurde gemäß örtlicher Feststellungen und der vorliegenden Rechnung der Dachdeckerfirma als Polymerbitumen-Schweißbahn PYE-PV 200 S5 ausgeführt. Die Bitumen-Schweißbahn als horizontale Mauersperre unterhalb der Kelleraußenwände ist für den vorliegenden Abdichtungsfall ungeeignet und entspricht, wie bereits ausgeführt, weder den normativen Vorgaben der DIN 18195 noch den allgemein anerkannten Regeln der Technik.

  Anmerkung:

  Die Verwendung der o. g. Schweißbahn in oder unter Mauerwerkswänden kann u. U. dazu führen, dass sich die Mauerscheiben durch den Eintrag von Querkräften (z. B. durch den seitlichen Erddruck) verschieben bzw. dass es insbesondere bei der Anordnung derartiger Schweißbahnen oberhalb der ersten Steinschicht zu Rissbildungen mit Rissversätzen in den Mauerwerksquerschnitten kommen kann. An dem betroffenen Bauwerk konnten zum Zeitpunkt des Ortstermins keine Rissbildungen an den Oberflächen der Kelleraußenwände festgestellt werden. Nach statischer Prüfung sind gleitende Bewegungen der Mauerwerkswände auf der Querschnittsabdichtung infolge von horizontalen Lasteintragungen nicht zu erwarten.

- Beantwortung der Frage 4:

  Entsprechend der Bau- und Leistungsbeschreibung des Bauunternehmers sollte die Bauwerksabdichtung der erdberührenden Bauteile des Kellergeschosses für den Lastfall »Bodenfeuchte« ausgeführt werden. Zur Einordnung der vorliegenden Kellerabdichtung in den entsprechenden Lastfall der Wasserbeanspruchung wurde seitens des Sachverständigen ein externer Bodengutachter eingeschaltet, der das Füllmaterial der Baugrube und die Bodenverhältnisse im Bereich der Stahlbetonsohle des betroffenen Bauwerks untersuchte. Gleichzeitig wurde der Baugrundsachverständige aufgefordert, den Bemessungswasserstand für das Bauwerk festzulegen.

Ergebnis der Untersuchungen war, dass das eingebaute Füllmaterial der Baugrube die kritische Grenze des sog. k_f-Wertes (= Durchlässigkeitsbeiwert des Bodenmaterials) von 10^{-4} m/s für den Lastfall »Bodenfeuchte« erheblich übersteigt und es insofern an der Kelleraußenwand bei den derzeitigen Bodenverhältnissen nicht nur zu »aufstauendem« Sickerwasser, sondern sogar zu »drückendem« Wasser kommen kann. Der gewachsene Boden im Bereich der Bauwerkssohle und in den tiefer liegenden Bodenschichten weist ausweislich der Untersuchungen des Bodengutachters einen k_f-Wert von $\leq 10^{-4}$ m/s auf. Der Bemessungswasserstand liegt im vorliegenden Fall ca. 1,20 m unterhalb der Bauwerkssohle.

Entsprechend der »Richtlinie für die Planung und Ausführung von Abdichtungen mit kunststoffmodifizierten Bitumendickbeschichtungen (KMB) – erdberührte Bauteile« und der DIN 18195 werden den Wasserbeanspruchungen im Boden die Lastfälle der Abdichtungen erdberührender Bauteile gegenübergestellt (s. Abb. 6.1.14):

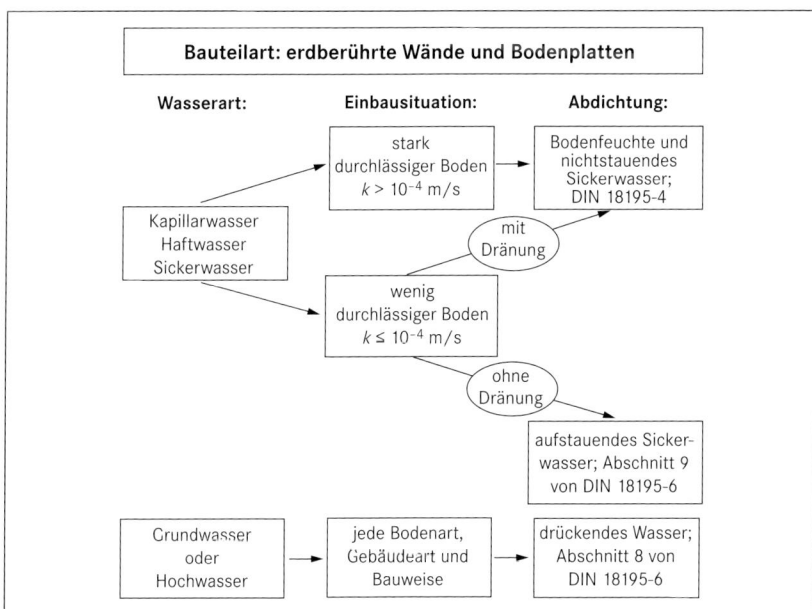

Abb. 6.1.14
Zusammenhang
zwischen Wasserart
und Abdichtung
[2, S. 24]

Aufgrund der örtlich festgestellten Mängel an der KMB (Undichtheiten, teilweise reduzierte Trockenschichtdicke, Auftrag in einem Arbeitsgang etc.) ist die Bauwerksabdichtung weder für den Lastfall »Bodenfeuchte« (gemäß DIN 18195-4) noch für den Lastfall »aufstauendes Sickerwasser« (gemäß DIN 18195-6 »Bauwerksabdichtungen; Abdichtungen gegen von außen drückendes Wasser und aufstauendes Sickerwasser, Bemessung und Ausführung«) geeignet.

Zusammenfassend ist insofern festzustellen, dass das eingebaute Bodenmaterial zur Verfüllung der Baugrube für das ausgeführte Abdichtungskonzept des Lastfalls »Bodenfeuchte« und der damit verbundenen Wasserbeanspruchung aus dem Baugrund ungeeignet ist. Das Bodenmaterial zur Verfüllung der Baugrube weist keine ausreichende Versickerungsfähigkeit auf, so dass davon ausgegangen werden kann, dass es im Bereich der Kelleraußenwände nicht nur zu einer Wasserbeanspruchung des Lastfalls »zeitweise aufstauendes Sickerwasser« kommt, sondern mit einer Wasserbeanspruchung des Lastfalls »drückendes Wasser« zu rechnen ist. Die gesamte Abdichtung des Bauwerks ist dementsprechend mangelhaft und nicht dauerhaft funktionsfähig.

- Beantwortung der Frage 5:
  Durch die örtlich durchgeführten Feuchtemessungen wurde festgestellt, dass die Wandsockel der Außen- und Innenwände und der Hohlraum des Estrichs erheblichen Feuchtebelastungen ausgesetzt sind. Die Ursache der Feuchteerscheinungen dieser Bauteilkonstruktionen ist zweifelsfrei, wie bereits in der Beantwortung der Frage 1 ausgeführt, in der nicht funktionsfähigen Bauwerksabdichtung des Kellergeschosses begründet.

Mangel- und Schadensbeseitigung

Zur Mangel- und Schadensbeseitigung der innenseitigen Feuchteerscheinungen in dem Kellergeschoss des vorliegenden Schadensfalls sind folgende Maßnahmen notwendig:

Der an der Außenwand vorhandene Kiesstreifen einschließlich der Bordsteine sowie die Bepflanzung sind zu entfernen. Das für den beauftragten Lastfall »Bodenfeuchte« ungeeignete Füllmaterial der Baugrube ist umlaufend um das betroffene Gebäude zu entfernen, abzutransportieren und nach der Sanierung der Bauwerksabdichtung durch Füllsand mit einem k_f-Wert von $> 10^{-4}$ m/s zu ersetzen.

Die äußere Abdichtungsebene aus KMB ist nach dem Rückbau der Perimeterdämmebene bzw. Noppenbahn in der Fläche den allgemein anerkannten Regeln der Technik sowie den Hersteller- und Verarbeitungsvorgaben entsprechend fachgerecht zu sanieren. Insofern ist ein regelkonformer Übergang der vertikalen KMB-Beschichtung zur Querschnittsabdichtung herzustellen. Die Noppenbahn und die Perimeterdämmebene sind nach entsprechender Durchtrocknung der sanierten Abdichtungsebenen fachgerecht neu herzustellen.

Das »freie Wasser« oberhalb der Sohlabklebung ist vor Beginn der Trocknungsarbeiten abzusaugen. Der Hohlraum des Estrichs und die Wandsockel sind fachgerecht zu trocknen. Das geschädigte Fertigparkett ist zu erneuern. Des Weiteren werden diverse Maler- und Tapezierarbeiten an den Innenwandoberflächen im Keller erforderlich.

Die Außenanlagen und die Bepflanzungen sind nach Abschluss der Sanierungsarbeiten fachgerecht wiederherzustellen.

6.2 Feuchteschaden infolge fehlerhafter Abdichtung an einer Hauseinführung in ein Kellergeschoss

Vorbemerkungen und Sachverhalt

Bei dem vorliegenden Schadensfall handelt es sich um Undichtheiten einer Hauseinführung eines Elektrokabels durch die Kelleraußenwand eines im Jahr 2003 fertig gestellten Einfamilienwohnhauses. Ein Bauunternehmer wurde Ende 2002 mit der schlüsselfertigen Erstellung des voll unterkellerten 1½-geschossigen frei stehenden Einfamilienwohnhauses beauftragt. Das Wohnhaus ist in massiver Bauart errichtet und mit einem pfannengedeckten Walmdach überdeckt.

Die Außenwände des betroffenen Kellergeschosses sind ausweislich der vorliegenden Unterlagen als Elementwände mit Kernbeton in einer Stärke von 30 cm geplant und hergestellt. Das Kellergeschoss ist nach Angabe in der Bau- und Leistungsbeschreibung als sog. »Weiße Wanne« bis auf 50 cm über der Oberkante der Bauwerkssohle ausgeführt (s. Abb. 6.2.1), so dass im unteren Abschnitt der Kelleraußenwände insofern technisch von einer druckwasserhaltenden Bauwerkskonstruktion auszugehen ist. Die Fuge zwischen der Bauwerkssohle und der aufgehenden Kelleraußenwand wurde mit einem innen liegend umlaufenden Fugenband eines namhaften Herstellers für Abdichtungstechnik ausgeführt. Die durchgeführte Baugrunduntersuchung legt im Hinblick auf die Ausführungsplanung den Bemessungswasserstand (= höchster zu erwartender Grundwasserstand) auf 1,90 m unter der Geländeoberkante (GOK) fest. Diese Höhe entspricht planerisch der Oberkante der Rohsohle des Kellergeschosses.

147

Abb. 6.2.1
Prinzipskizze
Hauseinführung

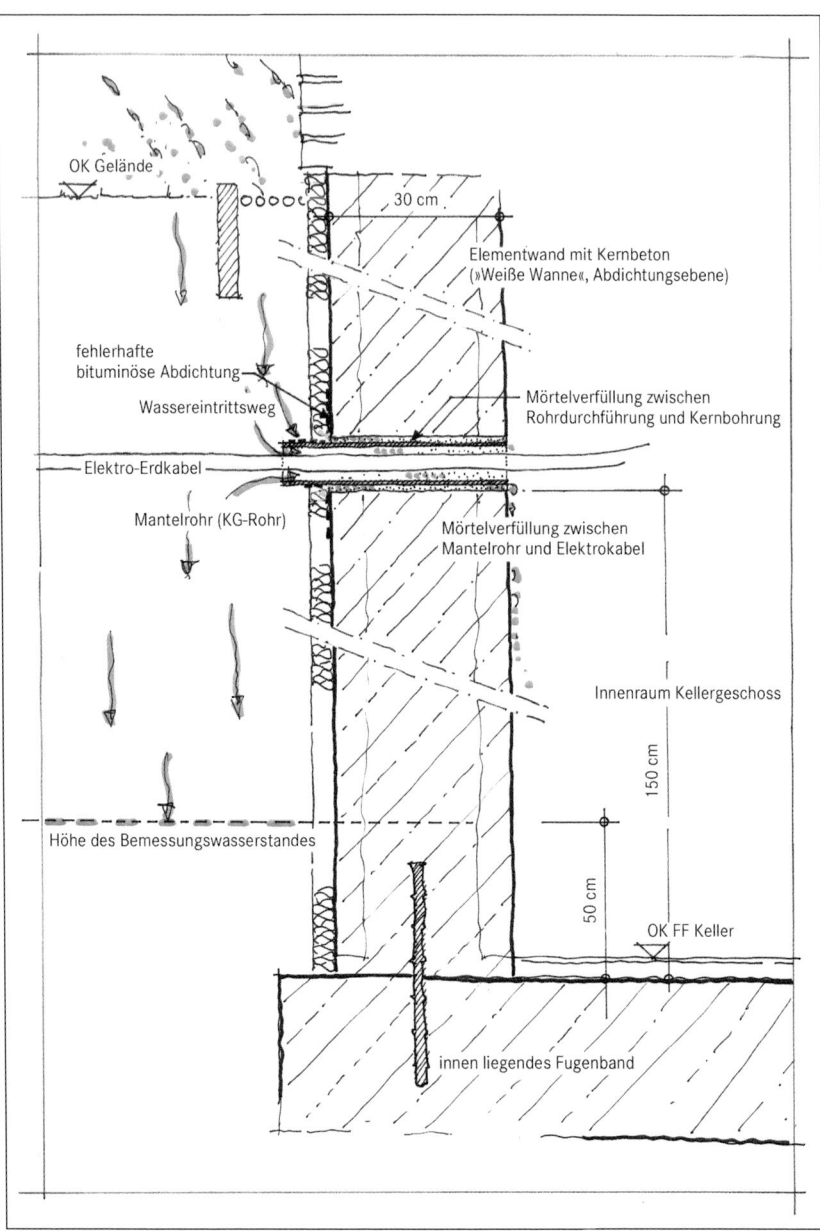

Nach Angaben des Unternehmers wurden die Kelleraußenwände zur konstruktiven Vereinfachung bis zur Unterkante der Kellerdecke durchgehend aus Elementwänden mit Kernbeton ausgeführt (s. Abb. 6.2.1). Die Kellerlichtschächte und die Durchdringungen der erdberührenden Kelleraußenwände sind gemäß der Angaben der vorliegenden Bau- und Leistungsbeschreibung nicht druckwasserdicht, sondern gegen die Wasserbeanspruchung »Bodenfeuchte« abgedichtet worden.

Die streitgegenständliche Hauseinführung wurde durch den Bauunternehmer als Vorbereitung für den Hausanschluss des örtlichen Stromversorgers mit einem Kanalgrundrohr (KG-Rohr) (s. Abb. 6.2.1) in einer Kernbohrung hergestellt und eingedichtet. Nach Angabe der Eigentümer setzte der Energieversorger seinerseits in die durch den Bauunternehmer vorbereitete Rohrdurchführung das Elektrokabel ein. Der verbleibende Hohlraum zwischen Elektrokabel und Mantelrohr wurde dann durch den Unternehmer mit Mörtel verschlossen.

Mangel- und Schadenserkennung

Nach dem Einzug der Bauherren kam es ausweislich der vorliegenden Unterlagen nach langandauernden und heftigen Niederschlägen im Bereich der Hauseinführung für das Elektrokabel zu einem Eintritt von Wasser durch die Kelleraußenwand in das Untergeschoss des Gebäudes. Durch das eingedrungene Wasser wurden mehrere Einrichtungsgegenstände im Kellergeschoss beschädigt. Es kam zudem durch das beim Wassereintritt mit eingespülte Bodenmaterial zu erheblichen Verschmutzungen an der Kellerwand und auf dem Kellerfußboden im Hausanschlussraum.

Der Wassereintritt war der Anlass der Beauftragung eines Sachverständigen mit dem Ziel, in einem Gutachten festzustellen zu lassen, ob die gewählte Art und Wahl der Abdichtung der Hauseinführung fachgerecht erfolgt war.

Fragestellungen an die Sachverständigen

Die Eigentümer beauftragten den Sachverständigen mit der Besichtigung des Kellergeschosses hinsichtlich der Konstruktionsbeurteilung der Durchführung für das Elektrokabel durch die Kelleraußenwand und der Erstattung eines Gutachtens bezüglich folgender Fragestellungen:

- Frage 1:
  Entspricht die durch den Bauunternehmer eingebaute Rohrdurchführung für das Elektrokabel in der Kelleraußenwand den allgemein anerkannten Regeln der Technik bzw. gültigen DIN-Normen? Wenn nein, liegt hier ein baulicher Mangel vor? Worauf sind die Feuchterscheinungen im Kellergeschoss zurückzuführen?

- Frage 2:
  Für den Fall, dass ein baulicher Mangel vorliegt: Wie hätte eine den allgemein anerkannten Regeln der Technik entsprechende Hauseinführung für den Last-

fall der Wasserbeanspruchung »Bodenfeuchte« konstruktiv hergestellt sein müssen?

Hinweise zur Beurteilung

Grundsätzlich sind Durchdringungen als Hauseinführungen im Bereich erdberührender Bauteile, insofern auch bei Kelleraußenwänden abzudichten. Die Art und Wahl der Abdichtungsmaßnahmen an diesen Hauseinführungen sind abhängig von den Randbedingungen (u. a. Versickerungsfähigkeit des Bodens, Bemessungswasserstand) und der daraus resultierenden Wasserbeanspruchungen, die auf das Bauteil bzw. die Durchdringungen wirken.

Die regelgerechte Ausführung von Durchdringungen ist u. a. in der DIN 18195-9 »Bauwerksabdichtungen; Durchdringungen, An- und Abschlüsse« geregelt. Gemäß Abschnitt 4.1 »Dichtheit« der vorgenannten Norm muss die Dichtheit von Durchdringungen, Übergängen und An- und Abschlüssen »[...] erforderlichenfalls mit Hilfe von Einbauteilen so geplant und hergestellt werden, dass sie nicht hinter- oder unterlaufen werden können. Die dazu erforderlichen konstruktiven und abdichtungstechnischen Maßnahmen sind auf die zu erwartende Wasserbeanspruchung abzustimmen [...].«

Die Art und Wahl der Durchdringungen an erdberührenden Bauteilflächen sind grundsätzlich hinsichtlich der auf das Bauteil wirkenden Wasserbeanspruchungen in zwei Ausführungskategorien zu unterscheiden:

■ Abdichtung gegen Bodenfeuchte/nichtstauendes Sickerwasser:
 Bodenfeuchte ist im Erdreich vorhandenes, kapillar gebundenes Wasser und als Mindestbeanspruchung immer im Erdreich vorhanden. Eine vergleichbare Belastung des Lastfalls »Bodenfeuchte« (s. Abb. 6.2.2) wird durch das von Niederschlägen herrührende, nichtstauende Sickerwasser erzeugt. Voraussetzung für den Lastfall »Bodenfeuchte« ist, dass das Bodenmaterial für das in tropfbar flüssiger Form anfallende Wasser so durchlässig ist, dass es zu jeder Zeit von der Oberfläche des Geländes bis zur Höhe des freien Grundwasserstandes ungehindert absickern kann. Auch bei starken Niederschlägen darf sich das Wasser nicht, auch nicht vorübergehend, oberhalb des Geländes aufstauen.
 Bei Abdichtungen gegen »Bodenfeuchte« (Kapillar- und Haftwasser) und nichtstauendem Sickerwasser an Bodenplatten und Wänden sind gemäß DIN 18195-4 Anschlüsse an Einbauteile (z. B. Rohrdurchführungen) von Aufstrichen aus Bitumen mit spachtelbaren Stoffen oder mit Manschetten auszuführen. Bei Abdichtungen z. B. mit KMB nach DIN 18195-4 sind diese hohlkehlenartig an die Durchdringungen anzuarbeiten. Abdichtungsbahnen sind ent-

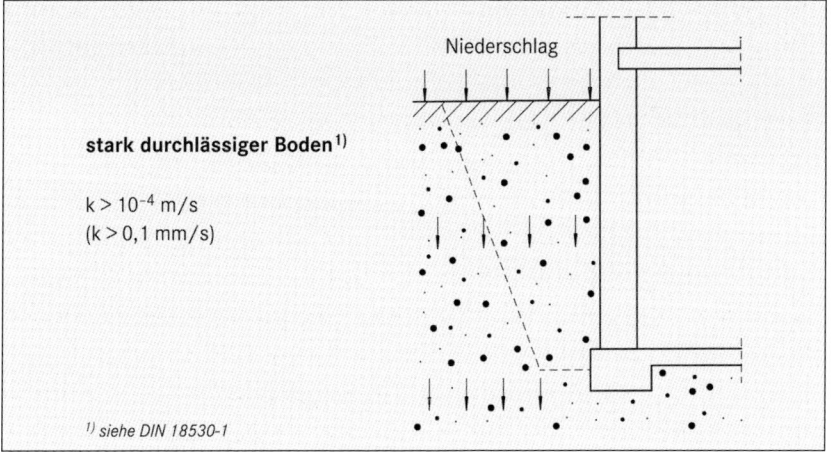

Abb. 6.2.2
Lastfall »Boden-
feuchte«
DIN 18195-4
[R1, S. 12]

weder mit Klebeflansch, Anschweißflansch oder mit Manschetten und Schelle anzuschließen.

- Abdichtung gegen drückendes Wasser:
  Erdberührende Gebäude bzw. Bauteile (z. B. Rohrdurchführungen) werden gegen drückendes Wasser abgedichtet, wenn sie sich im Grundwasser oder im Bereich von Schichtenwasser befinden.
  Bei Abdichtungen gegen von außen »drückendes Wasser« und »zeitweise aufstauendes Sickerwasser« (Gründungstiefen bis zu 3,00 m unter GOK, ohne Dränung, Bemessungswasserstand 300 mm unter UK Kellersohle) nach DIN 18195-6 (s. Abb. 6.2.3) sind die Anschlüsse an Einbauteile mit Los-Festflansch-Konstruktionen herzustellen. Durchführungen von sog. »Weißen Wannen« sind nach der gültigen DAfStb-Richtlinie »Wasserundurchlässige Bauwerke aus Beton

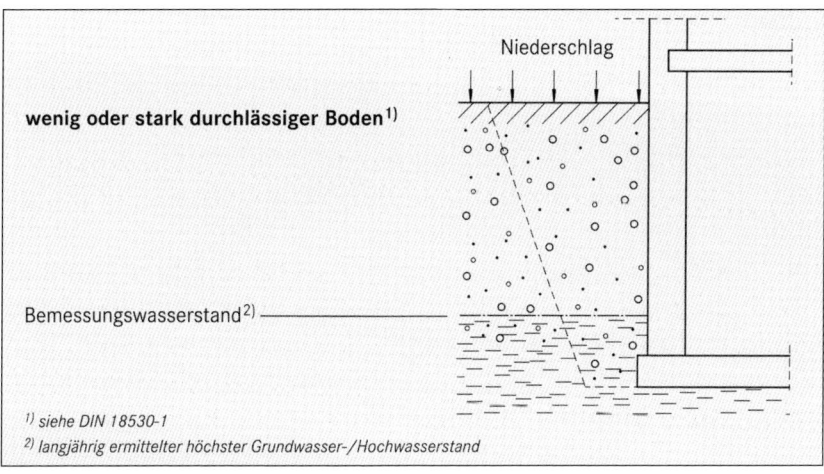

Abb. 6.2.3
Lastfall »drückendes
Wasser«
DIN 18195-6
[R1, S. 14]

(WU-Richtlinie)« des Deutschen Ausschusses für Stahlbeton, angepasst an die Beanspruchungsklasse, grundsätzlich planmäßig mit aufeinander abgestimmten Abdichtungssystemen wasserundurchlässig auszubilden. Der Zwischenraum zwischen den Einbauteilen und den durchzuführenden Leitungen (z.B. Elektrokabel) wird in der Regel mit speziellen Dichtsätzen bzw. Dichtungsringen druckwasserdicht hergestellt.

Feststellungen zum Sachverhalt

Im Zusammenhang mit der Beantwortung der Fragestellungen an den Sachverständigen wurde außenseitig an der Kelleraußenwand zur Untersuchung der Abdichtung der Rohrdurchführung eine Suchschachtung durchgeführt. Hierbei wurde im Bereich des in Rede stehenden Hausanschlusses die vorhandene Perimeterdämmebene von der Kelleraußenwand entfernt und somit der Übergang der »Abdichtung« zum Mantelrohr freigelegt.

Folgendes wurde in den einzelnen Untersuchungsabschnitten an den Bauteilen festgestellt:

- Das horizontal durch die Kelleraußenwand geführte Mantelrohr als KG-Rohr (s. Abb. 6.2.4) wurde ausweislich der durchgeführten örtlichen Untersuchungen mit Mörtel in die vorbereitete Kernbohrung der Kelleraußenwand eingebracht. Der Anschluss des Rohres an die Außenseite der Kelleraußenwand aus Stahlbeton erfolgte mittels einer »Abdichtung« auf Bitumenbasis. Am Übergang des betroffenen KG-Rohres zur Stahlbetonkonstruktion der Kelleraußenwand wurden erhebliche Lücken bzw. Fehlstellen in der Abdich-

Abb. 6.2.4
Außenseitiger Anschluss des Mantelrohres an die Kelleraußenwand

Abb. 6.2.5
Außenseitiger
Anschluss des
Mantelrohres an die
Kelleraußenwand –
Mantelrohr besitzt
keine dichtende
Verbindung zur
Stahlbetonkons-
truktion

tungsebene festgestellt. Das Mantelrohr weist zudem umlaufend keine dichtende Verbindung zur Stahlbetonkonstruktion der Kelleraußenwand auf
(s. Abb. 6.2.5). Hier ist außenseitig weder eine Flaschenkehle, Manschette oder
ein vorgefertigtes Formteil vorhanden. Die Unterkante der Rohrdurchführung
des Elektrokabels befindet sich von der Oberkante Fertigfußboden aus gemessen in einer Höhe von ca. 1,50 m.

■ Bei der Abdichtung im Bereich der Hauseinführung im Anschluss an das Mantelrohr handelt es sich augenscheinlich um einen »Schwarzanstrich« mit einer
Schichtdicke von weniger als 0,5 mm (s. Abb. 6.2.6).

Abb. 6.2.6
Abdichtung auf der
Kelleraußenwand an
der Durchführung

Beantwortung von Fragestellungen und Schadensursachen

Grundsätzlich können Durchdringungen in Form von Rohrdurchführungen in allen Ebenen der Abdichtung durchstoßen, sollten allerdings, wie im vorliegenden Fall, so angeordnet sein, dass sie die Abdichtungen möglichst im Bereich des Lastfalls »Bodenfeuchte« und »nichtdrückendes Sickerwasser« durchstoßen.

Nach Angabe des Bauunternehmers wurde die Abdichtungsebene im Bereich der Rohrdurchführung ohne Voranstrich in einem Arbeitsgang ausgeführt. Der Zwischenraum zwischen dem durch den Energieversorger eingesetzten Erdkabel für die Stromversorgung des Gebäudes wurde durch den Bauunternehmer mit einem Mörtel ohne weitere Abdichtungsmaßnahmen verschlossen. Aufgrund des bekannten Bemessungswasserstandes auf der Höhe von 50 cm oberhalb der Bauwerkssohle und der örtlich untersuchten Bodenverhältnisse ist für die Abdichtung der Rohrdurchführung (ca. 1,00 m über dem Bemessungswasserstand) der Lastfall »Bodenfeuchte« gemäß der DIN 18195-4 (s. Abb. 6.2.2) maßgebend und anzuwenden.

Wie bereits unter dem Abschnitt *Hinweise zur Beurteilung* ausgeführt, können für diesen Lastfall Anschlüsse an Einbauteile (z. B. Rohrdurchführungen) mit Aufstrichen aus Bitumen aus spachtelbaren Stoffen, z. B. als KMB ausgeführt werden. Diese Abdichtungsanschlüsse sind dabei hohlkehlenartig an die Durchdringungen anzuarbeiten oder bei Abdichtungsbahnen entweder mit Klebeflansch, Anschweißflansch oder mit Manschetten und Schelle anzuschließen.

- Beantwortung der Frage 1:
  An der Hauseinführung sind folgende Mängel vorhanden:
  - Undichtheiten der bituminösen Abdichtung am Bauteilübergang KG-Rohr/Kelleraußenwand,
  - fehlende Hohlkehle,
  - unzureichende Trockenschichtdicke im Anschlussbereich der Bitumenabdichtung auf der Kelleraußenwand,
  - Auftrag in nur einem Arbeitsgang.

Aufgrund der örtlich festgestellten Mängel ist der Abdichtungsanschluss der Rohrdurchführung an die Kelleraußenwand sowie der Einsatz von Mörtel im Zwischenraum der Innenwandung des KG-Rohres und des Kabelstranges im Hinblick auf eine wirksame und funktionsfähige Abdichtungsmaßnahme nicht regel- bzw. richtlinienkonform ausgeführt. Insofern konnte Niederschlagswasser aus dem Erdreich zum einen im Bereich des mangelhaften Abdichtungsanschlusses zwischen Mantelrohr und Stahlbetonkonstruktion und zum anderen im Bereich der Vermörtelung am Erdkabel durch das Mantelrohr in das Innere des Bauwerks gelangen und hatte in der Folge zu den Feuchterscheinungen im Hausanschlussraum des Kellergeschosses geführt. Aus technischer Sicht übernehmen der Einsatz und die Verarbeitung von Mörtel im Sinne einer fachgerechten Bauwerksabdichtung an den Durchdringungen bei erdberührenden Bauteilen keinerlei abdichtende Funktion.

Zusammenfassend ist im Hinblick auf die Beantwortung der Frage 1 insoweit festzustellen, dass die in Rede stehende Rohrdurchführung insgesamt mangelhaft ausgeführt ist, nicht den allgemein anerkannten Regeln der Technik bzw. den gültigen normativen Vorgaben entspricht und zu den Feuchterscheinungen geführt hat.

■ Beantwortung der Frage 2:

Derartige Bauwerksanschlüsse an unterirdische Rohrdurchführungen für den Lastfall »Bodenfeuchte« und »nichtstauendes Sickerwasser« können, wie bereits ausgeführt, z.B. mittels eines Abdichtungsanschlusses aus KMB an die Kelleraußenwände ausgeführt werden. Die KMB-Beschichtung am Übergang der Bauteile wird dabei hohlkehlenartig an die Durchdringung angearbeitet (s. Abb. 6.2.7). Eine ausreichende Haftung zwischen der Bitumendickbeschichtung und dem Rohrmaterial ist z.B. durch Aufrauen der Oberfläche der Durchdringung sicherzustellen.

Der Ringspalt zwischen Elektrokabel und der Innenwandung des Mantelrohres ist mit einem entsprechenden Dichtsatz abzudichten. Um das Elekrokabel nicht demontieren zu müssen, ist ein teilbarer Dichtsatz zu verwenden, um den Wassereintritt zwischen dem KG-Rohr und dem Leitungsstrang in das Gebäude zu unterbinden (s. Abb. 6.2.8). Für diesen Anwendungsfall sind am Markt zahlreiche Produkte für die verschiedensten Rohrquerschnitte bzw.

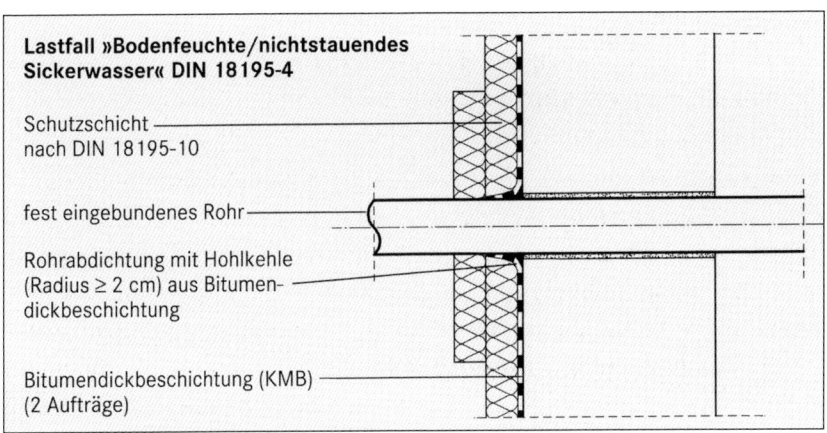

Lastfall »Bodenfeuchte/nichtstauendes Sickerwasser« DIN 18195-4

Schutzschicht nach DIN 18195-10

fest eingebundenes Rohr

Rohrabdichtung mit Hohlkehle (Radius ≥ 2 cm) aus Bitumendickbeschichtung

Bitumendickbeschichtung (KMB) (2 Aufträge)

Abb. 6.2.7
Abdichtungsanschluss einer Durchdringung, Lastfall »Bodenfeuchte« [R1, S. 28]

-abmessungen und Anwendungsfälle erhältlich. Dichtsätze werden grundsätzlich angewendet, um den Ringspalt zwischen einem Mantelrohr, einer Kernbohrung o. Ä. und dem durchgeführten Medienrohr gegen Wasserdurchfluss sicher abzudichten.

Die Dichtsätze bestehen je nach Anwendung aus verzinkten bzw. Edelstahl-Druckplatten und Gummielementen, die zwischen den Druckplatten angeordnet sind. Die Druckplatten werden mit Schrauben zusammengehalten und beim Einsetzen mit einem vorgegebenen Drehmoment angezogen.

Mangel- und Schadensbeseitigung

Zur Mangel- und Schadensbeseitigung der innenseitigen Feuchterscheinungen in dem Hausanschlussraum des vorliegenden Schadenfalls sind folgende Maßnahmen notwendig:

- Die bereits im Zuge der Suchschachtung freigelegte Rohrdurchführung ist unter Berücksichtigung der KMB-Richtlinie [R1] fachgerecht, den allgemein anerkannten Regeln der Technik entsprechend abzudichten.

- Der Mörtel im Ringspalt zwischen KG-Rohr und Medienkabel ist zu entfernen. Zur Abdichtung des Ringspaltes ist ein entsprechender Dichtsatz (s. Abb. 6.2.8) einzubauen. Folgendes ist beim Einbau zu beachten:
  - ausreichende Sauberkeit der inneren Oberfläche des Mantelrohres und der Oberfläche des Medienkabels,
  - Spannungsfreiheit des Medienrohres,
  - Einsetzen des Dichtsatzes nach den Hersteller- und Verarbeitungsrichtlinien des entsprechendes Produktes,
  - gleichmäßiges Anziehen der Schrauben mit dem vorgegebenen Drehmoment.

- Die Außenanlagen und die Bepflanzungen sind nach Abschluss der Sanierungsarbeiten fachgerecht wiederherzustellen.

Abb. 6.2.8
Rohreinführung mit
Dichtsatz nach
[R1, S. 28]

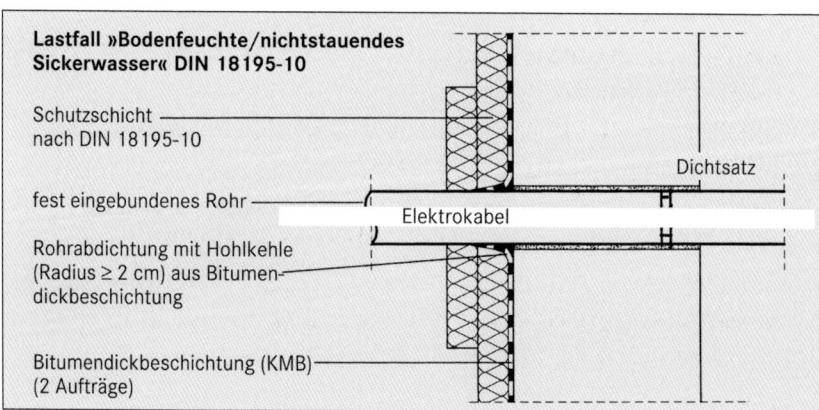

6.3 Literaturverzeichnis

Verwendete Literatur

[1] Blum, M.; Brinkmann, S. u. a.: Kalksandstein. Planung, Konstruktion, Ausführung. 4., überarbeitete Auflage. Düsseldorf: Verlag Bau + Technik GmbH, 2003

[2] Zimmermann G.; Ruhnau, R. (Hrsg.); Ruhnau, R.; Wetzel, H.; Platts, T.: Schäden an Abdichtungen erdberührter Bauteile. Stuttgart: Fraunhofer IRB Verlag, 2005 (Schadenfreies Bauen; 36)

Allgemeine Literaturhinweise

- Neumann, D.; Weinbrenner, U.; Hestermann, U.; Rongen, L.: Frick/Knöll Baukonstruktionslehre 1. 34. Auflage. Wiesbaden: B.G. Teubner Verlag/GWG Fachverlage GmbH, 2006

- Lohmeyer, G.; Ebeling, K.: Weiße Wannen einfach und sicher. Konstruktion und Ausführung wasserundurchlässiger Bauwerke aus Beton. 8. Auflage. Düsseldorf: Verlag Bau + Technik, 2007.

Gesetze/Verordnungen/Regelwerke

- [R1] Bundesverband der Deutschen Ziegelindustrie e. V., Arbeitsgemeinschaft Mauerziegel (Hrsg.); Forschungsvereinigung Kalk-Sand e. V. (Hrsg.); Bundesverband Porenbetonindustrie e. V. (Hrsg.); Deutsche Bauchemie e. V. (Hrsg.); Deutscher Holz- und Bautenschutzverband e. V. (DHBV) (Hrsg.); Fachvereinigung Deutscher Betonfertigteilbau e. V. (FDB) (Hrsg.); Zentralverband des Deutschen Baugewerbes e. V. (ZDB): Richtlinie für die Planung und Ausführung von Abdichtungen mit kunststoffmodifizierten Bitumendickbeschichtungen (KMB) erdberührte Bauteile. 2. Ausgabe, Stand November 2001. Frankfurt/Main (Deutschland, Bundesrepublik): Selbstverlag, 2001

- Deutscher Ausschuss für Stahlbeton (Hrsg.): DafStb-Richtlinie – Wasserundurchlässige Bauwerke aus Beton (WU- Richtlinie). Berlin: Deutscher Ausschuss für Stahlbeton (DafStb) im DIN Deutsches Institut für Normung e.V, November 2003

- DIN 18195-10: Bauwerksabdichtungen – Teil 10: Schutzschichten und Schutzmaßnahmen (Ausgabe: März 2004)

- DIN 18195-2: Bauwerksabdichtungen – Teil 2: Stoffe (Ausgabe: August 2000)

- DIN 18195-4: Bauwerksabdichtungen – Teil 4: Abdichtungen gegen Bodenfeuchte (Kapillarwasser, Haftwasser) und nichtstauendes Sickerwasser an Bodenplatten und Wänden, Bemessung und Ausführung (Ausgabe: August 2000)

- DIN 18195-6: Bauwerksabdichtungen – Teil 6: Abdichtungen gegen von außen drückendes Wasser und aufstauendes Sickerwasser, Bemessung und Ausführung (Ausgabe: August 2000)

- DIN 18195-9: Bauwerksabdichtungen - Teil 9: Durchdringungen, Übergänge, An und Abschlüsse (Ausgabe: März 2004)
- DIN 18530: Massive Deckenkonstruktionen für Dächer, Planung und Ausführung (Ausgabe: März 1987)
- DIN 52128: Bitumendachbahnen mit Rohfilzeinlage; Begriff, Bezeichnung, Anforderungen (Ausgabe: März 1977)
- DIN 52130: Bitumen-Dachdichtungsbahnen; Begriffe, Bezeichnungen, Anforderungen (Ausgabe: November 1995)
- DIN V 20000-202: Anwendung von Bauprodukten in Bauwerken - Teil 202: Anwendungsnorm für Abdichtungsbahnen nach Europäischen Produktnormen zur Verwendung in Bauwerksabdichtungen (Ausgabe: Dezember 2007)

Dipl.-Ing. Heike Böhmer, Hannover

7 Bauschäden durch Feuchte und Schimmelpilze

Voraussetzung für das Wachstum von Mikroorganismen wie z. B. Schimmelpilzen ist das Vorhandensein von Nährstoffen und Feuchtigkeit. In Gebäuden bzw. auf Bauteiloberflächen sind Nährstoffe in mehr oder weniger gut verfügbarer Form vorhanden. Insofern kommt dem Vorhandensein verfügbarer Feuchtigkeit eine wesentliche Bedeutung zu. Weitere Faktoren wie z. B. die in Wohnräumen vorhandenen Temperaturen und pH-Werte spielen dagegen eine eher untergeordnete Rolle, da Schimmelpilze in einem weiten Temperatur- und pH-Bereich wachsen können.

Schimmelpilzsporen sind generell sowohl in der Innen- als auch in der Außenluft vorhanden. Für das Wachstum auf Bauteiloberflächen muss jedoch die erforderliche Feuchte über einen ausreichend langen Zeitraum zur Verfügung stehen. Feuchtegehalte, die nur geringfügig über der Ausgleichsfeuchte von Baustoffen liegen bzw. nur kurzzeitig erhöht sind, führen dagegen nicht zu einem Schimmelpilzbefall. Insofern kann die Entstehung bzw. das Vorhandensein eines Schimmelpilzbefalls als Indikator für eine mangelhafte bauliche oder nutzungsbedingte Situation gewertet werden.

Die wesentliche Fragestellung im Zusammenhang mit der Entstehung von Feuchte- und Schimmelpilzschäden ist, ob es sich hierbei um baulich bedingte oder durch das Nutzerverhalten entstandene Schäden handelt. Speziell auf die Schimmelpilzproblematik ausgerichtete Normen für die eindeutige Beantwortung dieser Fragestellung existieren in Deutschland derzeit noch nicht. Normative Hinweise sind jedoch u. a. in den einschlägigen Regelwerken zum Wärme- und Feuchteschutz im Hochbau im Wesentlichen in den folgenden Teilen der DIN 4108 »Wärmeschutz und Energie-Einsparung in Gebäuden« enthalten:

- DIN 4108-2 »Wärmeschutz und Energie-Einsparung in Gebäuden; Mindestanforderungen an den Wärmeschutz«,
- DIN 4108-3 »Wärmeschutz und Energie-Einsparung in Gebäuden; Klimabedingter Feuchteschutz, Anforderungen, Berechungsverfahren und Hinweise für Planung und Ausführung«,
- DIN 4108 Beiblatt 2 »Wärmeschutz und Energie-Einsparung in Gebäuden – Wärmebrücken – Planungs- und Ausführungsbeispiele«,

- DIN 4108-7 »Wärmeschutz und Energie-Einsparung in Gebäuden; Luftdichtheit von Gebäuden, Anforderungen, Planungs- und Ausführungsempfehlungen sowie -beispiele«.

Zur Beurteilung und Ursachenermittlung, ob es sich um eine baulich bedingte oder durch das Nutzerverhalten entstandene Feuchte- und Schimmelpilzbildung handelt, sind insbesondere die Schadensbilder und deren Verteilung im Zusammenhang mit den am Schadensort festgestellten Randbedingungen zu prüfen:

- Gebäudeparameter (z. B. Orientierung, Konstruktion),

- Bauteilparameter (z. B. Eigenschaften, Lage, Feuchtegehalt, Feuchteverteilung, Oberflächentemperaturen, sichtbare Mängel, Konstruktion),

- räumliche Situation (z. B. Möblierung, Nutzung),

- Raumluftparameter (z. B. Luftfeuchte, -temperatur),

- Beheizung (z. B. Anzahl, Anordnung der Heizkörper, Heizkosten),

- Lüftungsverhalten (z. B. Lüftungsmöglichkeiten, Lufthygiene).

Die Ursache vorhandener Feuchte- und Schimmelpilzschäden ist eindeutig zuzuordnen, wenn Feuchtequellen wie z. B. Leitungswasserschäden im Rahmen der o. g. Prüfung festgestellt werden. In diesem Fall handelt es sich zweifelsfrei um baulich bedingte Mängel. Sind die für die vorhandenen Feuchte- und Schimmelpilzschäden ursächlichen Feuchtequellen nicht so eindeutig feststellbar, müssen die Beurteilungen, ob es sich um baulich bedingte oder durch Nutzungsverhalten entstandene Feuchtigkeitserscheinungen handelt, differenzierter betrachtet werden.

Nachfolgend werden drei beispielhafte Schadensfälle beschrieben, die in der Praxis häufig anzutreffende Ursachen und Problematiken von Feuchte- und Schimmelpilzschäden darstellen. In den zwei Schadensfällen aus dem Bereich des Gebäudebestands und einem Schaden aus dem Neubaubereich werden Vorbemerkungen und Sachverhalte, Mangel- und Schadenserkennung, Fragestellungen an die Sachverständigen, Feststellungen zum Sachverhalt, Hinweise zur Beurteilung, Beantwortung von Fragestellungen und Schadensursachen sowie Mangel- und Schadensbeseitigung dargestellt.

Folgende Fälle werden beschrieben:

- Schimmelpilzbefall infolge Bauteildurchfeuchtung nach einem Wasserschaden,

- Schimmelpilzbefall infolge Tauwasserausfall an konstruktiven Wärmebrücken,

- Schimmelpilzbefall infolge Tauwasserausfall in einem Neubauobjekt.

7.1 Schimmelpilzbefall infolge Bauteildurchfeuchtung nach einem Wasserschaden

Vorbemerkungen und Sachverhalt

Mit einer Schadenanzeige wurde einer Versicherung durch den Versicherungsnehmer ein Wasserschaden in einem Mehrfamilienhaus angezeigt. In einer der Wohnungen im 1. OG waren durch die Mieter Feuchteschäden an der Decke im Badezimmer und in der Küche festgestellt und dem Hauseigentümer mitgeteilt worden. Ein umfangreicher Schimmelpilzschaden wurde zudem im Abstellraum im 1,5. OG festgestellt. In der darüber befindlichen Wohnung im 2. OG wurde in diesem Zusammenhang die defekte Dichtung eines durch den Versicherungsnehmer reparierten Absperrventils im Bereich der Dusche als Ursache des Wasserschadens ermittelt.

Die Schadensursache wurde vom Versicherungsnehmer beseitigt, jedoch traten etwa sechs Wochen nach der Beseitigung der Schadensursache Schäden an den Bodenfliesen im Badezimmer und in der Küche der Wohnung im 2. OG auf. Weiterhin wurde von den Mietern der Wohnung im 1. OG eine schwarze Verfärbung der Feuchteschäden an den Decken festgestellt.

Bei dem betroffenen Gebäude handelt es sich um ein Mehrfamilienhaus mit 12 Wohneinheiten. Das Gebäude ist in massiver Bauweise errichtet, konventionell erstellt und besitzt ein Steildach mit Pfannendeckung. Das Baujahr ist nicht bekannt; es dürfte sich jedoch um ein Gebäude aus der Zeit um 1930 handeln. Die Ausstattung und der Instandhaltungszustand sind dem Gebäudealter entsprechend als durchschnittlich zu bezeichnen. Maßstäbliche Zeichnungen oder Pläne lagen zur Bearbeitung nicht vor, daher bildeten die bei den Ortsterminen gewonnenen Erkenntnisse bzw. die feuchtetechnische Untersuchung der Bauteile die Grundlage der gutachterlichen Stellungnahme.

Mangel- und Schadenserkennung

Nach Auskunft der Mieter der Wohnung im 1. OG traten die sichtbaren Feuchteschäden an den Decken erstmals im August 2007 auf, worauf die Mieter der darüber befindlichen Wohnung diesbezüglich befragt wurden und der angezeigte Wasserschaden festgestellt wurde. Die beschriebenen Folgeschäden (s. Abb. 7.1.1) wurden von den Mietern etwa sechs Wochen später festgestellt. Der Schimmelpilzbefall trat nach Aussage im Oktober 2007 auf, die Verformungen der Bodenbeläge nach Aussage erstmals Anfang September 2007, mit zunehmender Stärke, so dass einige Wochen danach ein Knirschen und Knacken mit zunehmender Intensität – insbesondere aus dem Badezimmer – wahrnehmbar wurde.

Fragestellungen an die Sachverständigen

Im Zuge der Schadenregulierung wurde von der Versicherung ein Sachverständiger beauftragt, Ursache, Art und Umfang der Schäden festzustellen, die Kosten zur Schadensbeseitigung zu ermitteln und im Rahmen einer gutachterlichen Stellungnahme darzustellen.

Hinweise zur Beurteilung

Mikrobielle Schäden, wie sie auf den Oberflächen der Bauteile augenscheinlich festgestellt wurden, können auf unterschiedliche Art und Weise entstehen. Die hierfür erforderliche Feuchte an der Oberfläche kann auf mehreren Wegen auf die Oberfläche bzw. in die Konstruktion gelangen:

- *Feuchteeintrag von außen* (z. B. durch Abdichtungsmängel, Fehlstellen in der Außenbekleidung, Undichtheiten):
  Der Feuchtegehalt in den Bauteilen wird dabei von verschiedenen Parametern beeinflusst wie z. B. der Art der Abdichtungsmängel, dem Material der Bauteile, dem Bemessungswasserstand, der Art des anstehenden Wassers und der Anwesenheit von bauschädlichen Salzen. Ebenfalls ist eine sekundäre Bauteildurchfeuchtung durch die parallele Erhöhung der Raumluftfeuchte mit nachfolgender Tauwasserbildung an zu kalten Bauteiloberflächen möglich.

- *Eindringende bzw. entstehende Feuchte von innen* (z. B. durch Leitungswasserschäden bzw. baulich bedingte oder nutzungsbedingte Mängel mit Tauwasserbildung):
  Der Feuchtegehalt in den Bauteilen wird bei Havarien von verschiedenen Parametern beeinflusst, wie z. B. der Art und Dauer der Havarie und dem Material der betroffenen Bauteile. Die Kondensationsneigung und -menge bei bauphysikalischen Problematiken wird durch (Luft-)Feuchte und (Oberflächen-)Temperatur des jeweiligen Bauteils bestimmt. Weitere Faktoren sind Heiz- und Lüftungsverhalten der Bewohner, zu geringe Wärmedämmung der Außenbauteile etc. Die Mindestoberflächentemperatur beträgt nach DIN 4108-2 (auf der Grundlage normativer Randbedingungen) 12,6 °C. Bei Unterschreitung dieser Oberflächentemperatur besteht die Gefahr des Tauwasserausfalls (Kondensation). Dies kann insbesondere an konstruktiven Wärmebrücken wie z. B. Außenwandecken und nicht thermisch getrennten Bauteilen etc. der Fall sein.

Feststellungen zum Sachverhalt

Nach der Beauftragung des Sachverständigen zur Erstellung einer gutachterlichen Stellungnahme zu Art, Umfang und Ursache der Schäden, wurde mit den

Mietern und dem Versicherungsnehmer eine Ortsbesichtigung durchgeführt. Im Rahmen dieses Ortstermins wurden die Schäden in Augenschein genommen.

- *Besichtigung der Wohnung im 1. OG:*
  Bei der Inaugenscheinnahme wurden Feuchteschäden an der Decke des Badezimmers und der Küche festgestellt. Die detaillierte Position und Bezeichnung der Schäden sind der Abb. 7.1.1 (unmaßstäbliche Skizze) zu entnehmen.

  Der Schaden 1.1 im hinteren Teil des Badezimmers zeigte neben der Farbänderung des Anstrichs und der sich ablösenden Tapete im Deckenbereich einen mikrobiellen Befall (schwarz-grünlicher Belag auf einer Fläche von ca. 30 cm x 50 cm) an der Kehle zwischen Decke und Treppenhauswand.

  Der Schaden 1.2 im vorderen Bereich des Badezimmers wies neben Farbänderungen des Anstrichs sich ablösende Tapeten an der Decke im Bereich der Innenwand zur Küche auf. Der Schaden 1.3 im vorderen Bereich der Küche ließ auf einer Fläche von ca. 2 m² Farbänderungen des Anstrichs an der Decke im Bereich der Innenwand zum Badezimmer erkennen (s. Abb. 7.1.2).

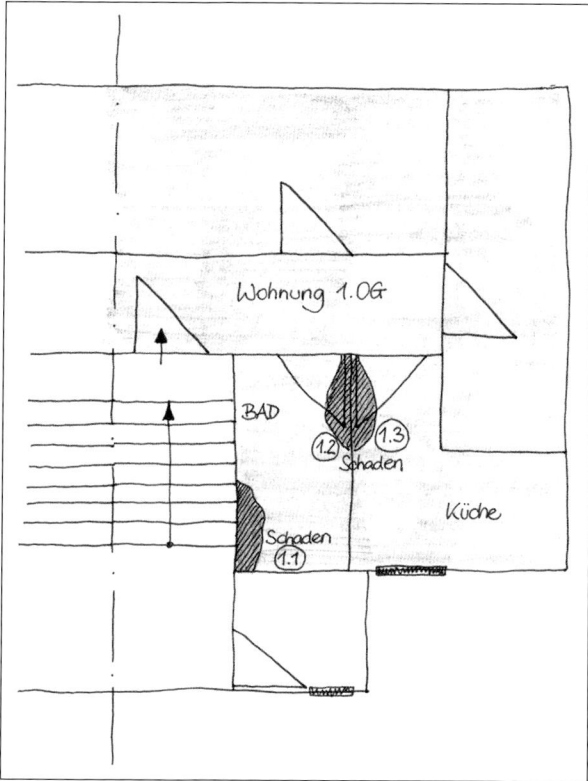

Abb. 7.1.1
Wohnungsgrundriss der Wohnung im 1. OG des Mehrfamilienhauses

Abb. 7.1.2
Feuchteschaden an
der Decke der
Küche der Wohnung
im 1. OG

Abb. 7.1.3
Wohnungsgrundriss
der Wohnung im
2. OG des Mehr-
familienhauses

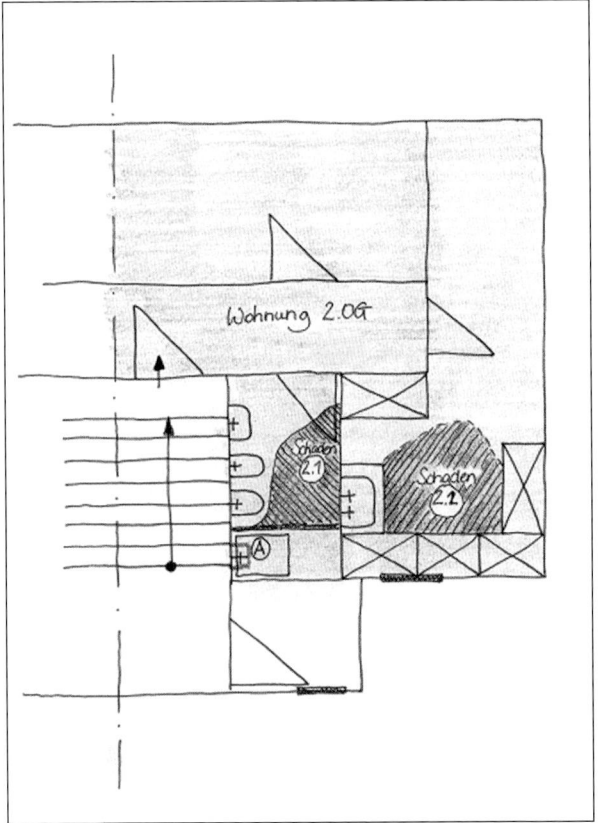

- *Besichtigung der Wohnung im 2. OG:*

Bei der Inaugenscheinnahme wurden Verformungsschäden im Fliesenbelag des Badezimmers und der Küche festgestellt. Die detaillierte Position und Bezeichnung der Schäden sind der Abb. 7.1.3 (unmaßstäbliche Skizze) zu entnehmen.

Der Schaden 2.1 im Badezimmer wies auf einer Fläche von ca. 1,5 m² konvexe Verwölbungen des Bodenbelags (Bodenfliesen) (s. Abb. 7.1.4), Risse und Abrisse im Bereich der Mörtelfugen des Bodenbelags, der dauerelastischen Kehlfuge an der Innenwand zur Küche und zur Duschwanne auf. Zudem waren die Mörtelfugen augenscheinlich feucht.

Der Schaden 2.2 in der Küche wies auf einer Fläche von ca. 3,5 m² ebenfalls konvexe Verwölbungen des Bodenbelags (Bodenfliesen) sowie Risse und Abrisse im Bereich der Mörtelfugen des Bodenbelags auf. Die Mörtelfugen waren augenscheinlich feucht. Nach Aussage war aus den Fugen regelmäßig Feuchte ausgetreten, so dass sich auf den Fliesen Pfützen bildeten. Während der Inaugenscheinnahme war die Oberfläche der sichtbaren Fliesen trocken.

- *Besichtigung des Abstellraumes (Podest 1,5. OG):*

Bei der Inaugenscheinnahme des Abstellraums wurde starker mikrobieller Befall (augenscheinlich mit Schimmelpilzen) auf der Innenwand zum Treppenhaus und zu den Wohnungen im 1. und 2. OG sowie an der Decke festgestellt. Die detaillierte Position und Bezeichnung des Schadens ist der Abb. 7.1.5 (unmaßstäbliche Skizze) zu entnehmen.

Der Schaden 3.1 war auf einer Gesamtfläche von ca. 8,5 m² als starker mikrobieller Befall (augenscheinlich mit Schimmelpilzen) auf den Wand- und De-

Abb. 7.1.4
Verformungs-
schäden des Fliesen-
belags im Bad der
Wohnung im 2. OG

Abb. 7.1.5
Grundriss des
Abstellraumes im
1,5. OG

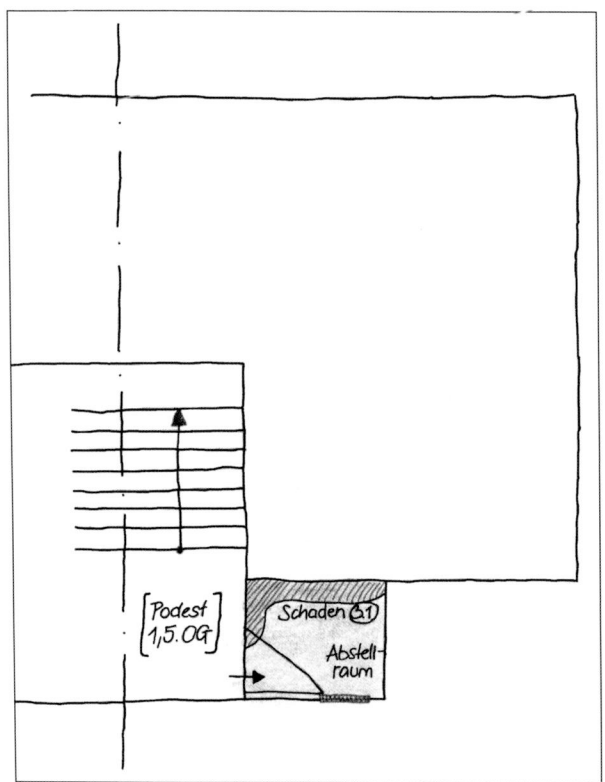

ckenflächen sichtbar (s. Abb. 7.1.6). Ein Teil der Innenwände sowie die hintere Außenwand konnten nicht in Augenschein genommen werden, da sie durch Wandregale verdeckt waren und der Raum nicht betreten werden konnte. Auf-

Abb. 7.1.6
Mikrobieller Befall
an der Wand und
an der Decke des
Abstellraumes im
1,5. OG

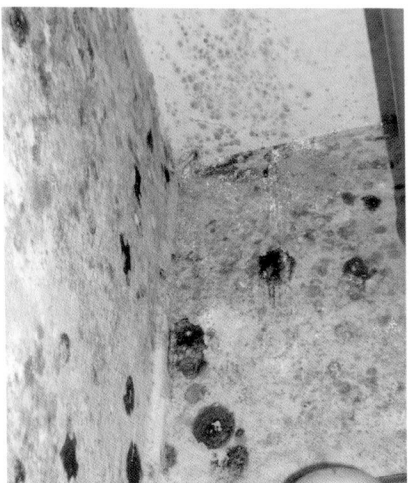

grund der Sachlage war jedoch zu vermuten, dass auch hier ein Befall vorhanden war. Weiterhin war eine erhebliche Durchfeuchtung der Holzspanplatten (Bodenbelag) mit damit verbundenem Quellverhalten festzustellen.

Die befallenen Bauteile sind augenscheinlich feucht, obwohl nach Aussage der Mieter seit Feststellung des Schadens kontinuierlich gelüftet wird. Der Raum ist nicht beheizt und wird lediglich als Abstellraum genutzt.

In Augenschein genommen und bewertet werden konnten im Rahmen des ersten Ortstermins lediglich die an der Oberfläche sichtbaren Schäden. Zur Ermittlung des Schadensausmaßes, der Schadenshöhe und der erforderlichen Maßnahmen zur Schadensbeseitigung wurde im Rahmen eines zweiten Ortstermins die Deckenkonstruktion stichprobenartig fachgerecht geöffnet. Entfernt wurden im Badezimmer und in der Küche der Wohnung im 2. OG auf einer Fläche von 20 cm x 20 cm (Fliesengröße) der Fliesenbelag, die darunter befindliche Kleberschicht auf der Holzspanplatte als Fliesenträgerschicht und die Hobeldielen (s. Abb. 7.1.7), um Schadensart und -umfang im Inneren der Deckenkonstruktion zu ermitteln. In diesem Zusammenhang betraf dies im Wesentlichen den Feuchtegehalt der Bauteilschichten sowie ggf. bereits feststellbare Folgeschäden wie z. B. Pilzbefall.

Die einzelnen Materialien wurden im geöffneten Bereich augenscheinlich auf ihren Feuchtegehalt überprüft: Die Holzspanplatten unter dem Fliesenbelag waren stark durchfeuchtet und aufgrund dessen erheblich aufgequollen, was zu den Verformungsschäden des Fliesenbelags geführt haben dürfte. Anzeichen für einen Pilzbefall wurde nicht festgestellt. Drei Materialproben wurden

Abb. 7.1.7
Geöffnete Decke im
Badezimmer der
Wohnung im 2. OG

entfernt und zur Bestimmung der Materialfeuchte luftdicht verpackt. Die Hobeldielen/der Einschub wiesen auf der Oberseite Feuchteablaufspuren auf, die jedoch augenscheinlich bereits abgetrocknet waren. Verformungsschäden oder Pilzbefall wurden nicht festgestellt. Die Sand-/Schlacke-/Strohfüllung, die Deckenbalken und die Unterkonstruktion waren augenscheinlich trocken.

Der Feuchtgehalt wurde an den stichprobenartigen Materialproben der Holzspanplatten der Wohnungen und des Abstellraums mittels Laboruntersuchung bestimmt. Er betrug im Mittel 7,4 M-%, wobei aufgrund des gequollenen Materials davon auszugehen war, dass der Feuchtgehalt im Verlauf des Schadens bereits deutlich höher gelegen hat. Da der Fliesenbelag im Badezimmer und in der Küche durchgängig auf diesen Holzspanplatten verlegt ist, wurde zur Aufrechterhaltung der Bewohnbarkeit der Räume auf das Öffnen weiterer Bereiche verzichtet.

Der Schimmelpilzschaden im Badezimmer und die Feuchteschäden mit den farblichen Änderungen in der Wohnung im 1. OG waren optisch kaum noch sichtbar. Ein Ablösen der Tapete an den Flächen der Durchfeuchtung war nicht mehr erkennbar. Auf ein Öffnen der Deckenkonstruktion wurde verzichtet.

Beantwortung von Fragestellungen und Schadensursachen

Bei den besichtigten Schäden in den Bädern und Küchen der Wohnungen sowie dem Abstellraum handelte es sich offensichtlich um die Folgen des mit der Schadensanzeige angezeigten Wasserschadens aufgrund der defekten Dichtung des Absperrventils in der Wohnung im 2. OG, wobei das Leitungswasser durch die defekte Dichtung in die Wandkonstruktion lief und sich über die Decke zum 1. OG verteilte. Bei der Bauteilöffnung wurde festgestellt, dass es sich bei den betroffenen Decken um Holzbalkendecken handelt, deren Aufbau die Verteilung des Wassers ermöglichte. Die Schäden in der Wohnung im 1. OG und im Abstellraum waren daraus resultierende, oberflächliche Feuchteschäden. Die im Zusammenhang mit dem Schaden entstandenen vorhandenen Feuchte- (und Temperatur-)bedingungen ermöglichten das Wachstum des festgestellten mikrobiellen Befalls. Die Schäden in der Wohnung im 2. OG resultieren offensichtlich aus behinderten Quellkräften des Untergrundes. Die stark saugenden Platten (Holzspanplatten) unter dem Fliesenbelag waren durch das eindringende Wasser erheblich aufgequollen und hatten die Verformungen bzw. Fliesenschäden entstehen lassen. Über die Ebene der Holzspanplatten in der Deckenkonstruktion erfolgte zudem augenscheinlich die Weiterleitung der Feuchte in die von der Schadensquelle bis zu 4 m entfernten Bereiche des beschädigten Fliesenbelags (Wohnung im 2. OG) bzw. der beschädigten Decken (Wohnung im 1. OG).

Mangel- und Schadensbeseitigung

Unter *Mangel- und Schadensbeseitigung* ist die Beseitigung von schadensursächlichen Mängeln und daraus resultierenden Schäden zu verstehen.

Die nachstehende Schadensbewertung beschreibt die notwendigen Wiederherstellungsmaßnahmen mit den daraus resultierenden Kosten. Nebenleistungen bzw. für die Durchführung der Wiederherstellung notwendige Zusatzmaßnahmen wie Wegekosten, Transporte, Hilfsgerätschaften, Schutz- und Bewegungsarbeiten sind in den Kostenansätzen mit einkalkuliert, sofern sie nicht gesondert erwähnt bzw. erfasst werden. Gegebenenfalls erforderliche, fachgerechte Trocknungsarbeiten sowie Kontrollmaßnahmen sind nicht kalkuliert.

Durch einige Leistungen entstehen Wertvorteile für den Versicherungsnehmer (VN), die durch die Ermittlung eines Abzuges »neu für alt« in Form einer technischen Wertminderung bzw. Abschreibung ausgeglichen werden. Sofern der Schaden durch eine Sachversicherung zum gleitenden Neuwert gedeckt ist, dient die Ermittlung des Abzuges »neu für alt« zur Findung des Zeitwertes, auf den der VN zunächst gemäß Versicherungsbedingungen Anspruch hat. Erst nach Durchführung der Wiederherstellungsmaßnahmen bzw. Ersatzbeschaffung besteht Anspruch auf Ersatz des Neuwertanteils. Wird der nachstehende Schadensfall unter Haftpflichtaspekten beurteilt, so dient die Ermittlung des Abzuges »neu für alt« in Form einer technischen Wertminderung der Festlegung des Wertvorteils, den der Anspruchsteller bei Wiederherstellung der geschädigten Sache erhält. Der Wertvorteil ist nicht schadensersatzpflichtig, sofern die geschädigte Sache am Schadenstag keinen neuwertigen Zustand aufwies.

Die Wertminderungen wurden anhand der »Richtlinien für die Ermittlung der Verkehrswerte (Marktwerte) von Grundstücken (Wertermittlungsrichtlinien – WertR 76/96)«, Anlage 5 »Tabelle über technische Lebensdauer von baulichen Anlagen und Bauteilen« sowie Anlage 6 »Tabelle zur Berechnung der technischen Wertminderung baulicher Anlagen und Bauteile in v. H. des Herstellungswertes nach Ross« bzw. Anlage 7 »Tabelle zur Berechnung der technischen Wertminderung von Außenanlagen« und Anlage 8 »Technische Lebensdauer von besonderen Betriebseinrichtungen und Geräten« ermittelt.

Die nachstehenden Bewertungen erfolgten aus der Schadensaufnahme heraus systematisch raumweise/bauteilweise/gewerkeweise, um die Nachvollziehbarkeit zu gewährleisten. Die Darstellung der Leistungen erfolgte aus Übersichtsgründen im Kurztext. Auf eine Detaillierung wurde verzichtet, da die notwendigen Nebenleistungen zwangsläufig mit enthalten sind. Die Abschätzung der Kosten zeigt Tabelle 7.1.1.

Nr.	Mangel- und Schadensbeseitigung	Neuwert	Entwertung	Zeitwert
1	**Wohnung im 1. OG**			
1.1	fachgerechte Schimmelpilzbeseitigung inkl. Entfernen und Entsorgen der Tapete, Spachtelarbeiten, Tapete aufbringen, Anstrich, ca. 30 m² Decke/Wand im Badezimmer	300,00 €	0%	300,00 €
1.2	Erneuerungsanstrich, ca. 40 m² Decke/Wand in der Küche	140,00 €	0%	140,00 €
	Der beschädigte Anstrich war neuwertig, daher wird keine Wertminderung angesetzt.			
2	**Wohnung im 2. OG**			
2.1	Umräumen von Mobiliar, Auf- und Abbau der Küche, ca. 20 Std.	800,00 €	0%	800,00 €
2.2	Umräumen von Mobiliar, An- und Abbau der Badobjekte, ca. 8 Std.	320,00 €	0%	320,00 €
2.3	Entfernen und Entsorgen des Fußbodenaufbaus im Badezimmer und in der Küche, ca. 18 m²	750,00 €	0%	750,00 €
2.4	Erneuern des Fußbodenaufbaus	1.230,00 €	0%	1.230,00 €
2.5	Grundieren des Untergrundes, verfliesen der Fläche mit Bodenfliese inkl. Sockel und Silikon	1.440,00 €	0%	1.440,00 €
	Auf eine Zeitwertminderung des vorhandenen Fliesenbelags wurde verzichtet, da diese im Rahmen der Schadensbeseitigung durch Fliesen einer einfacheren Qualität (mattweiß statt geflammt braun) mit einem Standardformat im Badezimmer und in der Küche ersetzt werden.			
3	**Abstellraum im 1,5. OG**			
3.1	Putz entfernen, fachgerechte Schimmelpilzbeseitigung, neu verputzen, ca. 25 m²	700,00 €	0%	700,00 €
3.2	Erneuerungsanstrich, ca. 25 m²	100,00 €	50%	50,00 €
3.3	durchfeuchtete Fußbodenplatten (Holzspanplatten) entfernen und ersetzen, pauschal	400,00 €	50%	200,00 €
	Kostenzusammenstellung			
	Gesamtsumme netto	**6.180,00 €**		**5.930,00 €**

Tabelle. 7.1.1 Kostenabschätzung der Maßnahmen zur Schadensbeseitigung

Sofern im Rahmen der Wiederherstellungsarbeiten zusätzliche Mängel und Schäden festgestellt wurden, waren diese in jedem Fall gesondert sachverständig zu prüfen, zu bewerten und fachgerecht zu beseitigen. Dies betraf insbesondere Feuchte im Inneren der Bauteile und deren Folgeschäden, z. B. Pilzbefall. Gegebenenfalls waren nachträgliche Überprüfungen und Kontrollen erforderlich.

7.2 Schimmelpilzbefall infolge Tauwasserausfall an konstruktiven Wärmebrücken

Vorbemerkungen und Sachverhalt

Bei dem zu begutachtenden Objekt handelt es sich um einen mit Fensterelementen allseitig geschlossenen Balkon einer Mietwohnung im 1. OG eines massiv errichteten Mehrfamilienhauses aus dem Baujahr 1957 (s. Abb. 7.2.1). Der Instandhaltungszustand ist dem Alter entsprechend als durchschnittlich zu bezeichnen.

An den Innenwänden des Balkons befinden sich der Zugang zur Küche der Mietwohnung und ein Fenster zur Belüftung des angrenzenden Badezimmers. Der Balkon wird zu Abstellzwecken und zum Wäschewaschen genutzt. Die Waschmaschine ist angrenzend an die Innenwand zum Badezimmer aufgestellt. Der Raum ist unbeheizt.

Nach Aussage des Auftraggebers und Gebäudeeigentümers sind an den Außenbauteilen des Balkons der Mietwohnung seit längerer Zeit Feuchte- bzw. Schimmelpilzschäden aufgetreten. Aus diesem Grund wurde im Februar des Jahres 2006 eine Fachfirma damit beauftragt, durch die Balkonabdichtung des Balkons im 2. OG, Maßnahmen zur Bauteiltrocknung und das innenseitige Aufbringen einer Wärmedämmung im Balkon der Mietwohnung im 1. OG die Ursachen der Schimmelpilzschäden zu beseitigen.

Abb. 7.2.1
Außenansicht des betroffenen Gebäudebereichs

Mangel- und Schadenserkennung

Nach Aussage der Mieter und des Gebäudeeigentümers traten die im Rahmen der Sanierung beseitigten Feuchte- und Schimmelpilzschäden an den Außenbauteilen des Balkons kurze Zeit nach den durchgeführten Sanierungsarbeiten erneut und verstärkt auf. Betroffen waren insbesondere die Deckenbereiche des geschlossenen Balkons. Hier wurden von den Mietern erhebliche Schimmelpilzbildungen festgestellt und dem Vermieter als Mängel angezeigt.

Fragestellungen an die Sachverständigen

In diesem Zusammenhang wurde vom Gebäudeeigentümer ein Sachverständiger beauftragt, die Ursache der Schäden festzustellen sowie die Maßnahmen zur Schadenbeseitigung im Rahmen einer gutachterlichen Stellungnahme darzustellen.

Hinweise zur Beurteilung

Mikrobielle Schäden, wie sie auf den Oberflächen der Bauteile augenscheinlich festgestellt wurden, können auf unterschiedliche Art und Weise entstehen. Die hierfür erforderliche Feuchte an der Oberfläche kann auf mehreren Wegen auf die Oberfläche bzw. in die Konstruktion gelangen:

- *Feuchteeintrag von außen* (z.B. durch Abdichtungsmängel, Fehlstellen in der Außenbekleidung, Undichtheiten):
  Der Feuchtegehalt in den Bauteilen wird dabei von verschiedenen Parametern beeinflusst wie z.B. der Art der Abdichtungsmängel, dem Material der Bauteile, dem Bemessungswasserstand, der Art des anstehenden Wassers und der Anwesenheit von bauschädlichen Salzen. Ebenfalls ist eine sekundäre Bauteildurchfeuchtung durch die parallele Erhöhung der Raumluftfeuchte mit nachfolgender Tauwasserbildung an zu kalten Bauteiloberflächen möglich.

- *Eindringende bzw. entstehende Feuchte von innen* (z.B. durch Leitungswasserschäden bzw. baulich bedingte oder nutzungsbedingte Mängel mit Tauwasserbildung):
  Der Feuchtegehalt in den Bauteilen wird bei Havarien von verschiedenen Parametern beeinflusst wie z.B. der Art und Dauer der Havarie und dem Material der betroffenen Bauteile. Die Kondensationsneigung und -menge bei bauphysikalischen Problematiken wird durch (Luft-)Feuchte und (Oberflächen-) Temperatur des jeweiligen Bauteils bestimmt. Weitere Faktoren sind Heizungs- und Lüftungsverhalten der Bewohner, zu geringe Wärmedämmung der Außenbauteile etc. Die Mindestoberflächentemperatur beträgt nach DIN 4108-2 (auf

der Grundlage normativer Randbedingungen) 12,6 °C. Bei Unterschreitung dieser Oberflächentemperatur besteht die Gefahr des Tauwasserausfalls (Kondensation). Dies kann insbesondere an konstruktiven Wärmebrücken wie z.B. Außenwandecken und nicht thermisch getrennten Bauteilen etc. der Fall sein.

Die Temperatur- und Feuchtemessungen wurden mit einem Multifunktionsmessgerät durchgeführt, das auf der Grundlage einer zerstörungsfreien, indirekten Messmethode (Widerstandsmessung) Messwerte zur Vergleichbarkeit im Hinblick auf eine grobe Abschätzung ermittelt. Detailliertere Messwerte sind in der Regel nur durch zerstörende Messmethoden (Probenahme, gravimetrische Feuchtebestimmung) zu ermitteln. Im Rahmen des Ortstermins zur Beurteilung der Schadensursache wurde zunächst hierauf verzichtet.

Feststellungen zum Sachverhalt

Zur Feststellung und Beurteilung des Sachverhalts wurde eine Ortsbesichtigung der betroffenen und der darüber befindlichen Wohnungen durchgeführt, bei der die jeweiligen Mieter und der Sachverständige anwesend waren. Im Rahmen des Ortstermins wurden die beschriebenen Schimmelpilzschäden in Augenschein genommen. Besichtigt wurden in diesem Zusammenhang der Balkon und die daran angrenzenden Räume der Wohnung (Badezimmer und Küche) im 1. OG sowie der Balkon der Wohnung im 2. OG.

Im Rahmen des Ortstermins erfolgten:

- die Besichtigung der räumlichen und konstruktiven Situation des Gebäudes,
- die Begutachtung der betroffenen Räume/Bauteile der Mietwohnungen im 1. OG und 2. OG,
- die Begutachtung der entsprechenden Gebäudeteile von außen,
- Lufttemperatur- und Luftfeuchtemessungen in den betroffenen Räumen,
- Feuchte- und Oberflächentemperaturmessungen an den betroffenen Bauteilen.

An den Außenbauteilen des Balkons wurde im Rahmen der Ortsbesichtigung partiell mikrobieller Befall (augenscheinlich als Schimmelpilzerscheinungen) erkannt. Dabei wurde festgestellt, dass lediglich Teilbereiche der Balkonumfassungsflächen im Rahmen der vorgenannten Sanierung mit einer Innendämmung versehen wurden. Große Flächen wie z.B. die Balkondecke und der Anschluss an die Gebäudeaußenwand sind nicht wärmegedämmt (s. Abb. 7.2.2). Der Befall war ausschließlich an den ungedämmten Außenbauteilen sowie an den Fensterprofilen, insbesondere im Übergang zur Fensterbank und in den Profilecken, sichtbar.

Abb. 7.2.2
Innenansicht des
Balkons; gedämmte
und ungedämmte
Brüstungsbereiche

Abb. 7.2.3
Innenansicht des
Balkons; unge-
dämmte Decke mit
mikrobiellem Befall

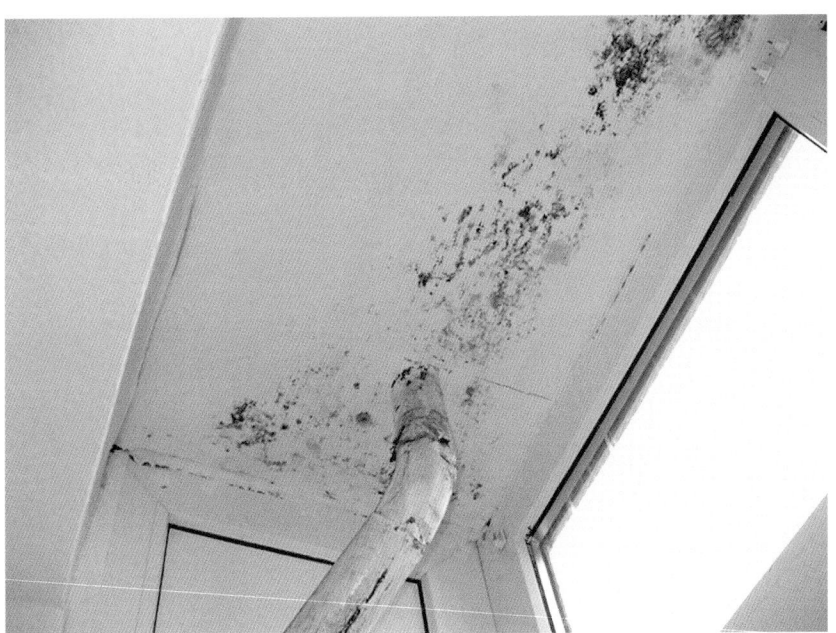

Abb. 7.2.4
Innenansicht des
Balkons; unge-
dämmte Decke mit
mikrobiellem Befall
und Balkonentwäs-
serung

Im ungedämmten Deckenbereich waren Teile der Tapetenbekleidung bereits
entfernt. Die noch vorhandenen Bekleidungen wiesen partiell keine Haftung
zum Untergrund auf. Unterhalb der Tapete wurde großflächig mikrobieller Befall festgestellt (s. Abb. 7.2.3 bis 7.2.5).

Abb. 7.2.5
Innenansicht des
Balkons; unge-
dämmte Decke mit
mikrobiellem Befall
auf und unterhalb
der Tapete

Im Zuge des Ortstermins wurden zusätzlich Temperatur- und Feuchtemessungen (Luft, Bauteile) durchgeführt (s. Tabelle 7.2.1)

Temperatur- und Feuchtemessungen, Balkon, Mietwohnung im 1.OG:

- Außentemperatur: ca. 4 °C (trocken; ca. 48 % relative Luftfeuchte),
- Innentemperatur: ca. 14 °C,
- Luftfeuchte innen: ca. 52 % (vor dem Ortstermin gelüftet).

Tabelle 7.2.1
Feuchte- und
Temperatur-
messungen, Miet-
wohnung im 1. OG

Pos.	Messpunkt	Oberflächen-temperatur	Fotodokumentation
1	Balkon, geschlossen, 1. OG, Decke	ca. 7,5 bis 8,0 °C	
2	Balkon, geschlossen, 1. OG, Brüstung/ Balkonwand	ca. 14,2 bis 15,3 °C	
3	Balkon, geschlossen, 1. OG, Tapete/ Decke	Tapete feucht, ca. 22 bis 24 % HFÄ (Holzfeuchte-äquivalent)	

Im Zuge der Ortsbesichtigung wurde der über dem betroffenen Balkon befindliche Balkon der Mietwohnung im 2. OG in Augenschein genommen. Der Balkonboden ist mit einem PVC-Boden versehen, der im Bereich des Bodeneinlaufs ausgespart wurde (s. Abb. 7.2.6). Augenscheinlich wurden keine Feuchteerscheinungen oder -schäden festgestellt. Die Messung der Materialfeuchte an der Oberfläche unterhalb des PVC-Bodens ergab Materialfeuchte zwischen 14 und 16 % HFÄ.

Abb. 7.2.6:
Bodenbelag des Balkons mit Boden-einlauf im 2. OG

Beantwortung von Fragestellungen und Schadensursachen

Festgestellt wurde nach Inaugenscheinnahme der betroffenen Bereiche, dass die in der Mietwohnung im 1. OG vorhandenen Schimmelpilze Ergebnis entsprechender Temperatur- und Feuchtebedingungen waren. Die besichtigten Außenbauteile waren zum damaligen Zeitpunkt augenscheinlich regendicht, so dass ein Feuchteeintrag von außen ausgeschlossen werden konnte.

Nach zerstörungsfreier Sichtprüfung der betroffenen Bauteile von innen und außen bzw. entsprechenden Temperatur- und Feuchtemessungen ist zusammenfassend festzustellen,

- dass die vorhandene Feuchte, die zum Schimmelpilzbefall führte, augenscheinlich nicht von außen in die Außenbauteile eingedrungen war, insofern sich die Annahme, dass Wasser über den darüber befindlichen Balkon in die Deckenkonstruktion eindringen würde, nicht bestätigte,

- dass es sich bei der vorhandenen Feuchte auf den Bauteiloberflächen (insbesondere an der Balkondecke) augenscheinlich um kondensierte Feuchte aus der Raumluft handelte, die aufgrund der geringen Oberflächentemperaturen an den exponierten Bauteilbereichen (ungedämmte Balkondecke, Balkonentwässerung als Wärmebrücke) ausfällt,

- dass durch die partielle Innendämmung der Außenbauteile des Balkons die Problematik der geringen Oberflächentemperaturen in den ungedämmten Bereichen (insbesondere Balkondecke) verschärft wurde,

- dass eine entsprechende Nutzung (Waschmaschinenstellplatz) und Belüftung (indirekte Belüftung des Badezimmers und der Küche über den Balkon, Kipplüftung) des Balkons und der angrenzenden Räume (Badezimmer, Küche) die kritische Temperatur-/Feuchtesituation noch verstärkte.

Mangel- und Schadensbeseitigung

Seitens des Sachverständigen wurden folgende Maßnahmen zur Schimmelpilz- und insbesondere Ursachenbeseitigung angeraten:

- Entfernen der pilzbefallenen Tapeten, fachgerechte (Fein-)Reinigung der betroffenen Bauteiloberflächen, insbesondere der Balkondecke, durch eine entsprechende Fachfirma,

- bauphysikalische Überprüfung der Bauteile und Beurteilung hinsichtlich der wärmeschutztechnischen Möglichkeiten (Wärme-/Feuchteschutzberechnung und Wärmebrückenberechnung, bauphysikalische Überprüfung einer homogenen Innendämmung, konstruktive Alternativen wie z.B. »das Öffnen« des Balkons durch die Entfernung der Fensterelemente),

- fach- und sachgerechtes Heizen und Lüften der betroffenen Räume (Stoß-/Querlüftung nach Nutzung der Räume, keine Kippstellung der Fenster, gleichmäßige Beheizung der Wohnung, insbesondere der betroffenen Räume, bzw. Schließen der Türen zwischen Räumen unterschiedlicher Temperatur);

- prophylaktisch sollte der »dichte« PVC-Bodenbelag des Balkons im 2. OG entfernt werden, um Staunässe zu vermeiden bzw. die fachgerechte Abführung und Abtrocknung des Regenwassers nicht zu behindern.

Sofern im Rahmen der Wiederherstellungsarbeiten zusätzliche Mängel und Schäden festgestellt wurden, waren diese in jedem Fall gesondert sachverständig zu prüfen, zu bewerten und fachgerecht zu beseitigen. Dies betraf insbesondere Feuchte im Inneren der Bauteile und deren Folgeschäden, z. B. Pilzbefall. Gegebenenfalls waren nachträgliche Überprüfungen und Kontrollen erforderlich.

7.3 Schimmelpilzbefall infolge Tauwasserausfall in einem Neubauprojekt

Vorbemerkungen und Sachverhalt

Bei dem zu begutachtenden Gebäude handelt es sich um ein frei stehendes Einfamilienhaus, das im Jahr 2004 neu errichtet und vom Auftraggeber noch nicht bewohnt wurde. Das Gebäude ist massiv errichtet, nicht unterkellert und besteht aus Erd-, Ober- und Dachgeschoss (EG, OG und DG). Das DG war (noch) nicht ausgebaut, nicht beheizt und befand sich außerhalb der gedämmten und luftdichten Ebene. Der Zugang erfolgte über eine Bodenklappe (s. Abb. 7.3.4), die zum Zeitpunkt der Inaugenscheinnahme nicht luftdicht ausgeführt war.

Im Rahmen der Gebäudefertigstellung und Bautrocknungsphase wurde das Gebäude beheizt und bei Anwesenheit der Auftraggeber gelüftet. Bei deren Abwesenheit wurde nach Auskunft des Bauherrn »zur zusätzlichen Belüftung die Bodenklappe offen gelassen«. Nach einer längeren Abwesenheit bemerkte er großflächigen Schimmelpilzbefall auf den Oberflächen der Holzbauteile, insbesondere der Holzfaserplatten, die als Schalung den äußeren Abschluss der Dachkonstruktion im Dachboden bildeten (s. Abb. 7.3.1). Die Dachflächen waren zum Schadenszeitpunkt (noch) nicht wärmegedämmt und nicht luftdicht ausgeführt.

Mangel- und Schadenserkennung

Nach einer 1-wöchigen Abwesenheit des Bauherrn wurde an den Holzbauteilen im DG, insbesondere an den Holzfaserplatten zwischen den Sparren, die als Schalung den äußeren Abschluss der Dachkonstruktion im Dachboden bilden, großflächig erheblicher Schimmelpilzbefall festgestellt.

Fragestellungen an die Sachverständigen

In diesem Zusammenhang wurde vom Bauherrn ein Sachverständiger beauftragt, die Ursache der Schäden und somit festzustellen, ob es sich hierbei um einen baulichen Mangel handelt.

Hinweise zur Beurteilung

Feuchtegehalte, die eine Schimmelpilzbildung begünstigen, können – wie bereits in Kapitel 7.1 beschrieben – in unterschiedlicher Art und Weise auf eine Bauteiloberfläche bzw. in die Konstruktion gelangen:

- *Durchfeuchtungen der Bauteile:*
  Bei Bauteildurchfeuchtungen kann die Feuchte von außen, z.B. durch
  - mangelhafte Schlagregendichtheit von Außenbauteilen,
  - Schäden an der Dacheindeckung/Dachabdichtung oder
  - durch mangelhafte horizontale bzw. vertikale Abdichtungen

  bzw. von innen, z.B. durch
  - Leitungswasserschäden,
  - Spritzwasser in Feucht-/Nassräumen oder
  - durch mangelhafte horizontale bzw. vertikale Abdichtungen

  in das Bauteil eindringen. Mit Ausnahme der nutzungsbedingten Mängel mit der Folge der Kondensation von Luftfeuchte sind die Durchfeuchtungen der Bauteile im weitesten Sinne auf bauliche Mängel zurückzuführen.

- *Tauwasserausfall auf Bauteiloberflächen:*
  Tauwasserausfall entsteht in der Regel als direkte Folge eines Ungleichgewichtes des Raumklimas (ausreichend hohe Raumluftfeuchten in Verbindung mit geringen Bauteiloberflächentemperaturen) oder aber als Folgeerscheinung von Bauteildurchfeuchtungen.

  Raumluft, die mit Wasserdampf gesättigt ist, besitzt eine relative Luftfeuchte von 100 %. Die Sättigungsgrenze ist abhängig von der Temperatur der Raumluft. »Wärmere« Raumluft besitzt einen höheren Sättigungsgehalt als »kühlere« Raumluft. Wird in einem geschlossenen System feuchte Luft erwärmt, sinkt die relative Luftfeuchte. Umgekehrt erhöht sich die relative Luftfeuchte, wenn die Luft abgekühlt wird. Verringert sich die Temperatur der Raumluft z.B. in der Nähe einer kalten Bauteiloberfläche, erhöht sich die relative Luftfeuchte und die enthaltene Feuchte fällt ab einer Grenztemperatur (Taupunkt) auf festen Oberflächen als Tauwasser aus.

  Im Zusammenhang mit der Bildung von Schimmelpilzbefall ist weiterhin die Erkenntnis zu berücksichtigen, dass auch auf ansonsten »trockenen« Bauteilen ein Schimmelpilzwachstum möglich ist, wenn die relative Feuchte der Raumluft an der Oberfläche eines Bauteils einen Wert von 80 % erreicht oder überschreitet.

Für die Temperatur- und Feuchtemessungen fand ein Multifunktionsmessgerät Anwendung, das zerstörungsfrei auf der Grundlage einer indirekten Messmethode (Widerstandsmessung) Messwerte zur Vergleichbarkeit ermittelt. Detaillierte Messwerte sind in der Regel nur durch direkte Messmethoden (z. B. Probenahme mit gravimetrischer Feuchtebestimmung) zu ermitteln, die jedoch einen Eingriff in die Bausubstanz erforderlich machen (zerstörende Messmethode). Im Rahmen des Ortstermins zur Beurteilung der Schadensursache wurde zunächst hierauf verzichtet.

Feststellungen zum Sachverhalt

Nach der Beauftragung des Sachverständigen zur Erstellung einer gutachterlichen Stellungnahme zur Ursache der Schäden wurde eine Ortsbesichtigung durchgeführt, bei der die Schäden in Augenschein genommen wurden. Besichtigt wurden in diesem Zusammenhang die beschädigten Bauteile im DG sowie zusätzlich partiell das OG und EG. Zusätzlich wurden Temperatur- und Feuchtemessungen (Material und Raumluft) durchgeführt. Die Ergebnisse sind Tabelle 7.3.1 zu entnehmen.

Im Zuge des Ortstermins wurde ein großflächiger mikrobieller Befall auf den Holzfaserplatten im DG sowie partiell auf den tragenden Holzbauteilen der Dachkonstruktion (s. Abb. 7.3.1 bis 7.3.3), der obersten Geschossdecke sowie an der Wärmedämmung in der Steildachfläche festgestellt.

Abb. 7.3.1
Dachgeschoss des Objekts; mikrobieller Befall an den Holzfaserplatten

Abb. 7.3.2
Dachgeschoss des
Objekts; mikro-
bieller Befall an den
Holzfaserplatten
und Sparren

Abb. 7.3.3
Dachgeschoss des
Objekts; mikro-
bieller Befall an den
Holzfaserplatten
und an der Dach-
konstruktion

Abb. 7.3.4
Obergeschoss des
Objekts; Boden-
klappe mit Ein-
schubtreppe zum
Dachgeschoss

Temperatur- und Feuchtemessungen:

- Außentemperatur: ca. 13 °C (regnerisch-bedeckt),
- Innentemperatur: ca. 20 °C (EG),
                       ca. 22 °C (OG),
                       ca. 14 °C (DG, Dauerlüftung),
- Luftfeuchte: ca. 55 % (Küche, EG),
                       ca. 70 % (Flur, OG),
                       ca. 30 % (DG).

Beantwortung von Fragestellungen und Schadensursachen

Auf der Grundlage der im Rahmen des Ortstermins gewonnenen Erkenntnisse
ist Folgendes zusammenfassend festzustellen:

- Die im DG besichtigten Schäden waren Ergebnis entsprechender Temperatur-
  und Feuchtebedingungen.

- Die in Augenschein genommenen Außenbauteile waren augenscheinlich regendicht, so dass ein Feuchteeintrag von außen ausgeschlossen werden konnte. Vielmehr ließen die Temperatur- und Feuchtemessungen zweifelsfrei darauf
  schließen, dass die Dachkonstruktion zum Schadenszeitpunkt wärmeschutz-
  technisch nicht geeignet war als Hüllfläche eines beheizten Gebäudevolumens
  zu fungieren. Die Wärmedämmebene bzw. der obere Gebäudeabschluss wurde

Tabelle 7.3.1
Temperatur- und
Feuchtemessungen

Messpunkt	Oberflächentemperatur	Materialfeuchtigkeit
Holzfaserplatten, DG, Flächen neben der Bodenluke	14 bis 16 °C	16 bis 22 % HFÄ
Holzfaserplatten, DG, Flächen neben der Bodenluke, fensterabgewandt	14 bis 16 °C	ca. 20 % HFÄ
Holzfaserplatten, DG, Flächen gegenüber der Bodenluke	14 bis 16 °C	16 bis 20 % HFÄ
Sparren, DG, Flächen neben der Bodenluke	13 bis 14 °C	ca. 20 % HFÄ
Sparren, DG, Flächen neben der Bodenluke	14 bis 16 °C	ca. 16 % HFÄ
Gipskartonbekleidung, Decke, Flur, OG	20 °C	ca. 12 % HFÄ
Innenputz, Innenwand, Flur, OG	20 °C	ca. 12 % HFÄ

durch die oberste Geschossdecke gebildet. Aufgrund des Wärmedurchgangs-
verhaltens der ungedämmten Dachflächen waren Oberflächentemperaturen
auf deren Innenseite vorhanden, die im Zusammenhang mit einer nicht funktionierenden luftdichten Trennung zum beheizten Gebäudebereich bauphysika-
lisch ungeeignet waren.

■ Die während der Bautrocknungsphase in den beheizten Gebäudeteilen vorhandene feuchte Raumluft stieg nach oben und gelangte durch die offene Bodenluke in das unbeheizte, ungedämmte DG. Die hier vorhandene kalte Raumluft
konnte die Feuchte nicht aufnehmen – es kam zur Taupunktüberschreitung
und damit Kondensation an den kalten Oberflächen der Dachflächen. Das so
entstandene Tauwasser bildete eine wesentliche Lebensgrundlage des sichtbaren mikrobiellen Befalls. Insofern war ein nutzungsbedingter Mangel zweifelsfrei ursächlich für die festgestellten Schäden an den Holzbauteilen des DG.

Mangel- und Schadensbeseitigung

Nach der Inaugenscheinnahme der beschriebenen Mängel im Rahmen des Ortstermins war davon auszugehen, dass die besichtigten Schimmelpilzschäden im
DG durch das fehlerhafte Nutzerverhalten in der Bautrocknungsphase hervorgerufen wurden.

Die begutachteten Bauteile waren großflächig mit Schimmelpilzen befallen und
wiesen eine Materialfeuchte auf, die noch immer ein Risiko zum Pilzbefall barg.
Da kein direkter Kontakt zu bewohnten Räumen bestand, war das Gesundheits-
gefährdungspotenzial als eher gering bis mittel einzustufen, das Schadensaus-

maß jedoch nicht unerheblich. Eine fachgerechte Ursachenbeseitigung und Beseitigung des Befalls war dringend erforderlich:

- Die Holzbauteile (Sparren, Holzfaserplatten) im DG waren durch geeignete Maßnahmen zu trocknen, so dass ihr Feuchtegehalt dauerhaft < 18 % ist. Das Risiko eines Pilzbefalls wird so minimiert.

- Der Schimmelpilzbefall auf den Holzfaserplatten war fach- und sachgerecht zu entfernen. Die Qualität der Holzfaserplatten war nach dem Entfernen zu prüfen. Gegebenenfalls waren die Platten auszutauschen.

- Die Wärmedämmung und Ausführung der luftdichten Ebene der beheizten Gebäudeteile war fach- und sachgerecht zum DG abzuschließen, so dass sich das DG dauerhaft außerhalb der beheizten und luftdichten Ebene befindet.

- Zusätzlich war zu empfehlen, den Fußpunkt der Dachflächen fach- und sachgerecht wärmezudämmen, um die dort vorhandene Wärmebrücke zu minimieren.

- Die Bodenluke war konstruktiv derart zu verändern, dass sie im geschlossenen Zustand dauerhaft luftdicht ist.

- Die bewohnten und beheizten Räume waren fachgerecht und angepasst zu lüften, da sich noch immer erhebliche Baufeuchte im Gebäude befand.

Sofern im Rahmen der Wiederherstellungsarbeiten zusätzliche Mängel und Schäden festgestellt wurden, waren diese in jedem Fall gesondert sachverständig zu prüfen, zu bewerten und fachgerecht zu beseitigen. Dies betraf insbesondere Feuchte im Inneren der Bauteile und deren Folgeschäden, z. B. Pilzbefall. Gegebenenfalls waren nachträgliche Überprüfungen und Kontrollen erforderlich.

7.4   Literaturverzeichnis

Allgemeine Literaturhinweise

- Berufsverband Deutscher Baubiologen (VDB) e. V. (Hrsg.): Schimmel sicher erkennen, bewerten und sanieren. Ergebnisse der 8. Pilztagung des VDB, 11. bis 12. Juni 2004 in Bochum. Fürth: Verlag AnBUS e. V., 2004

- BuFAS – Bundesverband Feuchte und Altbausanierung e. V.; Venzmer, H. (Hrsg.): Feuchteschutz. 18. Hanseatische Sanierungstage vom 8. bis 10. November 2007 im Ostseebad Heringsdorf/Usedom. Vorträge. 1. Auflage 2007. Berlin/Wien/Zürich; Stuttgart: Beuth Verlag GmbH/Fraunhofer IRB Verlag, 2007

- Hankammer; G.; Lorenz, W.: Schimmelpilze und Bakterien in Gebäuden. Erkennen und beurteilen von Symptomen und Ursachen. Köln: Verlagsgesellschaft Rudolf Müller GmbH & Co. KG, 2003

185

– Institut für Bauforschung e. V. (IFB); VHV Vereinigte Hannoversche Versicherung a.G. (Hrsg.): Schaden-Prophylaxe zu Feuchte- und Schimmelpilzschäden. Hannover: Eigenverlag, 2005

– Kompetenzzentrum »Kostengünstig qualitätsbewusst Bauen« im Institut für Erhaltung und Modernisierung von Bauwerken e. V. (IEMB) an der TU Berlin (Hrsg.); Bundesamt für Bauwesen und Raumordnung (BBR): Feuchte im Bauwerk; Ein Leitfaden zur Schadensvermeidung. Bonn: BBR, Dezember 2007

– Lorenz, W.; Hankammer; G.; Lassl, K.: Sanierung von Feuchte- und Schimmelpilzschäden. Diagnose, Planung und Ausführung. Köln: Verlagsgesellschaft Rudolf Müller GmbH & Co. KG, 2005

– Moriske, H.-J.: Schimmel, Fogging und weitere Innenraumprobleme. Können wir in Zukunft noch »gesund« wohnen und arbeiten? Stuttgart: Fraunhofer IRB Verlag, 2007

– Morsike, H.-J.; Szewzyk, R.; Umweltbundesamt – Innenraumlufthygiene-Kommission des Umweltbundesamtes (Hrsg.): Leitfaden zur Vorbeugung, Untersuchung, Bewertung und Sanierung von Schimmelpilzwachstum in Innenräumen. Berlin: Umweltbundesamt, 2002

– Trautmann, C.; Schumacher, R.; Bartram, F.; Kamphausen P.-A. et al.: Topthema Schimmelpilz. VBN-Info Sonderheft Schimmelpilz 2001 des Verbandes der bausachverständigen Norddeutschland e. V. 2. Auflage. Stuttgart: Fraunhofer IRB Verlag, April 2001

Gesetze/Verordnungen/Regelwerke

– DIN 4108: Beiblatt 2 Wärmeschutz und Energie-Einsparung in Gebäuden – Wärmebrücken – Planungs- und Ausführungsbeispiele (Ausgabe: März 2006)

– DIN 4108: Beiblatt 1 Wärmeschutz im Hochbau; Inhaltsverzeichnisse; Stichwortverzeichnis (Ausgabe: April 1982)

– DIN 4108-3: Berichtigung 1 Berichtigungen zu DIN 4108-3:2001-07 (Ausgabe: April 2002)

– DIN 4108-3: Wärmeschutz und Energie-Einsparung in Gebäuden – Teil 3: Klimabedingte Feuchteschutz, Anforderungen, Berechungsverfahren und Hinweise für Planung und Ausführung (Ausgabe: Juli 2001)

– DIN 4108-7: Wärmeschutz und Energie-Einsparung in Gebäuden – Teil 7: Luftdichtheit von Gebäuden, Anforderungen, Planungs- und Ausführungsempfehlungen sowie -beispiele (Ausgabe: August 2001)

– DIN 4108-2: Wärmeschutz und Energie-Einsparung in Gebäuden – Teil 2: Mindestanforderungen an den Wärmeschutz (Ausgabe: Juli 2003)

– DIN 4108-1: Wärmeschutz im Hochbau – Teil 1: Größen und Einheiten (Ausgabe: August 1981)

– Richtlinien für die Ermittlung der Verkehrswerte (Marktwerte) von Grundstücken (Wertermittlungsrichtlinien – WertR 76/96), zuletzt geändert durch RdErl. des BMBau vom 01.08.1996 (Banz Nr. 150 vom 13.08.1996) (Ausgabe: August 1996)

8 Bauschäden an Dächern

Im Folgenden werden Schadensfälle durch fehlerhafte Ausführungen oder Ablaufprozesse an Dächern beschrieben. Abhängig vom jeweiligen Fall werden Vorbemerkungen und Sachverhalte, Mangel- und Schadenserkennung, Fragestellungen an die Sachverständigen, Feststellungen zum Sachverhalt, Hinweise zur Beurteilung, Beantwortung von Fragestellungen und Schadensursachen sowie Mangel- und Schadensbeseitigung dargestellt.

Folgende Fälle werden beschrieben:

■ Wasserschäden in Innenräumen infolge einer undichten Flachdachabdichtung,

■ Schimmelpilzbildung an einem Dachtragwerk infolge mangelhafter Ausführung der Dampfsperre,

■ Mängel an einer Dachkonstruktion infolge fehlerhafter Ausführung der Leistungen.

8.1 Wasserschäden in Innenräumen infolge einer undichten Flachdachabdichtung

Vorbemerkungen und Sachverhalt

Ein Planungsbüro wurde im Jahr 1998 mit der Planung und Bauüberwachung für den Anbau eines Bürogebäudes an ein bestehendes Verwaltungsgebäude beauftragt. Beide Gebäude sind eingeschossig und wurden massiv errichtet. Die Dächer beider Gebäude sind als Flachdach konzipiert und weisen eine Dachbegrünung auf (s. Abb. 8.1.1). Mit den Dachdeckerarbeiten für den Erweiterungsbau wurde ein ortsansässiges Fachunternehmen beauftragt.

Gemäß den vorliegenden Unterlagen war das Flachdach wie folgt aufgebaut (von oben nach unten):

■ 3 cm Substrat für eine Dachbegrünung (Vegetationsschicht),

■ PE-Folie,

■ Schutzvlies,

■ Kunststoff-Abdichtungsbahn, 1-lagig,

■ Schutzvlies,

■ Spanplatte, D = 28 mm,

Abb. 8.1.1
Blick über das be-
grünte Flachdach
des neu erstellten
Anbaus [1]

- PE-Folie,
- Balkenlage, Ausfachung mit Mineralwolle.

Im Jahr 2003 wurde die Dachdeckerei vom Planungsbüro u. a. damit beauftragt, die 3 cm starke Substratschicht gegen eine 8 cm starke Schicht auszutauschen.

Mangel- und Schadenserkennung

Nach Angaben des Bauherrn kam es Ende 2006 zu Wassereintritten in mehrere Innenräume des Erweiterungsgebäudes. In den betroffenen Räumen waren an der Deckenbekleidung aus Aluminiumpaneelen Wasserablaufspuren zu er-

Abb. 8.1.2
Erkennbare Durch-
feuchtungsspuren
auf dem textilen
Bodenbelag [1]

kennen, während die textilen Bodenbeläge dunkelbraune Feuchteränder aufwiesen (s. Abb. 8.1.2), die teilweise bis zu 4 m² groß waren.

Eine Überprüfung der Flachdachkonstruktion ergab, dass in der Abdichtung der Aufkantung eine undichte Stelle vorhanden war, die den Eintritt von Wasser in die Dachkonstruktion bzw. in das Gebäudeinnere ermöglichte. Der Dachdecker meldete den Schaden daraufhin vorsorglich seinem Berufshaftpflichtversicherer.

Fragestellungen an den Sachverständigen

Für den vom Berufshaftpflichtversicherer beauftragten Sachverständigen stellte sich nach der Ortsbegehung und erster Sichtprüfung der aufgetretenen Schäden insbesondere die Frage, welche Umstände zu den Wassereintritten in die Räume des Erweiterungsgebäudes geführt haben. Im Einzelnen war auf folgende Fragestellungen einzugehen:

- Frage 1:
  Sind die Feuchteschäden auf eine mangelhafte Ausführung der Gründachkonstruktion zurückzuführen?

- Frage 2:
  Welche sonstigen Umstände können schadensursächlich für die undichte Dachabdichtung gewesen sein?

Feststellungen zum Sachverhalt

Im Rahmen der gutachterlichen Ortsbesichtigung wurde das Flachdach des Anbaus begangen. Zu diesem Zeitpunkt war die Dachabdichtung bereits durch den Dachdecker wieder hergestellt worden. Im Bereich des Anbaus war die Vegetationsschicht der Dachbegrünung entfernt worden (s. Abb. 8.1.3), so dass die »flickenhafte« Erneuerung der Abdichtung auf der gesamten Dachfläche zu erkennen war. Gemäß den Ausführungen des Dachdeckers war die Abdichtung an mehreren Stellen geöffnet worden, um die undichte Stelle zu lokalisieren. Ferner war aufstehendes Wasser auf der Abdichtung zu erkennen. Ein deutliches Gefälle der Flachdachfläche war augenscheinlich nicht festzustellen.

Nach Aussage des Dachdeckers hatte er im Rahmen der Sanierungsarbeiten am Flachdach im Jahr 2003 bemerkt, dass sich eine Birke nahe dem Dachrand ausgesät hatte. Da sich die Reste der abgetragenen Vegetationsschicht einschließlich der Birke noch auf dem Gelände befanden, war es möglich, die Größe des Baumes zu messen. Diese betrug rd. 30 cm. Eine Prüfung der Schichtdicke des Substrats konnte während der Ortsbegehung nicht durchgeführt werden, da die

Abb. 8.1.3
Blick auf das Flach-
dach des Anbaus
nach dem Entfernen
der Dachbegrünung
[1]

Abb. 8.1.3 Blick auf das Flachdach des Anbaus nach dem Entfernen der Dachbegrünung [1]

gesamte Substratschicht, wie beschrieben, vollständig entfernt worden war. Über die Höhe der Dachaufkantung konnte die Höhe jedoch indirekt bestimmt werden und wurde auf rd. 8 cm festgesetzt.

Hinweise zur Beurteilung

Aus den vorliegenden Unterlagen geht hervor, dass eine Dachdeckerei im Jahr 1998 mit der Erstellung eines Gründaches auf einem neu errichteten Gebäudeanbau beauftragt war. Fünf Jahre später wurde dem Unternehmen der Auftrag erteilt, die bestehende, 3 cm starke Substratschicht gegen eine 8 cm starke Schicht auszutauschen. Durch die Erhöhung der Vegetationsschicht wurde die Dachbegrünung von einer extensiv zu einer intensiv genutzten Fläche geändert.

Bei einer Extensivbegrünung handelt es sich um eine Dachbegrünung mit pflegearmem, niedrigem Bewuchs wie z.B. Moosen und Gräsern. Eine Intensivbegrünung ist dagegen eine Dachbegrünung mit pflegeintensivem und anspruchsvollem Bewuchs wie z.B. Stauden, Sträuchern und Bäumen. Grundsätzlich zählt eine Dachbegrünung ab einer Substrathöhe von mindestens 5 cm zu einer Intensivbegrünung. Die Substrathöhe ist entscheidend für die Ansiedlung von Pflanzen und wird wie im Folgenden beschrieben in drei Gruppen unterteilt:

- 5 bis 8 cm Substrat: Rasenvegetation,
- 10 bis 15 cm Substrat: Staudenvegetation,
- ≥ 25 cm Substrat: Sträucher und Gehölze.

Allerdings besteht die Möglichkeit, dass sich durch Samenflug auch auf einer Vegetationsschicht mit einer Höhe von nur 8 cm Gehölze ansiedeln. Daher wird sowohl für extensiv als auch für intensiv begrünte Dächer eine ein- bis zweimalige Begehung pro Jahr empfohlen. Darüber hinaus ist für Intensivbegrünungen eine regelmäßige Pflege notwendig, bei der vor allem auch solche Pflanzen entfernt werden, die nicht für Begrünung vorgesehen sind. Dies gilt insbesondere für Birken. Ihre unterirdischen Triebe, die sog. Rhizome, haben eine ausgesprochen zerstörerische Wirkung, die auch wurzelfeste Abdichtungsbahnen beschädigen können. Nach Aussage des Dachdeckers wurde das Planungsbüro durch seine Mitarbeiter auf dieses Risiko ausdrücklich hingewiesen.

Heutzutage üblicherweise verwendete Abdichtungsbahnen sind grundsätzlich für die Verwendung unter Dachbegrünungen geeignet. Bestehen diesbezüglich Zweifel, kann eine weitere Wurzelschutzschicht eingebaut werden. Eine qualifizierte Beurteilung der im vorliegenden Fall verwendeten Dachabdichtung war allerdings nicht möglich, da dem Sachverständigen die entsprechenden Unterlagen bzw. Produktbezeichnungen nicht zur Verfügung gestellt worden sind. Daher konnte nicht ermittelt werden, inwieweit das eingebaute »Schutzvlies« (vgl. Abschnitt *Vorbemerkungen und Sachverhalt*) als Wurzelschutzschicht geeignet gewesen ist.

Beantwortung von Fragestellungen und Schadensursachen

Im Folgenden werden Antworten zu den eingangs gestellten Fragen gegeben.

- Beantwortung der Frage 1:
  Eine fehlerhafte Ausführung der ursprünglichen Gründachkonstruktion konnte nach Analyse der vorhandenen Unterlagen und Informationen prinzipiell nicht festgestellt werden. Erst die Erhöhung der Substratschicht von 3 cm auf 8 cm und damit die Änderung von einer extensiven zu einer intensiven Begrünung hatte zur Folge, dass die vorhandene Abdichtungsschicht nicht mehr den Anforderungen an den Durchwurzelungsschutz genügte. Nach Äußerungen des Dachdeckers soll das verantwortliche Planungsbüro jedoch ausdrücklich auf die mögliche Gefahr hingewiesen worden sein, dass sich durch die Erhöhung der Vegetationsschicht Pflanzen durch Samenflug auf dem Dach ansiedeln können, die ausschließlich für eine Intensivbegrünung (Substrathöhe ≥ 5 cm) vorzusehen wären.

- Beantwortung der Frage 2:
  Die vorgefundenen Schäden sind auf eine ungenügende Pflege der Dachbegrünung durch den Bauherrn bzw. den Betreiber zurückzuführen. Die Größe der vorgefundenen Birke mit rd. 30 cm lässt vermuten, dass diese bereits seit

mehr als einem Jahr auf dem Dach gewachsen ist. Wie beschrieben, besteht bei einem Dachbewuchs mit Gewächsen wie z.B. Birken die Gefahr einer Durchwurzelung der eigentlich wurzelfesten Abdichtung. Es ist insofern anzunehmen, dass die Undichtheiten in der Gründachabdichtung auf eine Durchwurzelung der Abdichtungsschicht zurückzuführen sind. Grundsätzlich hätte der Bauherr bzw. der Betreiber über die regelmäßig durchzuführenden Pflegeeinheiten sowohl durch das Planungsbüro als auch durch das ausführende Unternehmen hingewiesen werden müssen.

Da sich die Undichtheiten in der Aufkantung des Flachdaches befanden, konnte es erst zu dem Wassereintritt kommen, als sich das Wasser bereits über eine gewisse Höhe auf dem Dach aufgestaut hatte.

Mangel- und Schadensbeseitigung

Unter *Mangel- und Schadensbeseitigung* ist die Beseitigung von schadensursächlichen Mängeln und daraus resultierenden Schäden zu verstehen.

Grundsätzlich wird im Hinblick auf eine Minimierung möglicher Schadenspotenziale bei Dächern, die für extensive und intensive Begrünungen genutzt werden, eine ein- bis zweimal im Jahr durchzuführende Begehung empfohlen. Darüber hinaus sollte die Dachbegrünung regelmäßig auf den Bewuchs insbesondere mit Gewächsen wie z.B. Birken, aber auch Bambus und Schilf, überprüft werden. Diese Pflanzen sind möglichst zu entfernen.

Die notwendigen Schadensbeseitigungsmaßnahmen in den Innenräumen umfassen neben einem Austausch der textilen Bodenbeläge das Auswechseln der beschädigten Aluminiumpaneele.

8.2 Schimmelpilzbildung an einem Dachtragwerk infolge mangelhafter Ausführung der Dampfsperre

Vorbemerkungen und Sachverhalt

Ein Generalübernehmer (GÜ) wurde im Sommer 2005 mit der schlüsselfertigen Errichtung eines Einfamilienhauses beauftragt. Bei dem Objekt handelt es sich um ein nicht unterkellertes, 1½-geschossiges Gebäude in Massivbauweise mit Satteldach. Es erfolgte durch den GÜ eine Subvergabe der Innenputz-, Außenputz- und Trockenbauarbeiten. Der Auftrag für den Subunternehmer umfasste darüber hinaus den Einbau einer Wärmedämmung als Zwischensparrendämmung und einer Dampfsperrschicht in der Dachkonstruktion. Für die Ausführung dieser Arbeiten beauftragte das Trockenbauunternehmen (Subunternehmer) seinerseits ein Bauunternehmen. Die beschriebenen Arbeiten wurden von Dezember 2005 bis Januar 2006 ausgeführt.

Mangel- und Schadenserkennung

Nach Angabe des zuständigen Bauleiters des GÜ wurde Ende Februar 2006 die Bildung von Eiszapfen an der Dachuntersicht beobachtet, die jedoch zunächst auf eine Undichtigkeit in der Dachdeckung zurückgeführt wurde. Zur gleichen Zeit hat der Bauherr in den Innenräumen Feuchtespuren im Anschlussbereich des Fußbodens an die Dachschrägen festgestellt. Der Estrich wies in den Randbereichen deutliche Durchfeuchtungserscheinungen auf. Es wurde eine Öffnung in der Dampfsperre hergestellt, die ergab, dass die Wärmedämmung durchfeuchtet und an den Sparren eine Schimmelpilzbildung festzustellen war. Der Bauherr beauftragte daraufhin einen Sachverständigen für Schimmelpilze mit einer Ortsbegehung. Darüber hinaus wurde eine Untersuchung der Mineralfaserdämmung sowie der Oberflächen der Sparren und des Innenputzes bei einem Umweltlabor in Auftrag gegeben.

Für diese Überprüfung wurden insgesamt zehn Abklatschproben genommen und analysiert. Aus den Untersuchungen ging hervor, dass die Dachbalken eine hohe Belastung an kultivierbaren Schimmelpilzsporen aufwiesen. An den Oberflächen des Innenputzes im Obergeschoss wurde ein leichter Befall, im Erdgeschoss ein erhöhter Befall festgestellt. Die Analyse der Materialproben der Mineralfaserdämmung ergab, dass der Dämmstoff sehr stark durch Mikroorganismen belastet war. Die Pilzgesamtkonzentration wurde als sehr hoch, die Bakteriengesamtkonzentration als hoch bewertet.

Abb. 8.2.1
Dachsparren mit sichtbarem Schimmelpilzbefall
[1]

Im Rahmen des Ortstermins Anfang März wurden mehrere Bauteilöffnungen durchgeführt, die ergaben, dass die Fußpfetten Wasserränder aufwiesen und die Sparren partiell durch Schimmelpilz befallen waren (s. Abb. 8.2.1). Weiterhin war eine ausgeprägte Kondensatsbildung auf der Unterseite der Unterspannbahn festzustellen, wobei das Wasser sowohl im gefrorenen Zustand als auch in tropfbarer flüssiger Form vorlag. Als Ursache für die Tauwasserbildung wurde von dem Sachverständigen eine mangelhafte Ausführung der Dampfsperre genannt. Infolgedessen kündigte der GÜ Gewährleistungsmängel gegenüber dem Trockenbauunternehmen an, in dessen Verantwortungsbereich diese Leistung fällt. Der Subunternehmer meldete den Schaden daraufhin seinem Berufshaftpflichtversicherer.

Fragestellungen an die Sachverständigen

Für den vom Berufshaftpflichtversicherer beauftragten Sachverständigen stellte sich nach der Ortsbegehung und ersten Sichtprüfung der aufgetretenen Schäden insbesondere die Frage, welche Umstände zu den Durchfeuchtungserscheinungen und der Schimmelpilzbildung in der Dachkonstruktion geführt haben. Im Einzelnen war auf folgende Fragestellungen einzugehen:

- Frage 1:
  Ist der Schimmelpilzbefall an der Dachkonstruktion auf eine zu hohe Baufeuchte in den Innenräumen zurückzuführen?

- Frage 2:
  Kann für die dargestellten Mängel und Schäden eine nicht fach- und sachgerechte Ausführung der Dachkonstruktion schadensursächlich gewesen sein?

Feststellungen zum Sachverhalt

Im Zusammenhang mit der Beantwortung der Fragestellungen an den Sachverständigen wurde daraufhin ein Ortstermin anberaumt, bei der nachfolgend beschriebene Feststellungen getroffen wurden.

Auf der nördlichen Traufseite des Gebäudes lag die Fußpfette direkt auf den Geschossdecken über dem Erdgeschoss auf, während sie auf der gegenüberliegenden Traufseite auf einem rd. 80 cm hohen Drempel gelagert war. Die Kehlbalkenlage, die etwa 2,50 m über der Oberkante des Rohfußbodens angeordnet war, bildete gleichzeitig den oberen Raumabschluss des Obergeschosses. Oberhalb der Kehlbalkenlage befand sich der Spitzboden, der über eine Einschubtreppe zu erreichen war. Diese Einschubtreppe war zum Zeitpunkt der Baubegehung noch nicht installiert. Die Untersuchung der Dachkonstruktion ergab, dass auf den

Sparren eine Unterspannbahn verlegt war, auf der die Lattung, die Konterlattung und die Dachdeckung angeordnet waren. Im Sparrenzwischenraum der Dachschrägen und der Kehlbalkenlage war eine ca. 20 cm starke Mineralfaserdämmung aus einem Zwischensparren-Klemmfilz eingebaut. Raumseitig befand sich auf den Sparren- sowie den Kehlbalkenunterseiten eine Dampfsperre. Zur winddichten Verklebung der Dampfsperre wurde ein Klebeband verwendet. Grundsätzlich handelt es sich bei dieser Konstruktion um ein sog. Warmdach.

Nach Aussage eines Vertreters des Trockenbauunternehmens ist die Dampfsperre im Spitzboden zunächst nur in einem Teilbereich eingebaut worden, da die Menge des bereitgestellten Materials nicht ausreichend war. Wie den vorliegenden Unterlagen zu entnehmen ist, wurden dem unterbeauftragten Bauunternehmen die zur Erbringung ihrer Leistungen benötigten Materialien wie Mineralfaserdämmung, Dampfsperrfolie und Klebeband vom Trockenbauunternehmen zur Verfügung gestellt. Der abschließende Einbau der Dampfsperre im Spitzboden erfolgte nach Fertigstellung der Innenputzarbeiten Ende Januar 2006, der Estrich wurde im Februar eingebaut. Nach Angabe des Bauherrn wurden die Räume im Erdgeschoss während der Ausführung der Innenputzarbeiten beheizt.

In einem Sparrenfeld im Spitzbodenbereich waren die Dampfsperre und die Mineralfaserdämmung entfernt worden. An der Unterspannbahn, an den Seitenflächen der Sparren sowie an der Firstpfette und an den Firstzangen war ein schwarzer Schimmelpilzbefall zu erkennen. Auch im Dachgeschoss wurde eine Bauteilöffnung vorgenommen, indem die Dämmschicht und die Dampfsperre der äußeren Sparrenfelder zurückgebaut wurden. Die Zwischensparrendämmung, die im unteren Bereich auf dem bereits eingebauten Estrich auflag, hatte eine Stärke von 21 cm. Die Dämmschicht war in allen kontrollierbaren Bereichen fühlbar feucht. An den Seitenflächen der freigelegten Sparren war im oberen Bereich ein schwarzer Schimmelpilzbefall zu erkennen (s. Abb. 8.2.3).

Die Unterspannbahnen waren raumseitig an den Längsstößen untereinander verklebt, nicht jedoch an den Querstößen, so dass sich in diesen Bereichen Taschen gebildet hatten, in denen Feuchte festgestellt werden konnte. Weiterhin war zu beobachten, dass die Dampfsperre mit einem Klebeband an der Fußpfette befestigt war. Wie in Abb. 8.2.2 und 8.2.3 zu erkennen ist, wies die Fußpfette einen schwarzen Schimmelpilzbefall auf. Zwischen der Pfette und der Oberseite des Stahlbeton-Drempels war zudem eine bis zu 10 mm breite, offene Fuge zu erkennen.

In allen Räumen des Dachgeschosses war die Dampfsperre bis auf die an die Dachflächenfenster anschließenden Sparren und Wechsel geführt und an den

Abb. 8.2.2
Fußpfette mit
schwarzem Schim-
melpilzbefall [1]

Seitenflächen mit einem Klebeband befestigt worden. Ein Anschluss der Dampfsperre an die Rahmen der Dachflächenfenster war nicht ausgeführt worden. Auf
der Dampfsperre war an den Tackerklammern, die zur Befestigung der Dampfsperre an den Sparrenunterseiten dienten, Klebeband aufgebracht. Dieses war
nach Angabe des Bauherrn erst nach Ausführung der Innenputzarbeiten verlegt worden.

Hinweise zur Beurteilung

Bei einem Warmdach handelt es sich grundsätzlich um eine nicht belüftete Dachkonstruktion, da über der Wärmedämmung keine Belüftungsschicht angeordnet ist. Raumseitig unter der Dämmung befindet sich üblicherweise eine Dampfsperre, die das Eindringen von Wasserdampf in die Dämmschicht und damit eine Durchfeuchtung verhindern soll. Aus diesem Grund weisen Dampfsperren einen vergleichsweise hohen Wasserdampfdiffusionswiderstand (Sperrwert, auch s_d-Wert genannt) auf.

Diesbezüglich sind dem von der DIN 4108-3 »Wärmeschutz und Energie-Einsparung in Gebäuden; Klimabedingter Feuchteschutz, Anforderungen, Berechungsverfahren und Hinweise für Planung und Ausführung« abgeleiteten Merkblatt »Wärmeschutz bei Dächern« des Zentralverbandes des Deutschen Dachdeckerhandwerks e. V. (ZVDH) [2] konstruktive Maßnahmen zu entnehmen, bei denen unter Einhaltung der Mindestsperrwerte $s_{d\,(innen)} \geq 2{,}0\,\text{m}$ und $s_{d\,(außen)} \leq 0{,}3\,\text{m}$ auf einen rechnerischen Tauwassernachweis verzichtet werden kann. Der s_d-Wert bezeichnet dabei den Widerstand, den ein Bauteil einem Dampfstrom entgegensetzt. Dazu wird die sog. »diffusionsäquivalente Luftschichtdicke« in Metern (m) angegeben. Dementsprechend ist bei unbelüfteten Dächern mit Sperrwertverhältnissen $s_{d,i}$ zu $s_{d,a}$ (innen zu außen) >6 kein rechnerischer Nachweis zur Dampfdiffusion erforderlich.

Anhand der Herstellerangaben der eingebauten Unterspannbahn und der Dampfsperre konnte der Wasserdampfdiffusionswiderstand wie folgt ermittelt werden:

$s_{d,i}$ = 0,2 m–5,0 m (Dampfsperre; s_d-Wert bei einer Raumluftfeuchte von 70 % und 30 %),

$s_{d,a}$ = 0,03 m (Unterspannbahn),

$s_{d,i}/s_{d,a}$ = 0,2 m/0,03 m = 6,67 (>6),

$s_{d,i}/s_{d,a}$ = 5,0 m/0,03 m = 166,67 (>6).

Insofern war im vorliegenden Fall ein rechnerischer Nachweis der Dampfdiffusion durch den verantwortlichen Planer nicht erforderlich.

Gemäß Herstellerangabe war die verwendete Dampfsperre grundsätzlich zum Einbau in vollgedämmten geneigten Dächern geeignet. Hinsichtlich der Ausführung des Einbaus waren jedoch Mängel festzustellen, da die Dampfsperrschicht nicht fach- und sachgerecht an die Fußpfetten und Dachflächenfenster angearbeitet war (vgl. Abschnitt *Feststellungen zum Sachverhalt*). Wie beschrieben, erfolgten der vollständige Einbau der Dampfsperre im Spitzboden sowie das Verschließen der Öffnungen, die durch das Befestigen mit Tackerklammern auf den Sparren entstanden sind, erst nach Abschluss der Innenputzarbeiten.

197

Die eingebaute Wärmedämmung in Form eines vorkomprimierten Zwischen-sparren-Klemmfilzes war entsprechend den Herstellerangaben grundsätzlich als Vollsparrendämmung einsetzbar. Nach DIN 18165-1 »Faserdämmstoffe im Bauwesen; Dämmstoffe für die Wärmedämmung« sind Grenzabweichungen des gemessenen Mittelwertes der Stichproben d_m von der angegebenen Nenndicke $d = 15$ mm zulässig. Die zum Ortstermin festgestellte Abweichung der gemessenen Dämmschichtstärke von 21 cm zur Nenndicke von 20 cm liegt daher innerhalb dieser Norm.

Die verwendete Unterspannbahn war gemäß der Verlegeanleitung des Herstellers als Unterdeckung auf einer formstabilen Dämmung geeignet. Der eingebaute Klemmfilz ist in dieser Hinsicht als formstabil zu bezeichnen. Bei »nicht formstabilen Dämmungen« handelt es sich z. B. um Einblasdämmungen.

Bezüglich des Bauablaufes ist festzuhalten, dass während der Ausführung der Innenputzarbeiten im Januar 2006 die Heizung in Betrieb war. Daher ist von einer Innentemperatur von (mindestens) 18 °C auszugehen. Die Außentemperaturen betrugen gemäß der im Internet veröffentlichten Klimadaten in diesem Zeitraum durchschnittlich 0 °C bis –5 °C. Infolge der Innenputzarbeiten war die Raumluft im Gebäude nahezu feuchtegesättigt und konnte über die Öffnung in der Kehlbalkenlage, in der die Einschubtreppe montiert werden sollte, auch in den Spitzboden gelangen. Da dort die Dampfsperre noch nicht vollständig eingebaut war, konnte die warme und feuchtegesättigte Luft ungehindert in die Dämmung eindringen und diese in der Folge durchfeuchten. Ferner war durch die Fehlstellen in der Dampfsperre ein zusätzlicher Feuchteeintrag in die Wärmedämmung möglich. Die Feuchte schlug sich als Tauwasser an der Innenseite der Unterspannbahn nieder und führte so zur Durchfeuchtung der Wärmedämmung und zur Schimmelpilzbildung.

Da sich Tauwasser an der Unterseite der Unterspannbahn (raumseitig) niedergeschlagen hatte, wurde vermutet, dass auch die Oberseite der Sparren, auf der die Unterspannbahn befestigt war, einen Befall mit Schimmelpilz aufwies. Aufgrund der Feuchtespuren an den Fußpfetten wurde zudem angenommen, dass auch unterhalb dieser Bauteile ein Befall vorhanden war. Des Weiteren wies die Unterseite der Firstpfette einen erheblichen Schimmelpilzbefall auf. Seitens des Sachverständigen wurde daher davon ausgegangen, dass auch die Oberseite befallen war.

Beantwortung von Fragestellungen und Schadensursachen

Im Folgenden werden Antworten zu den eingangs gestellten Fragen gegeben.

- Beantwortung der Frage 1:
Die vorgefundenen Mängel, insbesondere an den Dachsparren und -pfetten, sind auf eine dauerhafte Feuchtebelastung der Bauteile zurückzuführen. Bei der Feuchte handelt es sich um Kondenswasser, das an der raumzugewandten Seite der Unterspannbahn ausgefallen ist. Bedingt durch die Ausführung der Innenputzarbeiten wies die Innenraumluft eine relativ hohe Luftfeuchte auf. Der Grund für das Eindringen der feuchtegesättigten Luft in die betroffenen Bauteilebenen resultierte aus dem mangelhaften Einbau bzw. dem partiellen Fehlen der Dampfsperrschicht. Die permanente Feuchtebeaufschlagung während des Bauablaufs führte zu einer fortschreitenden Durchfeuchtung der Dämmschicht und der Holzbauteile und konnte so den Befall mit Schimmelpilzen verursachen.

- Beantwortung der Frage 2:
Die raumseitig angeordnete Dampfsperrschicht ist grundsätzlich luftdicht an allen Bauteilanschlüssen auszuführen. Im vorliegenden Fall fehlte jedoch ein derartiger Anschluss an die Rahmen der Dachflächenfenster und die Fußpfetten, so dass es an diesen Stellen zu einem Lufteintritt in die Dämmebene kommen konnte. Darüber hinaus wies die Dampfsperre partiell Fehlstellen auf, die durch das Befestigen auf den Sparren mit Tackerklammern entstanden sind. Durch den Eintritt von warmer, feuchtegesättigter Raumluft in die Dämmebene war der Niederschlag der Feuchte an kühleren Bauteilen als Tauwasser möglich, was in der Folge zu Kondensationsschäden und Schimmelpilzbildung führen konnte.

Der fehlerhafte Einbau der Dampfsperre fällt in den Verantwortungsbereich des ausführenden Unternehmens (Bauunternehmen), wobei dieser Sachverhalt durch die Bauleitung (GÜ) hätte erkannt und umgehend gerügt werden müssen. Darüber hinaus hätte die Bauleitung erkennen müssen, dass es durch die hohe Luftfeuchte im Gebäude zu einem Tauwasserniederschlag kommen konnte.

Mangel- und Schadensbeseitigung

Für eine fach- und sachgerechte Sanierung ist im vorliegenden Fall grundsätzlich der Rückbau des kontaminierten Dachtragwerkes sowie die anschließende Neuerrichtung zu empfehlen, da eine Instandsetzung der Sparren und Pfetten in etwa den gleichen Aufwand erfordern würde.

Die notwendigen Schadensbeseitigungsmaßnahmen umfassen insbesondere die Austrocknung der durchfeuchteten Wand- und Randfugenbereiche im Obergeschoss sowie die Desinfektion der Randfugen und der Dämmschicht unter dem Estrich. Dazu wird das Desinfektionsmittel durch Injektion in die zu behandelnden Bauteile eingebracht. Weiterhin wird eine mikrobielle Raumluftreinigung empfohlen. Eine technische Raumaustrocknung kann zudem ein erneutes mikrobielles Wachstum unterbinden. Die Sanierungsmaßnahmen umfassen darüber hinaus das mechanische Entfernen des mikrobiellen Befalls an den Oberflächen des Innenputzes. Nach Abschluss der Arbeiten sollte eine Freimessung im Erd- und Obergeschoss erfolgen. Dazu sind vom Sachverständigen mehrere Abklatsch- und Klebefilmproben sowie einige Luftkeimmessungen vorgesehen. Durch eine Luftkeimmessung ist der Erfolg einer Sanierungsmaßnahme nachzuweisen. Sollten noch erhöhte Luftkeimbelastungen festgestellt werden, sind weiterführende Maßnahmen erforderlich.

8.3 Mängel an einer Dachkonstruktion infolge fehlerhafter Ausführung der Leistungen

Vorbemerkungen und Sachverhalt

Ein Architekturbüro wurde im Jahr 2005 mit der Bauantragsplanung und Bauüberwachung von Sanierungsmaßnahmen an einem Fachwerkgebäude beauftragt. Die Architektenleistung umfasste die Leistungsphasen (LP) 1 bis 4 (Grundlagenermittlung, Vorplanung, Entwurfsplanung und Genehmigungsplanung) sowie anteilig LP 8 (Objektüberwachung) gemäß der »Verordnung über die Honorare für Leistungen der Architekten und der Ingenieure (Honorarordnung für Architekten und Ingenieure)« (HOAI) § 15 »Leistungsbild Objektplanung für Gebäude, Freianlagen und raumbildende Ausbauten«.

Bei dem Objekt handelt es sich um ein etwa 200 Jahre altes, 3½-geschossiges Fachwerkhaus, das als Wohngebäude genutzt wird. Die Decken sind als Holzbalkendecken, die Wände als Holzfachwerk ausgeführt. Aus den vorliegenden Unterlagen geht hervor, dass der vorhandene Dachstuhl abgebrochen und eine neue Dachkonstruktion in Form eines Kehlbalkendaches erstellt werden sollte. Ein Kehlbalkendach wird im Querschnitt durch zwei geneigt stehende Sparren in Verbindung mit einem horizontal liegenden Balken gebildet. Bei Sparrenlängen über 4,50 m wird zwischen den Sparren ein zusätzlicher horizontal liegender Balken (»Kehlbalken«) angeordnet, der die Durchbiegung der Sparren vermindern soll. Als Vorteil dieser Konstruktion gilt, dass der Dachzwischenraum stützen- und strebenfrei ist.

Anfang 2006 erhielt ein Ingenieurbüro den Auftrag zur Erstellung der statischen Berechnung für das Fachwerkgebäude. Die Statik umfasste u. a. das neu zu errichtende Dachtragwerk und die Deckenkonstruktionen. Die Berechnungen wurden nach Erstellung einem weiteren Fachingenieur zur Überprüfung übergeben, der in seinem Prüfbericht die Richtigkeit der statischen Nachweise bestätigte. Ferner erhielt die Prüfstatik den Hinweis, dass der Prüfingenieur über den Baubeginn rechtzeitig zu informieren und in die Abnahme einzubeziehen sei. Im Anschluss wurde eine Zimmerei mit der Errichtung der neuen Dachkonstruktion beauftragt.

Mangel- und Schadenserkennung

Im Rahmen der Abnahme Ende 2006 sind vom Prüfstatiker an der neu erstellten Dachkonstruktion sowie an den Decken des Erd- und Obergeschosses Mängel festgestellt worden, die nachfolgend dargestellt und erläutert werden.

- Dachkonstruktion:
  Bei der Besichtigung des Dachtragwerks war zu erkennen, dass die Konstruktion weder als reines Pfettendach noch als reines Kehlbalkendach erstellt worden war, sondern eine Mischung aus beiden Dachkonstruktionen darstellte (s. Abb. 8.3.1).

Abb. 8.3.1
Blick in das
Dachtragwerk [1]

Abb. 8.3.2
Blick in das Dach-
tragwerk; an der
Mittelpfette aufge-
hängte Kehlbalken,
gegeneinander ver-
setzt angeordnete
Sparrengebinde [1]

Wie in Abb. 8.3.2 zu erkennen ist, waren zudem einige der Kehlbalken an der Mittelpfette mittels Sparrenpfettenanker angehängt und nicht an den Sparren befestigt. Weiterhin konnte festgestellt werden, dass die Mittelpfetten nur vom Giebel bis zur Mitte des Daches verlegt und weder durch Stützen unterstützt noch durch Kopfbänder ausgesteift waren. Darüber hinaus lagen sich die Sparrenpaare (Gebinde) nicht gegenüber, sondern waren gegeneinander versetzt angeordnet.

- Deckenkonstruktionen:
Die vorhandenen Decken des Gebäudes sind ursprünglich mit Holzverschalungen bekleidet gewesen, die im Rahmen der Sanierungsarbeiten entfernt worden sind. Diese Verschalungen dienten dem Gebäude als Aussteifung, die nach Vorgabe des Tragwerksplaners durch den Einbau von Windrispen ersetzt werden sollten. Diesbezüglich war festzustellen, dass die Deckenbalken entgegen diesen Vorgaben nur mit Holzlaschen verstärkt worden sind, während Windrispen zur horizontalen Versteifung nicht vorhanden waren (s. Abb. 8.3.3).

In diesem Zusammenhang wurde das Architekturbüro Ende 2006 vom Eigentümer und Bauherrn für eine mangelhafte Objektüberwachung verantwortlich gemacht. Der Architekt zeigte den Schaden daraufhin seinem Berufshaftpflichtversicherer an.

Abb. 8.3.3
Blick in die offene
Deckenkonstruk-
tion, sichtbare
Holzlaschen als
Verstärkung der
Deckenbalken [1]

Fragestellungen an die Sachverständigen

Für den vom Eigentümer beauftragten Sachverständigen stellte sich nach der Ortsbegehung und ersten Sichtprüfung der aufgetretenen Schäden insbesondere die Frage, welche Umstände zu den beschriebenen Mängeln am Dachtragwerk sowie an den Deckenkonstruktionen geführt haben. Im Einzelnen war auf folgende Fragestellungen einzugehen:

- Frage 1:
  Kann für die dargestellten Mängel eine nicht fach- und sachgerechte Ausführung der jeweiligen Arbeiten schadensursächlich gewesen sein?
- Frage 2:
  Sind die aufgetretenen Mängel auf eine mangelhafte Objektüberwachung des Architekten zurückzuführen?

Feststellungen zum Sachverhalt

Nach Angabe des Architekten meldete die mit der Errichtung der neuen Dachkonstruktion beauftragte Zimmerei nach Abgabe ihres Angebotes Bedenken gegen das vom Tragwerksplaner berechnete Kehlbalkendach an. Grund dafür soll die Schiefwinkeligkeit des Gebäudes gewesen sein, die die geplante Dachkonstruktion nur mit einem unverhältnismäßig hohen Aufwand möglich gemacht hätte. Als Alternative habe die Zimmerei daraufhin die Konstruktion eines Pfettendaches vorgeschlagen. Bei einer Pfettendachkonstruktion tragen parallel zur Traufe liegende Balken, die sog. Fußpfetten, die aufliegenden Sparren. Die Fußpfetten leiten die Lasten weiter auf die Außenwände oder auf Stützen. Um die Längsaussteifung des Daches zu ermöglichen, sind die Pfetten mit den Stützen zusätzlich über sog. Kopfbänder verbunden. Bei Sparrenlängen von über 4,50 m ist die Anordnung einer zusätzlichen Mittelpfette notwendig.

Der Architekt teilte dem beauftragten Tragwerksplaner den Vorschlag der Alternativkonstruktion schriftlich mit und entwarf zusätzlich eine Skizze für die mögliche Ausbildung des Fußpunktes der Dachkonstruktion. In dieser Skizze wurde eine sog. Knagge vor den Sparren angeordnet, die die horizontalen Kräfte des Daches aufnehmen sollte. Nach Aussage des Architekten sei ihm daraufhin sowohl vom Tragwerksplaner als auch vom Prüfstatiker versichert worden, dass die Alternativausführung der Dachkonstruktion als Pfettendach möglich sei. Die vom Architekten geplante Ausführung des Anschlusspunktes zwischen Sparren und Deckenbalken wurde vom Prüfstatiker dagegen nicht zugelassen. Diese Information wurde dem Bauherrn Mitte Juni 2006 schriftlich mitgeteilt.

Wie den vorliegenden Unterlagen zu entnehmen ist, wurden die Leistungen der Zimmerei zur Erstellung der neuen Dachkonstruktion Ende Juni 2006 erbracht. Die Beauftragung dazu erfolgte ohne das Wissen des Architekten, der sich in diesem Zeitraum auf einer Fortbildung befand, durch den Bauherrn. Weiterhin lässt sich den Akten entnehmen, dass die Zimmerei das Pfettendach in Absprache mit den beteiligten Statikern erstellt hat. Nach Angabe des Architekten lag zu diesem Zeitpunkt jedoch noch keine Baugenehmigung für die Baumaßnahme vor. Diese wurde erst Anfang Juli 2006 erteilt. Nachfolgend forderte der Architekt den Tragwerksplaner auf, die Dachkonstruktion statisch nachzuweisen, was diesem jedoch nicht gelang. Daraufhin löste der Bauherr den Vertrag mit dem Tragwerksplaner vorzeitig auf und beauftragte im Dezember 2006 einen anderen Fachingenieur mit der Erstellung einer neuen statischen Berechnung. Darin wurde u. a. darauf hingewiesen, dass die Tragfähigkeit der Dachkonstruktion durch die Ausbildung eines reinen Pfettendaches herzustellen sei und aussteifende Deckenscheiben für die Gebäudestabilität einzuplanen wären.

Die ungenügende Aussteifung der Deckenkonstruktionen resultierte aus der Demontage der ober- und unterseitigen Holzverschalungen, die im Rahmen der Sanierungsmaßnahmen vom Bauherrn selbst vorgenommen worden war. Wie sich durch die Prüfung des neu beauftragten Tragwerksplaners ergab, waren die Deckenverschalungen für die Gesamtstabilität des Gebäudes mit verantwortlich.

Nach Angabe des Architekten war ihm dieser Sachverhalt nicht bekannt. Erst durch die neue statische Berechnung sei er darauf aufmerksam geworden. Da die neuen Deckenunterkonstruktionen aus Gipskartonplatten den Anforderungen an die horizontale Aussteifung nicht genügten, empfahl der Statiker den nachträglichen Einbau von Windrispen.

Hinweise zur Beurteilung

Aus den vorliegenden Unterlagen geht hervor, dass ein Architekturbüro im Jahr 2005 mit der Bauantragsplanung und Bauüberwachung von Umbau- und Sanierungsmaßnahmen an einem Fachwerkgebäude beauftragt war. Die Arbeiten umfassten insbesondere das Erstellen einer neuen Dachkonstruktion, die ursprünglich als Kehlbalkendach und später als Pfettendachkonstruktion ausgeführt werden sollte.

Die im Rahmen der Endabnahme Ende 2006 festgestellten Mängel am Dachtragwerk sowie an den Deckenkonstruktionen werden im Folgenden dargestellt und erläutert.

- Dachkonstruktion:

  Die Erstellung der Dachkonstruktion wurde vom Bauherrn eigenverantwortlich und ohne Absprache mit dem verantwortlichen Architekten in Auftrag gegeben. Die Baumaßnahme erfolgte zudem ohne gültige Bauerlaubnis, da diese erst zwei Wochen später von der zuständigen Behörde erteilt wurde.

  Bezüglich der Ausführung der Dachkonstruktion war festzustellen, dass die Sparren am Fußpunkt mit einem sog. Sparrenpfettenanker auf einer Fußpfette befestigt waren (s. Abb. 8.3.4). Darüber hinaus war zu erkennen, dass die vorhandenen Mittelpfetten nicht über die gesamte Dachlänge reichten und daher nur einen Teil der Sparren unterstützten. Unterhalb der Mittelpfetten waren Kehlbalken angeordnet, die teilweise durch Sparrenpfettenanker an den Pfetten aufgehängt oder an den Sparren gelenkig angeschlossen waren. Zudem war zu erkennen, dass die Firstpfette von nur einem Stützbalken gestützt wurde und die Sparrenpaare gegeneinander versetzt angeordnet waren (s. Abb. 8.3.5), so dass die gleichmäßige Lastabtragung nicht einwandfrei gewährleistet war. Diese Ausführung entspricht nicht den (allgemein) anerkannten Regeln der Technik und zeigt, dass die Konstruktion in dieser Form nicht geplant war. Die beschriebenen Abweichungen von einer reinen Pfettendachkonstruktion sind augenscheinlich aufgrund notwendiger Anpassungen an die örtlichen Gegebenheiten während der Bauphase erfolgt.

Abb. 8.3.4
Anschluss Sparren /
Fußpfette [1]

Abb. 8.3.5
Blick in das
Dachtragwerk;
Mischkonstruktion
zwischen
Kehlbalken- und
Pfettendach [1]

- Deckenkonstruktionen:

  Decken, die zur Gebäudeaussteifung dienen, werden grundsätzlich scheiben-
  artig ausgebildet. Im vorliegenden Fall führte die Demontage der ober- und
  unterseitigen Holzschalungen der Geschossdecken zum Verlust der aussteifenden Wirkung. Die neuen Deckenverkleidungen aus Aluminiumleichtprofi-
  len und Gipskartonplatten erfüllten diese statische Funktion dagegen nicht.

Beantwortung von Fragestellungen und Schadensursachen

Im Folgenden werden Antworten zu den eingangs gestellten Fragen gegeben.

- Beantwortung der Frage 1:

  Die vorgefundenen Mängel an der Dachkonstruktion sind vorwiegend auf eine
  mangelhafte Ausführung der Zimmererarbeiten zurückzuführen. Wie beschrieben, erfolgte die Erstellung des Dachtragwerkes ohne eine qualifizierte Planung und statische Berechnung sowie ohne eine kompetente Bauüberwachung.
  Es wurden insbesondere grundlegende Ausführungsregeln bezüglich der Konstruktion von Pfettendächern nicht beachtet. Darüber hinaus lag zum Zeitpunkt
  der Baumaßnahme noch keine gültige Bauerlaubnis vor.

  Die Sanierungsarbeiten im Gebäudeinneren wurden teilweise vom Bauherrn
  durchgeführt, wie z. B. die Demontage der Holzverschalungen der Geschossdecken. Diese Maßnahme hatte den Verlust der aussteifenden Wirkung der
  Deckenscheiben zur Folge. Die neu erstellten Deckenunterkonstruktionen aus
  Gipskartonplatten konnten diese statische Funktion nicht erfüllen.

- Beantwortung der Frage 2:

  Die Erstellung der Dachkonstruktion erfolgte ohne Kenntnis des verantwortlichen Architekten. Die ausführende Zimmerei wurde vom Bauherrn eigenverantwortlich mit der Leistung beauftragt, ohne dass eine qualifizierte Planung
  und statische Berechnung darüber vorlagen. Diesbezüglich ist dem Architekten nicht anzulasten, dass er eine mangelhafte Leistung, insbesondere der
  LP 8 »Objektüberwachung (Bauüberwachung)« gemäß HOAI § 15, erbracht
  hat.

  Hinsichtlich der ungenügenden Aussteifung der neu erstellten Deckenunterkonstruktionen ist dem Architekten dagegen vorzuwerfen, dass er auf diese
  Problematik erst durch den Tragwerksplaner aufmerksam gemacht werden
  musste. Die mangelhafte Deckenaussteifung durch den Einbau von Gipskartonplatten hätte der Architekt erkennen, und den Bauherrn vor der Ausführung darüber informieren müssen.

Mangel- und Schadensbeseitigung

Die notwendigen Schadensbeseitigungsmaßnahmen umfassen insbesondere den Abbruch der mangelbehafteten Dachkonstruktion sowie das Errichten eines neuen, fach- und sachgerecht ausgeführten Dachtragwerkes. Darüber hinaus sind die Geschossdecken hinsichtlich ihrer aussteifenden Wirkung instand zu setzen. Dazu müssen die bereits montierten Gipskartonplatten einschließlich der Unterkonstruktion aus Aluminiumprofilen entfernt und nach der Montage der erforderlichen Windrispen wieder angebaut werden.

8.4   Literaturverzeichnis

Verwendete Literatur

[1] VHV – Vereinigte Hannoversche Versicherung AG: Gutachten aus den Schadensfällen der VHV-Versicherung. 2005 bis 2007

[2] Zentralverband des Deutschen Dachdeckerhandwerks e. V. (ZVDH) – Fachverband Dach-, Wand- und Abdichtungstechnik: Merkblatt Wärmeschutz bei Dächern. Köln: Verlagsgesellschaft Rudolf Müller, September 1997

[3] HOAI – Verordnung über die Honorare für Leistungen der Architekten und Ingenieure (Honorarordnung für Architekten und Ingenieure); BGBl. I S. 2992, März 1991, akt. November 2001

Gesetze/Verordnungen/Regelwerke

– DIN 18165-1: Faserdämmstoffe im Bauwesen – Teil 1: Dämmstoffe für die Wärmedämmung (Ausgabe: Juli 1991)

– DIN EN 13162: Wärmedämmstoffe für Gebäude – Werkmäßig hergestellte Produkte aus Mineralwolle (MW) – Spezifikation; Deutsche Fassung EN 13162: 2001, Berichtigung 1 (Ausgabe: Juni 2006)

– DIN V 18165-1 (Vornorm): Faserdämmstoffe für das Bauwesen – Teil 1: Dämmstoffe für die Wärmedämmung (Ausgabe: Januar 2002)

– DIN 4108-3: Wärmeschutz und Energie-Einsparung in Gebäuden – Teil 3: Klimabedingter Feuchteschutz, Anforderungen, Berechungsverfahren und Hinweise für Planung und Ausführung (Ausgabe: Juli 2001)

– Zentralverband des Deutschen Dachdeckerhandwerks e. V. (ZVDH) – Fachverband Dach-, Wand- und Abdichtungstechnik: Merkblatt Wärmeschutz bei Dach und Wand. Köln: Verlagsgesellschaft Rudolf Müller, September 2004

Dipl.-Ing. Karsten Ebeling, Burgdorf/Hannover[1]

9 Schadensursachen und Schadensvermeidung bei Betonbauwerken

Beton ist ein universal einsetzbarer Baustoff, der Bauaufgaben in unterschiedlichsten Bereichen übernehmen kann. Voraussetzung dafür ist jedoch eine sachgerechte Planung und Ausführung. Jeder Baustoff hat Stärken, aber auch Anwendungsgrenzen bzw. Randbedingungen, die beim Planen, Herstellen und Ausführen zu beachten sind.

In diesem Beitrag werden Schäden im Betonbau aufgezeigt, die Bauschaffende in ihrem jeweiligen Tätigkeitsbereich durch unzureichende Beachtung der Materialeigenschaften des Betons verursachen können. Weiterhin werden Anforderungen und Regeln dargestellt, um Schäden im Betonbau zu vermeiden. Ein besonderer Schwerpunkt liegt hierbei in der Dauerhaftigkeit des Betons, die bei Planung, Herstellung und Ausführung von Betonbauwerken zu beachten ist.

9.1 Einleitung

Bei Betonbauwerken stehen zwei wesentliche Eigenschaften im Mittelpunkt der Planung: die Tragfähigkeit und die Dauerhaftigkeit. Beide Eigenschaften sind notwendig, um die Gebrauchstauglichkeit während der vorgesehenen Nutzungsdauer sicherzustellen. Die Betonkonstruktion muss zudem baustoffgerecht geplant und in der Baupraxis ausführbar sein. Neben planerischen Erfordernissen ist auch eine fachgerechte Bauausführung notwendig. Eine Bauüberwachung

---

[1] Dipl.-Ing. Karsten Ebeling ist Geschäftsführender Partner der Ingenieur- und Sachverständigen-Partnerschaft ISVP Lohmeyer + Ebeling und arbeitet als Beratender Ingenieur sowie öbuv. Sachverständiger für Betontechnologie und Betonbau der Ingenieurkammer Niedersachsen (IngKN). Seine besonderen Themenschwerpunkte sind Weiße Wannen, Parkdecks, Betonböden im Industriebau, Sichtbeton sowie die Anwendung der neuen Betonregelwerke. Zusätzlich ist er als Referent bei verschiedenen Institutionen und Weiterbildungsmaßnahmen zu Themen des Betonbaus und Autor zahlreicher Fachveröffentlichungen. Von 1990 bis 2003 war Herr Ebeling Beratungsingenieur für zementgebundene Baustoffe in der Bauberatung Zement Hannover im BDZ und Ansprechpartner für Fragen zu Planung, Herstellung, Ausführung sowie Instandsetzung. Von 1998 bis 2003 war er Leiter der Bauberatung Zement Hannover.
Kontakt: www.isvp.de und www.ing-ebeling.de

auf der Baustelle kann den Bauausführenden unterstützen und gleichzeitig Planung und Ausführung koordinieren. Die Langlebigkeit eines Betonbauteils wird aber nur dann aufrechterhalten werden können, wenn der Nutzer notwendige Instandhaltungsmaßnahmen in der Nutzungsphase durchführt.

Die zuvor genannten Punkte sind nicht neu und sollten eigentlich zum »Alltag« in der Baupraxis gehören. Leider ist dies jedoch häufig nicht der Fall, wie viele Schäden im Betonbau belegen.

Trotz Verbesserungen in der Forschung und trotz des heute über viele Medien wie Internet, Fachbücher oder Fachtagungen verfügbaren Know-how-Angebotes funktioniert der Wissenstransfer nicht in gewünschter bzw. nicht in optimaler Weise. Einige typische Ursachen für Schäden bei Betonbauwerken in der Planung und Ausführung sind Inhalt dieses Beitrages. Dargestellt werden aber auch die »Stellschrauben«, um dauerhafte Bauwerke aus Beton herstellen zu können.

9.2 Ursachen für Schäden im Betonbau

Planungsfehler

Jedes Betonbauwerk ist in der Regel ein Unikat. Das ergibt sich daraus, dass jeder Bauherr individuelle Vorstellungen und Wünsche hinsichtlich der Gestaltung, Funktionalität und Nutzung hat. Auch die Standortlage gehört zu den Randbedingungen, die für jedes Betonbauwerk in der Regel unterschiedlich sind. Die Summe dieser Einflussparameter ist der Grund für die Vielzahl von möglichen Fehlerquellen und der damit verbundenen Schadensanfälligkeit.

Viele der späteren Mängel und Schäden bei Betonbauwerken sind ursächlich bereits durch Fehler in der Planung entstanden. Häufig werden die Stärken und Leistungsgrenzen des Baustoffs Beton nicht richtig berücksichtigt. Das heißt, dass nicht materialgerecht geplant und gebaut wird.

Einige typische technische Fehlerquellen, die bei der Planung von Betonbauteilen auftreten, sind beispielsweise:

- unzureichende oder falsche Berücksichtigung der Einwirkungen auf den Beton und/oder die Bewehrung in der Nutzungsphase des Bauwerks,
- unzureichende Berücksichtigung der Anforderungen an die Dauerhaftigkeit,
- Wahl ungeeigneter Bauweisen, die ein hohes Rissrisiko beinhalten,
- mangelhafte konstruktive Ausbildung der Betonbauteile sowie
- fehlerhafte Annahmen bei der Bemessung.

Einer der »größten« und »mächtigsten« Feinde notwendiger Sorgfalt bei Planung und Ausführung ist heute jedoch der Faktor Zeit. Hier werden von Auftraggebern teilweise unvernünftige oder sogar nicht erfüllbare Terminforderungen verlangt, die dann zu Versäumnissen führen und ein hohes Schadensrisiko bergen. Planer und Ausführende nehmen aufgrund der schlechten wirtschaftlichen Lage im Bauwesen auch solche »Knebel«-Aufträge wider besseres Wissen an – mit bekannten Folgen.

Einwirkungen auf Betonbauteile

Häufig werden in der Planungsphase die späteren Einwirkungen nicht richtig oder nur unzureichend erfasst und berücksichtigt. Die Dauerhaftigkeit von Betonbauwerken hängt im Wesentlichen von der Betonqualität eines Bauteils und zusätzlich von der Bewehrung bei Stahl- bzw. Spannbetonbauteilen ab.

Der Beton muss selbst ausreichend widerstandsfähig sein, z.B. gegen Frost- und/oder Frost-Taumittel-Einwirkung, gegen chemische Beanspruchungen aus aggressiven Umweltbedingungen sowie ggf. gegen mechanische Einwirkungen infolge Verschleißes. Bis zum Erscheinen der Neuausgabe der DIN 1045-1 »Tragwerke aus Beton, Stahlbeton und Spannbeton – Teil 1: Bemessung und Konstruktion« im Jahr 2001 wurde planerisch vielfach lediglich ein Beton mit einer »üblichen« Festigkeitsklasse B25 (heute C20/25) kombiniert mit der Eigenschaft Wasserundurchlässigkeit (WU) (heute Beton mit hohem Wassereindringwiderstand) festgelegt, ohne andere mögliche Einwirkungen abzuklären bzw. zu berücksichtigen.

Um spätere Schäden vermeiden zu können, sind neben der projektbezogenen Betonqualität bei Stahl- bzw. Spannbetonbauteilen zusätzlich die Folgen einer Karbonatisierung des Betons sowie einer Chloridbeanspruchung entscheidend und daher planerisch zu berücksichtigen.

Einwirkungen auf den Beton durch Frost

Betonbauteile, die bei üblichen Wintertemperaturen voll der Witterung ausgesetzt sind, müssen gegen häufige und schroffe Frost-Tau-Wechsel im durchfeuchteten Zustand ausreichend widerstandsfähig sein. Dies trifft in der Regel für alle frei bewitterten Bauwerke des Hoch-, Brücken- und Wasserbaus zu. Der Frostwiderstand von Beton wird im Wesentlichen durch die Dichtigkeit seine Gefüges und seiner Menge an Porenraum beeinflusst.

Beanspruchungen des Betons durch Frost-Tau-Wechsel können sowohl zu äußeren als auch inneren Frostschäden führen.

Beispiele für äußere Schädigungen sind:

- langsames Abwittern und Abplatzen dünner, an der Betonoberfläche liegender Mörtelschichten (Schichtdicke ungefähr 0,6 mm) sowie

- einzelne, trichterförmige Ausbruchstellen von dicht unter der Betonoberfläche liegenden Gesteinskörnern (sog. »pop-outs«).

Innere Schädigungen durch Frosteinwirkung können beispielsweise durch mikrofeine Risse in der Zementsteinmatrix entstehen, die sich aus der 9%igen Volumenzunahme und -ausdehnung beim Gefrieren des nicht chemisch gebundenen Wassers im Zementstein ergeben. Sie treten überwiegend in oberflächennahen Schichten von 1 cm bis 4 cm Tiefe auf (s. [1] bis [4]).

Typische Fehlerquellen, die Frostschäden verursachen können, sind beispielsweise Fehler bei der Festlegung der Betonzusammensetzung. Hierzu gehören ungeeignete Gesteinskörnungen mit fehlendem bzw. unzureichendem Frostwiderstand, die »pop-outs« verursachen können. Schlämmereiche, horizontale Betonoberflächen bei blutenden Betonen sind ebenfalls anfällig für Frostschäden. Hier hat der Beton einen hohen Wasserzementwert (w/z-Wert). Das bedeutet, dass im Zementstein viele grobe Kapillarporen vorhanden sind, die bei schroffen Frost-Tau-Wechseln gefrieren und zu flächenhaften Abplatzungen im oberflächennahen Bereich führen können. Ähnliche Schadensbilder ergeben sich auch bei Betonen, die einen zu hohen Mehlkorngehalt aufweisen. Abb. 9.2.1 zeigt einen solches Schadensbild.

Abb. 9.2.1
Beispiel für einen
Frostschaden
[Werkfoto Ebeling]

Einwirkungen auf den Beton durch Frost-Taumittel

Werden Betonbauteile im durchfeuchteten Zustand zusätzlich durch einwirkende Tausalze oder andere Taumittel (z. B. Urea) beansprucht, so liegt eine wesentlich stärkere Beanspruchung vor als bei »normalen« Frost-Tau-Wechseln. Beispiele für typische Betonbauwerke mit sehr starken Frost-Taumittel-Beanspruchungen sind insbesondere horizontale Bauteile wie Betonfahrbahnen, Brückenkappen oder auch Räumerlaufbahnen von Kläranlagen.

Tausalze werden im Winter eingesetzt, um Schnee und Eis auf befahrenen und/ oder begangenen Flächen zum Auftauen zu bringen. Hierbei dringen gelöste Salze wie Natriumchlorid (NaCl) bzw. Calciumchlorid ($CaCl_2$) in die Betonoberfläche ein, die gleichzeitig den Gefrierpunkt des Porenwassers absenken. Das kann zur Folge haben, dass bei niedrigen Temperaturen zunächst das Wasser in tieferen Betonschichten, in die bisher kein Chlorid eingedrungen ist, gefriert. Sinken die Temperaturen weiter, gefriert auch das salzhaltige Wasser in oberflächennahen Schichten. Es verbleibt eine noch ungefrorene Zwischenschicht zwischen der gefrorenen Betonoberfläche und einer tiefer liegenden Schicht.

Der Kristallisationsdruck, der durch die Volumenvergrößerung des gefrierenden Porenwassers in der unteren und oberen Schicht entsteht, kann noch in benachbarte Bereiche abgeleitet werden. Bei einem weiteren Temperaturabfall gefriert auch die Wasserschicht zwischen den bereits gefrorenen Schichten. Das in der Zwischenschicht eingeschlossene Wasser übt einen Sprengdruck aus, der zu

Abb. 9.2.2
Beispiel für einen
Frost-Tausalz-
Schaden
[Werkfoto Ebeling]

Abb. 9.2.3
Frost- und Tau-
mitteleinwirkung auf
Beton nach [1]

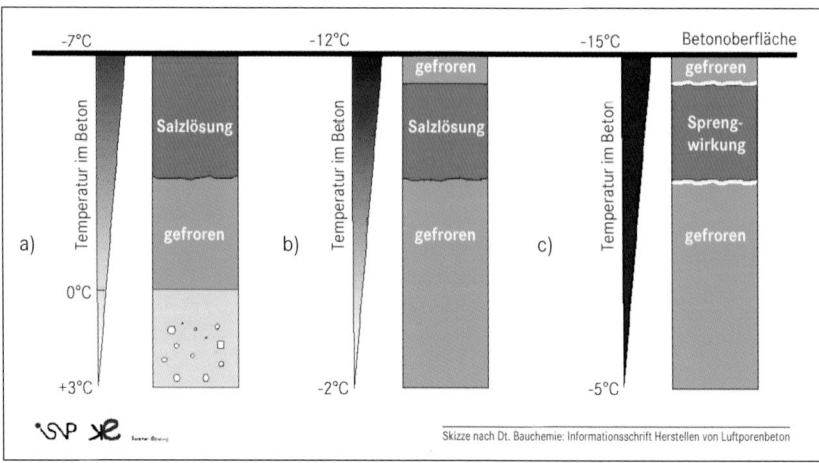

Gefügelockerungen, Rissbildungen und flächenhaft verteilten Abplatzungen im
oberflächennahen Bereich führen kann (s. Abb. 9.2.2), wenn der Beton hinsichtlich seiner Zusammensetzung nicht entsprechend vorbereitet ist (s. [1] bis [4]).

In Abb. 9.2.3 sind die Zusammenhänge beispielhaft dargestellt. Im Bildteil a) ist
die Ausgangssituation zu sehen, dass bei Frost zunächst tiefere Betonschichten
gefroren sind; im Bildteil b) ist zusätzlich der oberflächennahe Bereich gefroren; Bildteil c) zeigt die Sprengwirkung der gefrierenden Zwischenschicht. Sind
dort nicht genügend Ausweichräume (wasserfreie Poren) im Beton vorhanden
bzw. sind diese Poren zu weit voneinander entfernt, entstehen Zugspannungen
im Zementsteingefüge.

Um Schadensbilder durch Frost-Tausalz-Beanspruchungen zu vermeiden, be-
nötigen Betone für diese Anwendungsgebiete im Regelfall künstlich in den Beton eingeführte Luftporen. Hierzu nutzt man das Betonzusatzmittel eines Luft-
porenbildners (LP-Bildner), welches feine, geschlossene und weitgehend
kugelige Luftporen als wirksame Mikroluftporen in ausreichender Menge und
Verteilung in den Beton einbringt. Die Mikroluftporen haben die Aufgabe, die
Kapillarporenräume zu unterbrechen und somit eine Wassersättigung des Betons durch kapillar aufgesaugtes Wasser zu verhindern. Auf diese Weise kann
der beim Gefrieren der Porenflüssigkeit entstehende Kristallisationsdruck ver-
mieden werden, da die Mikroluftporen die Funktion eines Ausweichraumes
übernehmen. Besonders wirksam sind kugelige Luftporen mit einem Durchmesser unter 0,3 mm. Der Abstandsfaktor zwischen den kleinen Poren soll im
erhärteten Beton möglichst unter 0,2 mm liegen. Nur so ist gewährleistet, dass
der Weg für das gefrierende Wasser in den Kapillaren bis zum nächsten Aus-
weichraum kurz genug bleibt (s. [1] bis [4]).

Werden statt Tausalzen andere Taumittel eingesetzt, kann neben dem beschriebenen physikalischen Angriff zusätzlich ein chemischer Angriff des Betons entstehen. Ein typisches Beispiel dafür sind Flugbetriebsflächen. Hier sind die konventionell im Straßenbau üblichen Tausalze auf NaCl- bzw. $CaCl_2$-Basis aufgrund ihrer korrosiven Wirkung für die Werkstoffe im Flugzeugbau ungeeignet. In der Vergangenheit wurden Taumittel mit künstlichen Harnstoffen (Urea) eingesetzt. In den letzten Jahren hat man begonnen, diese Harnstoffe aufgrund der damit verbundenen Umweltbelastungen schrittweise durch neue Enteisungsmittel zu ersetzen, z.B. auf Glykol- und Acetatbasis. Im Merkblatt für den Bau von Flugbetriebsflächen aus Beton von der Forschungsgesellschaft für Straßen- und Verkehrswesen (FGSV) werden besondere Prüfungen und Nachweise für die Eignung der Gesteinskörnung hinsichtlich der vorgesehenen Auftaumittel verlangt. Beim Neubau von Flugbetriebsflächen ist es sinnvoll, im Vorfeld zusätzlich Prüfungen am Zementstein bzw. Beton mit den Taumitteln durchzuführen, um spätere Schädigungen durch Frost-Taumittel zu vermeiden [5].

Die Schäden durch Frost-Taumittel-Einwirkung entsprechen im Erscheinungsbild denen eines Frostschadens. Zur Schadensvermeidung ist ein wirksamer und ausreichender Schutz des Betons während des Erhärtens durch geeignete Nachbehandlungsmaßnahmen nach DIN 1045-3 »Tragwerke aus Beton, Stahlbeton und Spannbeton – Teil 3: Bauausführung« in Abhängigkeit der Witterungsbedingungen entscheidend. Weiterhin sollte der Beton vor einer ersten Frost-Taumittel-Beaufschlagung möglichst gut ausgetrocknet sein. Für Betonflächen, die in den Herbstmonaten hergestellt werden, empfiehlt es sich, die Betonoberflächen beispielsweise zu imprägnieren.

Einwirkungen infolge eines chemischen Angriffs auf Beton

Beton kann durch unterschiedliche Stoffe chemisch angegriffen werden (s. Abb. 9.2.4). Daher ist es wichtig, im Vorfeld mögliche chemisch angreifende Medien planerisch zu erfassen und zu berücksichtigen. Chemische Angriffe auf Beton sind stets verbunden mit Feuchtigkeit. Unterschieden werden Angriffe, die lediglich zu optischen Beeinträchtigungen führen sowie lösende oder treibende Angriffe, die den Beton in seinem Gefüge schädigen und auch als Betonkorrosion bezeichnet werden. Lösende bzw. treibende Angriffe von aggressiven Wässern können durch starkes Fließen, erhöhte Temperaturen oder hohem Druck vergrößert werden. Mit abnehmender Durchlässigkeit des Bodens sinkt auch das Angriffsvermögen.

Ausblühungen sind weiße, schleierartige oder fleckige Beläge auf Betonoberflächen, welche Betonoberflächen unerwünscht optisch beeinträchtigen. In der

Regel haben sie ihre Ursache in einem unzureichend geplanten oder ausgeführten Feuchte- und Wassertransport im Bauwerk. Sie treten vermehrt bei frischen Betonoberflächen auf, die mit Fremdwasser, z.B. Regenwasser, in Berührung kommen. Dabei löst das Wasser Calciumhydroxid ($Ca(OH)_2$) aus dem Beton und reichert sich beim Verdunsten auf der Betonoberfläche an. Durch den Kontakt mit Kohlendioxid (CO_2) aus der Luft reagiert das Calciumhydroxid chemisch und wird zu wasserunlöslichem Calciumcarbonat.

Technische Eigenschaften des Betons werden durch Ausblühungen nicht nachteilig beeinträchtigt. Das bedeutet, dass beispielsweise weder die Festigkeit noch die Dauerhaftigkeit des Betons negativ beeinflusst werden. Die Vermeidung solcher Ausblühungen hängt entscheidend von der Dichtigkeit des Betons ab sowie davon, dass Wasser nicht planmäßig über Betonflächen abgeleitet wird.

Lösende Angriffe können z.B. durch Säuren, austauschfähige Salze sowie pflanzliche und tierische Öle und Fette hervorgerufen werden. Saure Flüssigkeiten mit einem pH-Wert unter 7 lösen den Zementstein auf. Dieses beginnt im Kontaktbereich, d.h. an der Bauteiloberfläche, und führt dazu, dass die Festigkeit des Betons in diesem Bereich verloren geht. Der Angriffsgrad ist umso stärker, je niedriger der pH-Wert der angreifenden Flüssigkeit ist. Erfolgen die Einwirkungen über einen längeren Zeitraum, so muss mit einer entsprechenden Schädigungs- bzw. einer Abtragsrate gerechnet werden. Dieses ist bei der Planung zu berücksichtigen (s. [1] bis [4]).

Abb. 9.2.4
Beispiel für einen Schaden infolge eines chemischen Angriffs auf den Beton
[Werkfoto Ebeling]

Treibende Angriffe werden durch Einwirkung von sulfathaltigen Wässern oder Lösungen auf das Tricalciumaluminat (C_3A) im Zementstein hervorgerufen. Sie führen zu einer Volumenvergrößerung innerhalb des Gefüges bis auf das 8-Fache. Grundwasser, Moorwasser oder Abwasser weisen häufig Sulfatgehalte auf. Sulfate dringen relativ schnell und tief in den Beton ein. Schäden infolge eines Sulfatangriffs sind in der Regel oberhalb des Wasserspiegels im Gasraum stärker ausgeprägt als bei ständigem Wasserkontakt. Hier bewirken die Wechselbeaufschlagungen von Durchfeuchtung und anschließender Austrocknung eine Sulfatanreicherung mit stark ausgeprägten Treiberscheinungen. Magnesium- oder Ammoniumsalze in Form von Magnesium- bzw. Ammoniumsulfat wirken ebenfalls treibend. Beispiele für die Einwirkung von Magnesiumsulfaten sind Bereiche in der Nähe von Salzstöcken. Ammoniumsulfate können z. B. in Kokereiabwässern auftreten (s. [1] bis [4]).

Einwirkungen auf Betonoberflächen durch Verschleißbeanspruchung

Schleifender und rollender Verkehr auf Betonfahrbahnen, Betonböden in Hallen bzw. im Freien, rutschendes Schuttgut, z. B. in Silos, sowie stoßartige Bewegungen schwerer Gegenstände in Werkstätten oder Verladerampen sind typische Beanspruchungen, bei denen Beton in seiner Oberfläche einer starken mechanischen Beanspruchung ausgesetzt ist (s. [1] bis [4]).

Schäden, die durch Verschleißwiderstand des Betons entstehen, sind beispielsweise:

- ein gleichmäßiger Abtrag (z. B. durch schleifende Beanspruchung) an der Betonoberfläche,
- örtliche Vertiefungen (z. B. durch rollende Beanspruchung bei einem Fahrbetrieb mit harten Rädern, die zu einem reibenden und stoßenden Angriff führen; s. Abb. 9.2.5).

Neben diesen Schädigungsursachen kann auch stark strömendes (mehrere Meter pro Sekunde) und Feststoff führendes Wasser parallel zur Begrenzungsfläche zu einer allmählichen Zerstörung der Betonoberfläche führen.

Der Verschleißwiderstand wird im Wesentlichen durch die Festigkeit der verwendeten Gesteinskörner und deren Korngröße sowie durch den Mörtelanteil im Beton bestimmt. Das bedeutet, dass mit Betonzusammensetzungen mit geringen Mörtelgehalten und gröberen Gesteinskörnern ein vergleichsweise höherer Verschleißwiderstand erzielt werden kann. Weiterhin steigt der Verschleißwiderstand eines Betons mit abnehmendem Wasserzementwert und zunehmender Nachbehandlungsdauer und somit auch mit zunehmender Beton-

Abb. 9.2.5
Beispiel für einen
Schaden infolge
einer stoßartigen
Beanspruchung bei
einer Freifläche aus
Beton
[Werkfoto Ebeling]

druckfestigkeit. Die Art der Gesteinskörnung ist ebenfalls maßgebend für die mechanische Widerstandsfähigkeit. Harte Gesteine steigern den Widerstand gegen Schleifverschleiß, »zähe« Gesteine erhöhen den Widerstand gegen Roll- und Stoßverschleiß (s. [1] bis [4]).

Auswirkungen schädigender Alkali-Kieselsäure-Reaktion im Beton

Eine Alkali-Kieselsäure-Reaktion (AKR) ist eine Treibreaktion, die durch bestimmte Gesteine mit Zement ausgelöst werden kann. Genauer gesagt reagieren bestimmte alkaliempfindliche Bestandteile (z. B. Opalsandsteine) der Gesteinskörnung mit den im Porenwasser gelösten Alkalien des Zements.

Die Formen des sog. Alkalitreibens sind in unterschiedlichen Stufen möglich. Zunächst können sich nur gelartige Ausscheidungen zeigen. Bei genügend reaktiver Gesteinskörnung kann es zu einem vollständigen Verlust der Tragfähigkeit eines Betons kommen. Die Alkali-Kieselsäure-Reaktion führt zu einer Volumenvergrößerung verbunden mit einer Schädigung des Betons.

Typische Beispiele dafür sind Ausblühungen, Ausscheidungen und Ausplatzungen von Körnern der Gesteinskörnung, die u. U. auch erst nach Jahren auftreten. Dabei können netzartige oder strahlenförmig verlaufende Risse entstehen (s. [1] bis [4]), die sich auf der Betonoberfläche zeigen (s. Abb. 9.2.6). Rissbildungen werden aber auch innerhalb des Betongefüges auftreten.

Alkaliempfindliche Bestandteile in Gesteinskörnungen sind beispielsweise Opalsandsteine, Kieselkreiden und Flinte, die vorwiegend im Norden der Bundesrepublik vorkommen. Weiterhin können auch rezyklierte Gesteinskörnungen, gebrochene Grauwacken, gebrochener Quarzporphyr oder andere gebrochene Gesteine alkaliempfindlich reagieren, so dass über bestimmte Prüfstellen die Eignung dieser Gesteine für den jeweiligen Anwendungsbereich nachzuweisen ist. Grundlage für die Anwendung alkaliempfindlicher Gesteinskörnungen im Beton ist die Alkali-Richtlinie (AKR-Richtlinie) »Vorbeugende Maßnahmen gegen schädigende Alkalireaktion im Beton« vom Deutschen Ausschuss für Stahlbeton (DafStb).

Zur Vermeidung von Schäden an Fahrbahndecken aus Beton infolge AKR sind die Technischen Lieferbedingungen für Baustoffe und Baustoffgemische für Tragschichten mit hydraulischen Bindemitteln und Fahrbahndecken aus Beton (TL Beton-StB 07) zu beachten. Zusätzlich werden an Zemente für den Bau von Betonfahrbahndecken besondere Anforderungen an den charakteristischen Wert des Alkaligehaltes (Natriumoxid(Na_2O)-Äquivalent) gestellt.

Abb. 9.2.6
Beispiel für einen AKR-Schaden bei einer Freifläche aus Beton
[Werkfoto Ebeling]

Folgen der Karbonatisierung des Betons

Die Karbonatisierung von Beton kann die Vorstufe für eine Korrosion der Bewehrung sein. Kohlendioxid, welches zusammen mit der Luft in die Kapillarporen des Betons eindringt, führt zu einer Umwandlung des in der Porenflüssigkeit vorhandenen Calciumhydroxids ($Ca(OH)_2$) zu Calciumcarbonat ($CaCO_3$). Diese chemische Reaktion wird als Karbonatisierung bezeichnet. Der den Stahl umgebende Beton sorgt durch seine hohe Alkalität mit einem pH-Wert über 12,5 für die Ausbildung einer stabilen Passivschicht auf der Stahloberfläche. Nur durch den Abbau dieser Passivschicht kann es zur Korrosion der Bewehrung kommen (s. Abb. 9.2.7).

Das Kohlendioxid wirkt auf den stark alkalischen Beton neutralisierend. Das bedeutet, dass der pH-Wert in karbonatisiertem Beton auf etwa 9 absinkt und dadurch die Passivierung aufgehoben wird. Der Karbonatisierungsfortschritt nimmt mit zunehmendem Randabstand von der Betonaußenfläche ab und folgt vereinfacht dem Wurzel-Zeit-Gesetz. Mehrere Parameter beeinflussen diesen Vorgang. Dazu gehören:

- die Vorlagerung, d. h. der Schutz des erhärtenden Betons vor frühzeitigem Austrocknen durch Nachbehandlung,

- die Betonzusammensetzung (Wasserzementwert),

- die Betondruckfestigkeit sowie

- die Umgebungsbedingungen während der Nutzung (trocken, Wechsel trocken/ nass).

Mit zunehmender Druckfestigkeit des Betons in der Randzone schreitet die Karbonatisierung langsamer fort, da hierbei das Betongefüge dichter ist. Betone, die vollständig trocken oder vollständig wassergesättigt sind, karbonatisieren im baupraktischen Sinne nicht. Günstige Voraussetzungen für die Korrosion bilden relative Luftfeuchtegehalte (r. F.) zwischen 50 % und 70 %, wie sie üblicherweise bei Betonbauteilen im Freien vorkommen.

Keine Korrosionsgefahr für den Stahl im Beton besteht somit bei Lagerung in ständig trockener Umgebung (dort fehlt das Wasser) und ständig unter Wasser (in diesem Fall fehlt das Kohlendioxid).

In Innenräumen von Gebäuden z. B. liegt die Bewehrung meist im karbonatisierten Bereich. Obwohl dort ausreichend Sauerstoff vorhanden ist, kommt es in der Regel nicht zur Korrosion des Bewehrungsstahls, da die vorhandene Feuchtigkeit nicht ausreicht. Mit einer Stahlkorrosion ist ebenfalls nicht zu rechnen, wenn die Betondeckung des Stahls so groß ist, dass der Sprengdruck des Rostes nicht ausreicht, um ein Abplatzen zu bewirken (s. [1] bis [4]).

220

Abb. 9.2.7
Beispiel für einen
Schaden infolge
Korrosion der
Bewehrung an einer
Betonfläche
[Werkfoto Ebeling]

Planerische und ausführungstechnische Maßnahmen müssen also verhindern, dass die Karbonatisierungsfront den Stahl im Beton erreichen kann. Der Planer muss eine den späteren Nutzungsanforderungen entsprechende Betondeckung der Bewehrung sowie die zugehörige Betondruckfestigkeit festlegen. Die Bauausführung muss die fachgerechte Bewehrungslage und eine notwendige Betonqualität in der Betonrandzone sicherstellen. Die Erfüllung beider Bedingungen soll sicherstellen, dass der Stahl im Beton durch eine genügend dichte und dicke Betondeckung geschützt ist.

Auswirkungen einer Chlorideindringung in den Beton

Eine Korrosion des Betonstahls kann unabhängig von der Karbonatisierung eines Betons auch durch Chloride ausgelöst werden (s. Abb. 9.2.8). Die Chloridkorrosion wird häufig auch als Lochfraßkorrosion bezeichnet. Grund dafür ist häufig nur das lokal begrenzte Eindringen von Chloriden an örtlich begrenzten Stellen. Chloride können beispielsweise durch Tausalze oder durch Meerwasser in den Beton eingetragen werden und zwar durch:

- Konvektion (z. B. Wasserdruck und/oder kapillarer Wassertransport),
- Diffusion und/oder
- Risse sowie
- Fehlstellen.

Die Transportgeschwindigkeit von Chloriden in den Beton wird maßgeblich durch die Betonzusammensetzung beeinflusst. Entscheidend sind dabei beispielsweise:

- die Zementart,
- der Wasserzementwert (w/z-Wert) sowie
- Betonzusatzstoffe.

Die Eindringtiefe verringert sich mit abnehmendem w/z-Wert. Auch der Feuchtegehalt des Betons bestimmt maßgeblich das Eindringverhalten. Trockene Betone können durch kapillare Saugwirkung relativ schnell größere Mengen chloridhaltigen Wassers aufnehmen, welches nach der Verdunstung zu Anreicherungen von Chloriden im Beton führt. Baupraktisch sind Betone in Spritzwasserbereichen bei Verkehrsbauwerken, Decken in Parkhäusern sowie Wasserwechselzonen bei Meerwasserbauwerken besonders gefährdet für einen Chloridangriff (s. [1] bis [4]).

Abb. 9.2.8
Beispiel für einen
Schaden infolge
Chlorideinwirkung
auf die Bewehrung
[Werkfoto Ebeling]

Risse im Beton

Beton besitzt eine hohe Druckfestigkeit, seine Zugfestigkeit ist jedoch nur gering und wird bei üblichen Beanspruchungen in der Regel deutlich überschritten. Dort wo die Zugfestigkeit überschritten wird, entstehen örtlich Risse im Beton. Das bedeutet, dass Risse im Stahlbetonbau eine typische Erscheinung sind, die selbst bei großer Sorgfalt nicht zu vermeiden ist, und zwar weder planerisch noch ausführungsmäßig. Risse gehören als fester Bestandteil der Bemessung zur Stahlbetonbauweise. Die Regelungen in den Normen sollen sicherstellen, dass die Gebrauchstauglichkeit in der Nutzungsphase gewährleistet ist. Dafür wird u. a. die Breite der Risse begrenzt (s. Kapitel 9.3.2).

Rissbildungen können im Frischbeton, im jungen Beton und im erhärteten Beton entstehen. Risse, die den Verlauf der oberen Bewehrungslage bei horizontalen Bauteilen in der Betonoberfläche »nachzeichnen«, entstehen beispielsweise durch das nachträgliche Setzen des Frischbetons. Netzartige Oberflächenrisse, deren Risstiefe im Allgemeinen gering ist, entstehen innerhalb der ersten Stunden nach dem Betonieren durch zu rasches Austrocknen oder fehlende Nachbehandlung. Risse, die durch den gesamten Querschnitt gehen (s. Abb. 9.2.9), auch als Trennrisse bezeichnet, entstehen innerhalb der ersten Tage nach dem Betonieren oder innerhalb der Lebensdauer z. B. durch Temperatureinwirkungen oder zentrische Zugbeanspruchung.

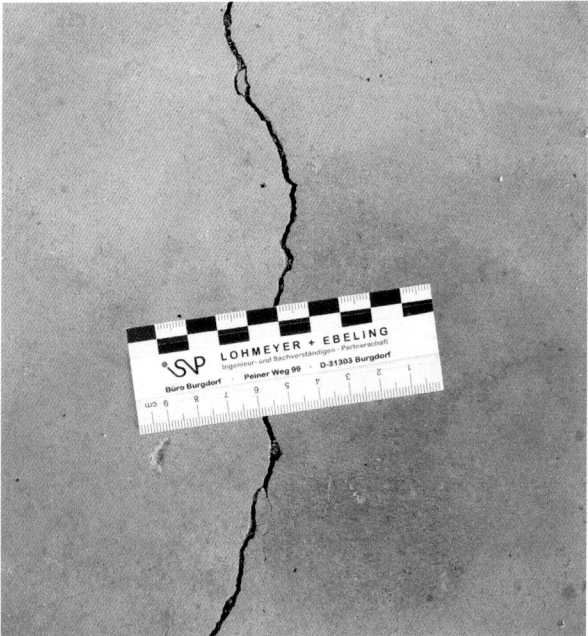

Abb. 9.2.9
Beispiel für einen
Trennriss
[Werkfoto Ebeling]

Schäden durch Ausführungsfehler

Im Bauschadensbericht über Schäden an Gebäuden [7] wurde die Verteileilung der Schäden angegeben. Neben Fehlerquellen in der Planung von rund 40% entfallen auf die Bauausführung rund 30% [7]. In Abb. 9.2.10 ist die Verteilung graphisch dargestellt. Die Ursachen für Fehler in der Bauausführung hierfür sind so vielfältig wie die Arbeitsgänge, die notwendig sind, um ein Betonbauteil zu erstellen. Beispiele dafür werden nachstehend erläutert.

Abb. 9.2.10
Schadensverteilung
[7]

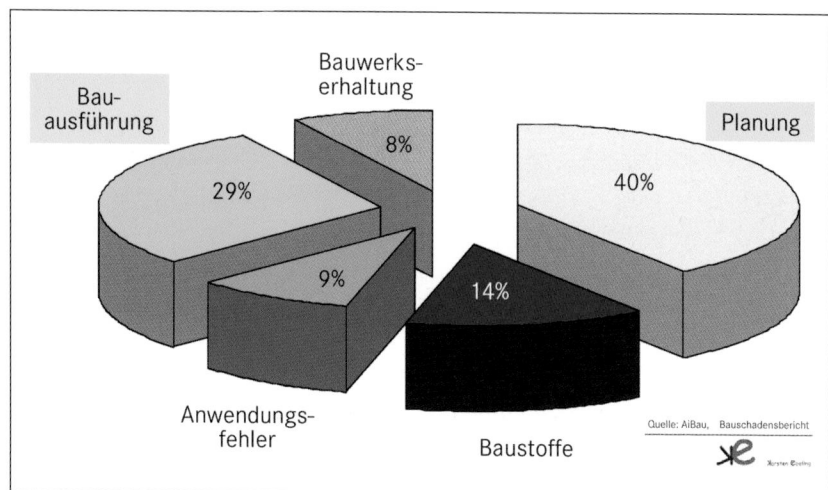

- Schalung:
  Zunächst ist eine ausreichend stabile, standfeste und dichte Schalung einzusetzen. Werden Stoßbereiche nicht genügend abgedichtet oder die Schalung nicht ausreichend ausgesteift, so kann beispielsweise Zementleim austreten und örtlich zu Kiesnestern führen. Die notwendige dichte Betondeckung wird gestört (s. Abb. 9.2.11), die Folge können frühzeitige Korrosionsschäden der Bewehrung sein.
  Weiterhin ist bei der Festlegung der Schalung der Frischbetondruck zu berücksichtigen. Mit zunehmender Steighöhe zwischen den Schaltafeln steigt bei lotrechten Betonbauteilen der Schalungsdruck. Übersteigt die Betoniergeschwindigkeit den für das Schalungssystem zugelassenen Höchstwert, kann dies unzulässige Verformungen ergeben oder im schlimmsten Fall sogar zum Reißen der Schalungsanker führen.
  Eine Besonderheit für die Aufnahme des Frischbetondrucks stellen Dreifachwände, auch als Elementwände bezeichnet, dar. Diese Halbfertigteile bestehen aus zwei im Betonwerk hergestellten Fertigteilplatten mit jeweils ungefähr

Abb. 9.2.11
Beispiel für eine
undichte Schalung
[Werkfoto Ebeling]

4 cm bis 6 cm Dicke, die durch zwei Gitterträger zu einem Doppelelement verbunden sind. Zur Herstellung eines monolithischen Betonwandquerschnitts
werden diese auf der Baustelle durch einen als Ortbeton einzubringenden
Kernbeton zwischen den beiden Fertigteilplatten ergänzt. Die Einbindetiefe der
Gitterträger in die Fertigteilplatten beträgt nur wenige Zentimeter. In den Zulassungen des Deutschen Instituts für Bautechnik (DIBt) wird die zulässige Betoniergeschwindigkeit für diese Wände geregelt. Bei üblichen Dreifachwänden
beträgt diese zwischen 50 cm und 80 cm pro Stunde. Diese im Vergleich zu
gängigen Schalungssystemen für reine Ortbetonbauteile sehr geringe Betoniergeschwindigkeit »verführt« im Baustellenalltag leicht dazu, die Erfahrungen
beim Betonieren von geschalten Ortbetonbauteilen auch auf das Betonieren des
Kernbetons bei Dreifachwänden zu übertragen. Die Folge ist, dass die Gitterträger die Überbeanspruchungen nicht aufnehmen können und reißen.

- Bewehrung:
Beim Einbau der Bewehrung ist auf die Einhaltung der vorgegebenen Betondeckung zu achten. Um dies sicherzustellen, sind geeignete Abstandhalter zu
wählen und in genügender Anzahl einzubauen. In der Baupraxis treten hier
häufig Versäumnisse auf, die dann Unterschreitungen der Mindestmaße der
vorgeschriebenen Betondeckung nach DIN 1045-1 »Tragwerke aus Beton,
Stahlbeton und Spannbeton – Teil 1: Bemessung und Konstruktion« ergeben.
Ein typisches Beispiel ist die fehlende Sauberkeitsschicht als stabile Unterlage

bei Betonsohlplatten auf dem Erdreich. Die Folge sind Eindrückungen der Abstandhalter in den Baugrund. Für die Lage der unteren Bewehrung bedeutet dies, dass z. B. Biegebeanspruchungen nicht regelgerecht aufgenommen werden können, Rissbildungen mit breiten Rissen die Folge sind und die Dauerhaftigkeit oder die Tragfähigkeit beeinträchtigt werden.

■ Betonverarbeitung:
Zur Betonverarbeitung gehören der Einbau und das Verdichten des Frischbetons sowie der Schutz des erhärtenden Betons durch geeignete Nachbehandlungsmaßnahmen. Auch ergeben sich im Baustellenalltag nicht selten Versäumnisse. Der Frischbeton muss in geeigneter und verarbeitbarer Konsistenz in das Betonbauteil eingebracht werden. Insbesondere bei warmen Witterungsverhältnissen im Sommer ergeben sich hierbei alljährlich wiederkehrende Probleme. Häufig wird die von der Baustellenkolonne zu verarbeitende Betonmenge pro Stunde falsch eingeschätzt und/oder die Transportbetonlieferungen des Frischbetons vom Herstellerwerk zur Baustelle in zu schneller Folge abgefordert. Auf der Baustelle kommt es somit zu Wartezeiten, die bestellte Verarbeitbarkeit geht zurück und führt zu Einbau- und Verdichtungsproblemen. Auch auf heutigen Baustellen wird die unzulässige Wasserzugabe leider immer noch angewendet, um das Rücksteifverhalten bei falschen Betonbestellungen oder zu langen Wartezeiten scheinbar ausgleichen zu können. Neben der sichtbaren Konsistenzveränderung durch die Wasserzugabe wird aber gleichzeitig die Qualität des Betons negativ verändert. Die Betondruckfestigkeit sinkt und damit die für das Bauteil notwendige Widerstandsfähigkeit gegenüber den späteren Beanspruchungen. Weiterhin neigen diese Betone durch Wasserzugabe zum Bluten mit der Gefahr des Entmischens und sog. Frühschwindrisse. Fehler in der Betonverdichtung (s. Abb. 9.2.12) können zu Fehlstellen oder Kiesnestern mit ungenügender Ummantelung von vorhandener Bewehrung oder zu groben Luftporen und Hohlstellen im Betongefüge führen.

■ Nachbehandlung:
Eine besondere Gefahrenquelle bildet ein mangelhafter oder zu später Schutz des erhärtenden Betons. Häufig unterschätzt das Baustellenpersonal die Notwendigkeit einer frühzeitigen Nachbehandlung des Betons. Besonders betroffen hiervon sind beispielsweise waagerechte Betonflächen im Freien, die im Sommer betoniert werden. Bereits ein leichter Wind führt zur vorschnellen Austrocknung des Betons in der Randzone. Der Zement im oberflächennahen Bereich kann nicht ausreichend hydratisieren und damit Festigkeit bilden, da ihm das benötigte Wasser zu schnell entzogen wird. Die Folgen sind minder-

feste Schichten in der Betonrandzone, die abmehlen (absanden), und Rissbildungen (s. Abb. 9.2.13). Bei kühler Witterung bedarf der frisch eingebrachte Beton ebenfalls eines schnellen Schutzes z.B. durch Wärmedämmmaßnahmen, um nicht zu schnell auszukühlen.

Abb. 9.2.12
Beispiel für Fehler bei der Verdichtung eines Betonbauteils [Werkfoto Ebeling]

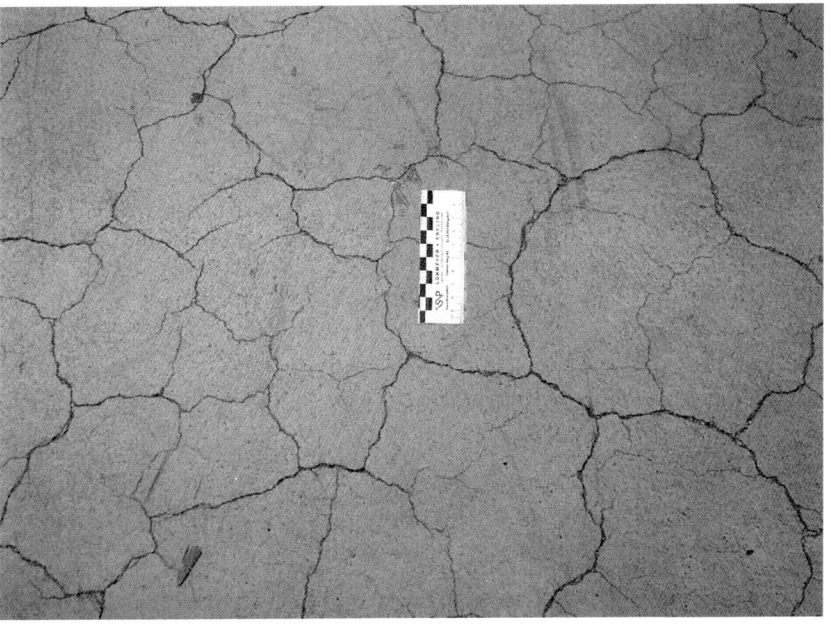

Abb. 9.2.13
Beispiel für unzureichende Nachbehandlung eines Betonbauteils [Werkfoto Ebeling]

227

9.3 Vermeidung von Schäden im Betonbau

Regelungen zur Dauerhaftigkeit

Die zuvor dargestellten Einwirkungen auf den Beton und die Bewehrung bei einem Betonbauteil machen deutlich, dass der Dauerhaftigkeit eines Betonbauteils eine sehr entscheidende Bedeutung zukommt, um spätere Schäden vermeiden zu können. Dieser Qualitätsgedanke wird in der im Juli 2001 neu erschienenen DIN 1045-1 in Verbindung mit DIN EN 206-1 »Beton – Teil 1: Festlegung, Eigenschaften, Herstellung und Konformität« aufgegriffen. Die bis dahin gültigen normativen Anforderungen zur Dauerhaftigkeit wurden neu und umfassender geregelt. Sie werden im Folgenden kurz dargestellt und erläutert.

Abb. 9.3.1
10-Punkte-Plan für die Festlegungen des Betons zur Dauerhaftigkeit (s. [1, S. 116], [8, S. 29]).

In Abb. 9.3.1 sind wesentliche Festlegungen für Beton zur Erfassung der Dauerhaftigkeit in Form eines Ablaufplans dargestellt. Sie können vereinfacht in zehn Punkten zusammengefasst werden. Nachstehend werden die zehn Punkte kurz erläutert (s. [1], [8]).

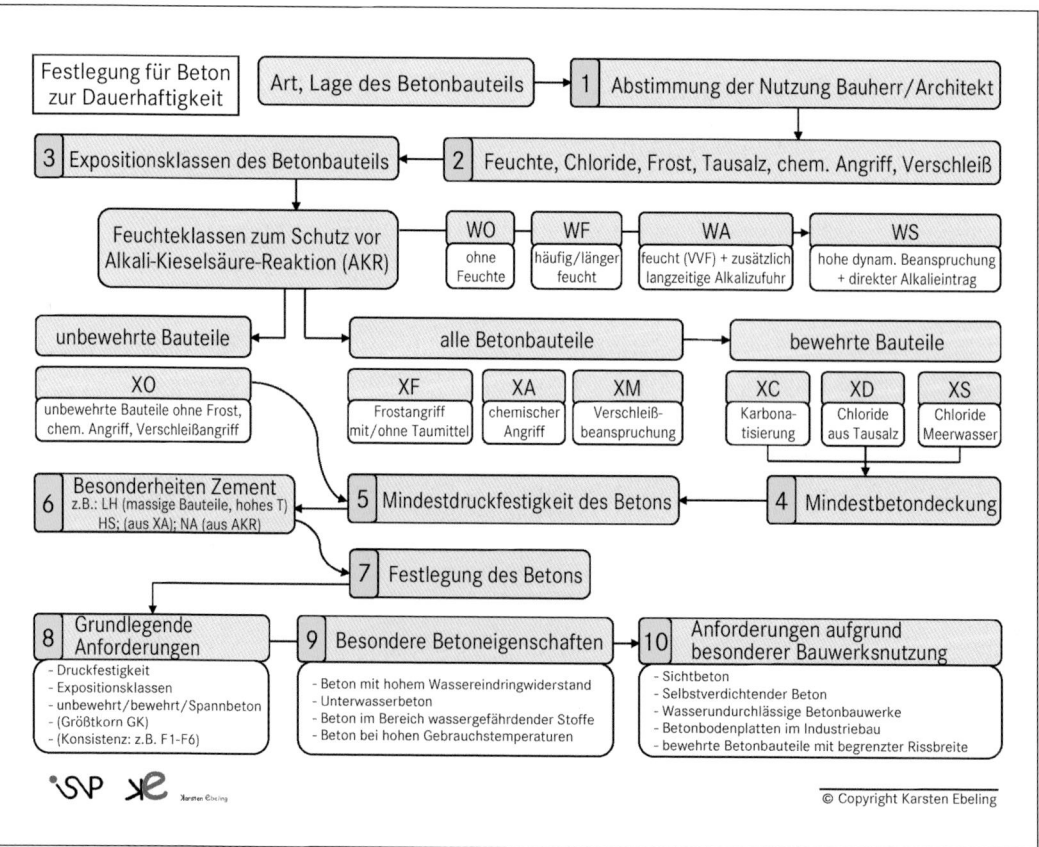

■ Punkt 1: Klärung der Bauwerksnutzung

Art, Lage und Nutzung des Bauteils bzw. Bauwerks bestimmen maßgeblich die Festlegungen an den Beton. Die Anforderungen der Dauerhaftigkeit müssen im Entwurf und in der Bemessung wirklichkeitsnah erfasst und berücksichtigt werden. Hieraus wird die Verantwortlichkeit des Planenden deutlich. Er muss diese Punkte gemeinsam mit dem Bauherrn im Vorfeld der eigentlichen Detailplanung abklären (s. [1], [8]).

■ Punkt 2: Feststellung der Umwelteinwirkungen auf das Betonbauwerk

Die in DIN EN 206-1/DIN 1045-2 »Tragwerke aus Beton, Stahlbeton und Spannbeton – Teil 2: Beton – Festlegungen, Eigenschaften, Herstellung und Konformität« geforderten Regelungen sollen die Dauerhaftigkeit eines Betonbauteils für einen Nutzungszeitraum von mindestens 50 Jahren unter vorausgesetzten Instandhaltungsbedingungen sicherstellen. Alle in diesem Zeitabschnitt auftretenden Beanspruchungen müssen im Gebrauchszustand vom Betonbauteil dauerhaft aufgenommen werden können (s. [1], [8]).

■ Punkt 3: Expositionsklassen

Rechnerische Voraussagen für die Dauerhaftigkeit sind zurzeit nur für wenige Einwirkungen möglich. Daher regelt DIN 1045 die Bemessung der Dauerhaftigkeit über Expositionsklassen, abhängig von den zu erwartenden Umwelteinwirkungen, denen das Betonbauwerk im Gebrauchszustand ausgesetzt ist. Jede einzelne Expositionsklasse wird in der Norm über eine zugehörige Betonzusammensetzung, ggf. bestehend aus Betondeckung, Bewehrung sowie Nachbehandlung, genau festgelegt. Insgesamt gibt es dafür sieben Expositionsklassen mit jeweils bis zu vier Intensitätsstufen. Unterschieden werden die Expositionsklassen XF, XA und XM als Einwirkungen auf den Beton (Betonangriff, Betonkorrosion) und die Expositionsklassen XC, XD und XS als Einwirkungen auf die Bewehrung im Beton (Bewehrungskorrosion). Weiterhin sind vom Planenden zu erwartende Feuchtebeanspruchungen durch die Zuordnung von Feuchtigkeitsklassen WO, WF, WA bzw. WS zu berücksichtigen. Diese Abkürzungen stehen für:

- WO Feuchtigkeitsklasse trocken (z. B. Innenbauteile mit Abmessungen $\leq 80\,cm$),

- WF Feuchtigkeitsklasse feucht (z. B. ungeschützte Außenbauteile),

- WA Feuchtigkeitsklasse feucht mit häufiger und langzeitiger Alkalizufuhr von außen (z. B. Güllebehälter, Fahr- und Stellflächen in Parkhäusern),

- WS Feuchtigkeitsklasse hohe dynamische Beanspruchung und direkter Alkalieintrag von außen (z. B. Betonstraßen).

Alkaliempfindliche Gesteinskörnungen werden durch entsprechende Prüfungen der AKR-Richtlinie in Alkaliempfindlichkeitsklassen EI (unbedenklich), EII (bedingt brauchbar) bzw. EIII (bedenklich) eingestuft. Durch diese planerische Festlegung der im Bauteil zu erwartenden Feuchtigkeitsklasse und der Einstufung von alkaliempfindlicher Gesteinskörnung weiß der Betonhersteller, welche Gesteinskörnungen und Zemente zur Herstellung des Betons bestimmter Betonbauteile verwendet werden können.

Alle maßgebenden Expositionsklassen für das Betonbauteil müssen bei der Festlegung und auf den Bewehrungsplänen durch den Planenden angegeben werden. Aus der Summe aller zur Beschreibung eines Betonbauteils erforderlichen Expositionsklassen ergibt sich eine Mindestbetondruckfestigkeit für die Dauerhaftigkeit sowie weitere wesentliche Anforderungen an die Betonzusammensetzung wie z. B. der Mindestzementgehalt, der maximal zulässige Wasserzementwert, ggf. besondere Anforderungen an die Gesteinskörnung und an den Einsatz von Zusatzstoffen. Die Tabellen 9.3.1 bis 9.3.6 zeigen die zugehörigen Anforderungen.

Tabelle 9.3.1
Bewehrter Beton, der Luft sowie Feuchtigkeit ausgesetzt ist gemäß DIN EN 206-1, Tabelle 1, sowie DIN 1045-1, Tabelle 3

Klasse	Umgebung	Beispiele	Betonfestigkeitsklasse min f_{ck}
XC1	trocken oder ständig nass	Bauteile in Innenräumen mit üblicher Luftfeuchte (einschließlich Küche, Bad und Waschküche in Wohngebäuden), Beton, der ständig in Wasser getaucht ist	C16/20
XC2	nass, selten trocken	Teile von Wasserbehältern, Gründungsbauteile	C16/20
XC3	mäßige Feuchte	Bauteile, zu denen die Außenluft häufig oder ständig Zugang hat, z. B. offene Hallen, Innenräume mit hoher Luftfeuchtigkeit, z. B. gewerbliche Küchen, Bäder, Wäschereien, Feuchträume von Hallenbädern und Viehställe	C20/25
XC4	wechselnd nass und trocken	Außenbauteile mit direkter Beregnung	C25/30

Klasse	Umgebung	Beispiele	Betonfestigkeitsklasse min f_{ck}
XD1	mäßige Feuchte	Bauteile im Sprühnebelbereich von Verkehrsflächen, Einzelgaragen	C30/37[1] C25/30 LP
XD2	nass, selten trocken	Solebäder, Bauteile, die chloridhaltigen Industrieabwässern ausgesetzt sind	C35/45[1][2] C30/37 LP
XD3	wechselnd nass und trocken	Teile von Brücken mit häufiger Spritzwasserbeanspruchung, Fahrbahndecken, direkt befahrene Parkdecks[3]	C35/45[1] C30/37 LP

Tabelle 9.3.2
Bewehrter Beton, der chloridhaltigem Wasser einschließlich Taumittel, ausgenommen Meerwasser, ausgesetzt ist gemäß DIN EN 206-1, Tabelle 1, sowie DIN 1045-1, Tabelle 3

[1] bei Beton mit Luftporen (LP-Beton) eine Festigkeitsklasse niedriger möglich, z. B. C30/37 LP oder C25/30 LP
[2] für langsam und sehr langsam erhärtende Betone (r < 0,30) eine Festigkeitsklasse niedriger; zur Einteilung in die geforderte Druckfestigkeitsklasse ist auch in diesem Fall der Nachweis für min f_{ck} an Probekörpern im Alter von 28 Tagen zu bestimmen
[3] nach DIN 1045-1, Fußnote b: Ausführung nur mit zusätzlichen Maßnahmen (z. B. rissüberbrückende Beschichtung); weitere Erläuterungen hierzu im DAfStb-Heft 526, Beitrag 1-1, Abschnitt 4 und 5, sowie im DAfStb-Heft 525

Klasse	Umgebung	Beispiele	Betonfestigkeitsklasse min f_{ck}
XS1	salzhaltige Luft, kein unmittelbarer Meerwasserkontakt	Außenbauteile in Küstennähe (Entfernung ca. 1 km zur Küste nach DAfStb-Heft 526, Beitrag 1-1)	C30/37[1] C25/30 LP
XS2	unter Wasser	ständig unter Wasser liegende Bauteile in Hafenanlagen	C35/45[1][2] C30/37 LP
XS3	Tidebereiche, Spritzwasser- und Sprühnebelbereiche	Kaimauern in Hafenanlagen	C35/45[1] C30/37 LP

Tabelle 9.3.3
Bewehrter Beton, der Chloriden aus Meerwasser oder aus salzhaltiger Luft ausgesetzt ist gemäß DIN EN 206-1, Tabelle 1, sowie DIN 1045-1, Tabelle 3

[1] bei Beton mit Luftporen (LP-Beton) eine Festigkeitsklasse niedriger möglich, z. B. C30/37 LP oder C25/30 LP
[2] für langsam und sehr langsam erhärtende Betone (r < 0,30) eine Festigkeitsklasse niedriger; zur Einteilung in die geforderte Druckfestigkeitsklasse ist auch in diesem Fall der Nachweis für min f_{ck} an Probekörpern im Alter von 28 Tagen zu bestimmen

Tabelle 9.3.4
Beton bei Frost-
beanspruchung, der
im durchfeuchteten
Zustand in erheb-
lichem Umfang
Frost-Tau-Wechseln
ausgesetzt ist ge-
mäß DIN EN 206-1,
Tabelle 1, sowie
DIN 1045-1,
Tabelle 3

Klasse	Umgebung	Beispiele	Betonfestigkeits- klasse min f_{ck}
XF1	mäßige Wasser- sättigung, Frostangriff ohne Taumittel	Außenbauteile	C25/30
XF2	mäßige Wassersätti- gung, Frostangriff mit Taumittel	Bauteile im Sprühnebel- oder Spritzwasserbereich von taumittel- behandelten Verkehrsflächen, soweit nicht XF4, Betonbauteile im Sprühnebelbereich von Meerwasser	C35/45[1][2] C30/37 LP
XF3	hohe Wassersättigung, Frostangriff ohne Tau- mittel	offene Wasserbehälter, Bauteile in der Wasserwechselzone von Süßwasser	C35/45[1][2] C30/37 LP)
XF4	hohe Wassersättigung, Frostangriff mit Tau- mittel	mit Taumitteln behandelte Verkehrs- flächen, überwiegend horizontale Bauteile im Spritzwasserbereich von taumittel- behandelten Verkehrsflächen, direkt befahrene Parkdecks[2],	C30/37 LP C30/37 (erdfeuchter Beton mit w/z ≤ 0,40 ohne LP)
		Räumerlaufbahnen von Kläranlagen, Meerwasserbauteile in der Wasser- wechselzone	C40/50 (bei Räumerlauf- bahnen mit CEM III/B ohne LP)

[1] bei Beton mit Luftporen (LP-Beton) eine Festigkeitsklasse niedriger möglich, z.B. C30/37 LP
[2] für langsam und sehr langsam erhärtende Betone (r <0,30) eine Festigkeitsklasse niedriger; min f_{ck} zur Einteilung in die geforderte Druckfestigkeitsklasse ist auch in diesem Fall an Probekörpern im Alter von 28 Tagen zu bestimmen

Klasse	Umgebung	Beispiele	Betonfestigkeits- klasse min f_{ck}
XA1	chemisch schwach angreifende Umgebung	Behälter von Kläranlagen, Güllebehälter (unabhängig vom Ammoniumgehalt)	C30/37[1] C25/30 LP
XA2	chemisch mäßig angreifende Umgebung und Meeres- bauwerke	Betonbauteile, in Berührung mit Meerwasser (nach DAfStb-Heft 526 Beitrag 1-1: trotz hohen Sulfatgehaltes bei Meerwasser ist HS-Zement nicht erforderlich. Achtung: Diese Aussage gilt aber nicht für Brackwasser und Meerwasser im Bereich von Fluss-Kanalmündungen), Bauteile in betonangreifenden Böden	C35/45[1][2] C30/37 LP
XA3	chemisch stark angreifende Um- gebung	Industrieabwasseranlagen mit chemisch angreifenden Abwässern, Futtertische der Landwirtschaft, Kühltürme mit Rauchgasableitung	C35/45[1] C30/37 LP

Tabelle 9.3.5
Beton, chemischen Angriffen durch natürliche Böden, Grund- oder Meerwasser und Abwasser ausgesetzt gemäß DIN EN 206-1, Tabelle 1, sowie DIN 1045-1, Tabelle 3

[1] bei Beton mit Luftporen (LP-Beton) eine Festigkeitsklasse niedriger möglich, z. B. C30/37 LP
[2] für langsam und sehr langsam erhärtende Betone (r < 0,30) eine Festigkeitsklasse niedriger; min f_{ck} zur Einteilung in die geforderte Druckfestigkeitsklasse ist auch in diesem Fall an Probekörpern im Alter von 28 Tagen zu bestimmen

Klasse	Umgebung	Beispiele	Betonfestigkeitsklasse min f_{ck}
XM1	mäßige Verschleiß- beanspruchung	tragende oder aussteifende Industrieböden beansprucht durch luftbereifte Fahrzeuge	C30/37[1] C25/30 LP
XM2	starke Verschleiß- beanspruchung	tragende oder aussteifende Industrieböden beansprucht durch luft- oder vollgummibereifte Gabelstapler	C35/45[1] C30/37 LP C30/37 möglich, wenn Oberflächenbehandlung C25/30 LP möglich, z. B. wenn gleichzeitig ≥ XF2 und Oberflächen- behandlung
XM3	sehr starke Verschleiß- beanspruchung	tragende oder aussteifende Industrieböden beansprucht durch elastomer- o. stahl-rollenbereifte Gabelstapler, mit Kettenfahrzeugen häufig befahrene Oberflächen, Wasserbauwerke in geschiebebelasteten Gewässern, z. B. Tosbecken	C35/45[1] Hartstoffe nach DIN 1100 C30/37 LP Hartstoffe nach DIN 1100

Tabelle 9.3.6
Beton, einer erheblichen mechanischen Beanspruchung ausgesetzt (Verschleißbeanspruchung) gemäß DIN EN 206-1, Tabelle 1, sowie DIN 1045-1, Tabelle 3

DIN 1100 »Hartstoffe für zementgebundene Hartstoffestriche – Anforderungen und Prüfverfahren«
[1] bei Beton mit Luftporen (LP-Beton) eine Festigkeitsklasse niedriger möglich, z. B. C30/37 LP

■ Punkt 4: Betondeckung der Bewehrung

Für bewehrte Betonbauteile ergeben sich aus den Expositionsklassen auch die erforderlichen Maße für die Betondeckung der Bewehrung. Mit Ausnahme der Expositionsklasse XC1 ist danach üblicherweise ein Vorhaltemaß von $\Delta c = 1{,}5$ cm für die Nennmaße aller bewehrten Bauteile zu berücksichtigen. In der Tabelle 9.3.7 sind die Maße der Betondeckung der Bewehrung in Abhängigkeit der Expositionsklassen dargestellt.

Tabelle 9.3.7
Maße der Beton-
deckung der
Bewehrung nach
DIN 1045-1,
Tabelle 4

Ursache der Bewehrungs-korrosion	Exposi-tions-klasse[1]	Beschreibung der Umgebung	Stab-durch-messer[2] d_S [mm]	Mindest-maße c_{min} [cm]	Nenn-maße c_{nom} [cm]	Vorhalte-maß Δc [cm]
Karbona-tisierung	XC1	trocken	bis 10	1,0	2,0	1,0
			12, 14	1,5	2,5	
			16, 20	2,0	3,0	
			25	2,5	3,5	
			28	3,0	4,0	
			32	3,5	4,5	
	XC2	nass, selten trocken	bis 20	2,0	3,5	1,5
	XC3	mäßige Feuchte	25	2,5	4,0	
			28	3,0	4,5	
			32	3,5	5,0	
	XC4	wechselnd nass/trocken	bis 25	2,5	4,0	1,5
			28	3,0	4,5	
			32	3,5	5,0	
Chloride aus Meer-wasser	XS1	salzhaltige Luft	bis 32	4,0	5,5	1,5
	XS2	unter Wasser				
	XS3	Tide, Spritzwasser, Sprühnebel				
Chloride aus Tau-salzen	XD1	mäßige Feuchte	bis 32	4,0	5,5	1,5
	XD2	nass, selten trocken				
	XD3[3]	wechselnd nass/trocken				

[1] Bei mehreren zutreffenden Expositionsklassen für ein Bauteil ist jeweils die Expositionsklasse mit der höchsten Anforderung maßgebend; Vergrößerung bzw. Verminderung der Betondeckung beachten
[2] Bei Stabbündeln ist der Vergleichsdurchmesser d_{SV} maßgebend.
[3] Für XD3 können im Einzelfall zusätzlich besondere Maßnahmen zum Korrosionsschutz der Bewehrung notwendig sein.

- Punkt 5: Mindest-Betondruckfestigkeitsklasse

Die Druckfestigkeitsklassen des Betons werden angegeben als Doppelbezeichnungen bestehend aus der charakteristischen 28-Tage-Zylinderdruckfestigkeit mit 150 mm Durchmesser und 300 mm Länge ($f_{ck,cyl}$) und der charakteristischen 28-Tage-Würfeldruckfestigkeit mit 150 mm Kantenlänge ($f_{ck,cube}$) jeweils in N/mm². Die Betondruckfestigkeitsklasse C25/30 bedeutet beispielsweise $f_{ck,cyl}$ = 25 N/mm² bzw. $f_{ck,cube}$ = 30 N/mm². Die maßgebende Mindestdruckfestigkeitsklasse ergibt sich entweder aus der statischen Berechnung oder aus den zutreffenden Expositionsklassen für die Bemessung der Dauerhaftigkeit.

- Punkt 6: Besondere Eigenschaften bei der Festlegung des Zementes

Für bestimmte Anwendungen kann es planerisch notwendig sein, besondere Eigenschaften eines Zementes einzusetzen. Solche Forderungen müssen im Leistungsverzeichnis enthalten sein, damit sie bei der Kalkulation und bei der späteren Bauausführung berücksichtigt werden können.

Ein Beispiel dafür ist *Zement mit niedriger Hydratationswärme*, der für das Betonieren bei hohen Temperaturen im Sommer, massigen oder rissempfindlichen Betonbauteilen vorteilhaft ist. Diese Zemente werden als LH-Zemente bezeichnet (low hydration heat).

Zemente mit hohem Sulfatwiderstand sind erforderlich für Bauteile mit hohen Sulfatgehalten (SO_4^{2-}) über 600 mg/l. Sie werden auch als SR-Zemente (high sulfate-resistant cement) bezeichnet.

Zemente mit niedrig wirksamem Alkaligehalt (NA-Zemente) können im Geltungsbereich der AKR-Richtlinie im Zusammenhang mit bestimmten Gesteinskörnungen erforderlich werden.

- Punkt 7: Festlegung des Betons

Jeder Beton muss unterschiedliche Anforderungen erfüllen. Dabei wird zwischen grundlegenden Anforderungen, zusätzlichen besonderen Betoneigenschaften sowie etwaigen Anforderungen aufgrund besonderer Bauwerksnutzung unterschieden.

- Punkt 8: Festlegung des Betons durch Grundlegende Anforderungen

Nach DIN EN 206-1/DIN 1045-2 werden bei der Festlegung des Betons »Betone nach Eigenschaften« oder »Betone nach Zusammensetzung« unterschieden. Bei »Betonen nach Zusammensetzung« ist der Betonhersteller lediglich für die ihm vorgegebene Zusammensetzung des Betons verantwortlich und nicht für daran zu knüpfende Eigenschaften des Betons. Dies ist in der üblichen Baupraxis in Deutschland nicht gewünscht. Im Regelfall kommen daher

»Betone nach Eigenschaften« zur Anwendung, für die nachfolgende »grundsätzliche Anforderungen« anzugeben sind:

- Expositionsklassen,
- unbewehrter Beton/Stahlbeton/Spannbeton bzw. Chloridgehaltsklasse,
- Druckfestigkeitsklasse (z. B. C25/30),
- Konsistenzklasse (F1 bis F6) sowie
- Größtkorn der Gesteinskörnung (8 mm, 16 mm oder 32 mm).

Je nach Bauaufgabe können weitere Angaben notwendig sein, z. B. für die Festigkeitsentwicklung, die Wärmentwicklung oder auch die Spaltzugfestigkeit des Betons.

■ Punkt 9: Festlegung des Betons zusätzlich durch besondere Betoneigenschaften

Neben den Expositionsklassen können weitere, sog. besondere Betoneigenschaften für die Widerstandsfähigkeit des Betons in der Nutzungsphase bedeutsam sein, die planerisch festzulegen sind. Dies sind:

- Beton mit hohem Wassereindringwiderstand,
- Unterwasserbeton,
- Beton beim Umgang mit wassergefährdenden Stoffen sowie
- Beton für hohe Gebrauchstemperaturen.

■ Punkt 10: Festlegung des Betons durch zusätzliche Anforderungen aufgrund besonderer Bauwerksnutzung

Bei sehr speziellen Anforderungen an den Beton und/oder das spätere Betonbauwerk sind erforderlichenfalls weitere, nicht in DIN 1045-1 enthaltene Anforderungen und Vorschriften/Regelwerke zu berücksichtigen.

- Sichtbeton:

  Planung, Ausschreibung, Abnahme, Beurteilung und Ausführung für Anforderungen an das optische Erscheinungsbild von Sichtbeton sind im Merkblatt »Sichtbeton« vom Deutschen Beton- und Bautechnik Verein E.V. und Bundesverband der Deutschen Zementindustrie e. V. enthalten.

- Selbstverdichtender Beton:

  Die Anwendung von selbstverdichtenden Betonen (SVB, SCC) ist in der DAfStb-Richtlinie »Selbstverdichtender Beton« festgelegt. Selbstverdichtende Betone müssen sich ohne Rüttelenergie selbst entlüften können und dabei gleichzeitig besondere Fließeigenschaften aufweisen, die dem Fließvermögen von Honig vergleichbar sind. Um diese besonderen Frischbetoneigenschaften sicherzustellen, sind unter anderem spezielle Frischbetonprüfungen zu erfüllen, die mit Hilfe von dafür entwickelten Prüfgeräten nachzuweisen sind (Fließfähigkeit z. B. über Setzfließmaß, Blockierneigung z. B. über L-

236

oder U-Kasten, Blockierring oder Fließschikane, Sedimentationsstabilität z. B. über Trichterauslauf, Entlüftungsneigung). Hinzu kommen besondere Festbetonprüfungen und verschärfte Anforderungen an die Überwachung.

– Wasserundurchlässige Betonbauwerke:
  Betonbauwerke, die als Weiße Wannen neben der Tragfähigkeit gleichzeitig auch die Funktion der Abdichtung übernehmen sollen, erfordern weitergehende Anforderungen nach der DAfStb-Richtlinie »Wasserundurchlässige Bauwerke aus Beton«. Hierbei sind die jeweilige Beanspruchungsklasse (Feuchte, Druckwasser) sowie die vorgesehene Nutzungsklasse (A, B) zu klären.

– Betonbodenplatten im Industriebau:
  Bauaufgaben im Straßen- und Brückenbau sowie bei Betonböden im Industriebau erfordern beispielsweise besondere Festlegungen an die Gesteinskörnungen, z. B. hinsichtlich der zulässigen quellfähigen Bestandteile (Klasse $Q_{0,05}$) oder auch der Kornform (Klasse FI_{20}).

Begrenzung der Rissbreite

Mit Hilfe konstruktiver, betontechnologischer und ausführungstechnischer Maßnahmen ist es möglich, die Rissneigung von jungem Beton günstig zu vermindern. Vorteilhaft ist der Einsatz von Betonen mit geringem Schwindmaß und geringer Wärmeentwicklung. Eine frühzeitige Nachbehandlung durch geeignete Maßnahmen hilft ebenfalls, Rissbildungen in jungem Beton zu vermindern.

In DIN 1045-1 wird die Rissbreite der Bewehrung aus Gründen der Dauerhaftigkeit hinsichtlich des Korrosionsschutzes begrenzt. Für Stahlbetonbauteile der Expositionsklasse XC1 (z. B. Innenräume) beträgt der rechnerische Rechenwert der Rissbreite $w_k = 0,4$ mm. Für alle anderen Expositionsklassen (XC2, XC3, XC4, XD, XS) wird als Rechenwert der Rissbreite $w_k = 0,3$ mm angegeben. Für Spannbetonbauteile gelten höhere Anforderungen. Zu beachten ist dabei, dass das rechnerische Nachweisverfahren der DIN 1045-1 keine exakte Vorhersage und Begrenzung der Rissbreite ermöglicht, sondern nur Anhaltswerte liefert. Somit können gelegentliche geringfügige Überschreitungen im Bauwerk nicht ausgeschlossen werden.

Ebenfalls höhere Anforderungen an die Rissbreite sind beispielsweise bei wasserundurchlässigen Betonbauwerken nach der WU-Richtlinie des Deutschen Ausschusses für Stahlbeton zu stellen. Die rechnerischen Trennrissbreiten für die Begrenzung des Wasserdurchtritts durch Selbstheilung richten sich hierbei nach dem zulässigen Druckgefälle (Druckwasserhöhe/Bauteildicke).

9.4   Literaturverzeichnis

Verwendete Literatur

[1] Ebeling, K.: Dauerhaftigkeit von Betonbauwerken. WTA-Journal, (2005), Nr. 2, S. 109-122. München: WTA-Publications, 2005

[2] Lohmeyer, G.: Handbuch Beton-Technik. Düsseldorf: Verlag Bau+Technik, 1997

[3] Grübl, P.; Weigler, H.; Karl, S.; Kupfer, H. (Hrsg.): Beton – Arten, Herstellung, Eigenschaften. Handbuch für Betonbau, Stahlbetonbau und Spannbetonbau. 2. Auflage. Berlin: Verlag Ernst & Sohn, 2001

[4] Weigler, H.; Karl, S.: Beton – Arten, Herstellung, Eigenschaften. Handbuch für Beton-, Stahlbeton- und Spannbetonbau. 2. Auflage. Berlin: Verlag Ernst & Sohn, 1989

[5] Zachlehner, A.; Eickschen, E.; Hessler, R.; Riekert, J.: Bau von Flugbetriebsflächen aus Beton. Straße und Autobahn, (2002), Heft 4, S. 197-202

[6] Technische Lieferbedingungen für Baustoffe und Baustoffgemische für Tragschichten mit hydraulischen Bindemitteln und Fahrbahndecken aus Beton (TL Beton-StB 07). Forschungsgesellschaft für Straßen- und Verkehrswesen. FSGV Verlag GmbH, 2007

[7] BMBau Bundesministerium für Raumordnung, Bauwesen und Städtebau (Hrsg.): 1. Bauschadensbericht über Schäden an Gebäuden. Bonn: BMBau, 1984

[8] Ebeling, K.: Ernüchterung statt Aufbruch. 10-Punkte zur Festlegung der Dauerhaftigkeit nach neuer DIN 1045. Deutsches Ingenieurblatt DiB, (2004), Heft 3, S. 28-32

Allgemeine Literaturhinweise

- DBC-Deutsche Bauchemie (Hrsg.): Herstellen von Luftporenbeton. Informationsschrift. Frankfurt am Main: DBC, 06/2001

- Ebeling, K.: Weiße Wannen – ja, aber wie? Deutsches Ingenieurblatt DiB, (2003), Heft 12, S. 14-19

- Lohmeyer, G.; Bergmann, H.; Ebeling, K.: Stahlbetonbau. Bemessung – Konstruktion – Ausführung. 7. Auflage. Wiesbaden: Teubner-Verlag, 2006

- Lohmeyer, G; Ebeling, K.: Betonböden für Produktions- und Lagerhallen. Planung, Bemessung, Ausführung. 2. Auflage. Düsseldorf: Verlag Bau+Technik (VBT), 2008

- Lohmeyer, G.; Ebeling, K.: Weiße Wannen – einfach und sicher. 8. Auflage. Düsseldorf: Verlag Bau+Technik (VBT), 2007

- Müller, H.: Risse in Fertigteilen – Betontechnologischer Teil. Tagungsband Ulmer Beton- und Fertigteil-Tage. Ulm: Bauverlag BV GmbH, 2003, S. 28-31

- Oswald, R.; Abel, R.: Hinzunehmende Unregelmäßigkeiten bei Gebäuden. Wiesbaden/Berlin: Bauverlag, 1998

- Raupach, M.: Schutz und Instandsetzung von Betonbauteilen. Beton, (2001), Heft 10, S. 552-558

- Setzer, M.J.: Frostschaden – Grundlagen und Prüfung. Beton- und Stahlbetonbau, (2002), Heft 7, S. 350–359

- VDZ-Verein Deutscher Zementwerke e. V.: Betontechnische Berichte. Düsseldorf: Verlag Bau+Technik (VBT), 1960 bis 2006

- VDZ-Verein Deutscher Zementwerke e. V.: Zementtaschenbücher. Düsseldorf: Verlag Bau+Technik (VBT), 1966 bis 2008

Gesetze/Verordnungen/Regelwerke

- BMVBW Bundesministerium für Verkehr, Bau- und Wohnungswesen (Hrsg.): ZTV-ING: Zusätzliche Technische Vertragbedingungen und Richtlinien für Ingenieurbauwerke. Verkehrsblatt. Dortmund: Verkehrsblatt-Verlag, 2007

- DafStb Deutscher Ausschuss für Stahlbeton (Hrsg.): Heft 525/Ber1. Berichtigung zu Heft 525. Berlin: Beuth Verlag GmbH, 2005

- DafStb Deutscher Ausschuss für Stahlbeton (Hrsg.): Heft 525. Erläuterungen zu DIN 1045-1. Berlin: Beuth Verlag GmbH, 2003

- DafStb Deutscher Ausschuss für Stahlbeton (Hrsg.): Heft 526. Erläuterungen zu DIN EN 206-1, DIN 1045-2, DIN 1045-3, DIN 1045-4 und DIN 4226. Berlin: Beuth Verlag GmbH, 2003

- DafStb Deutscher Ausschuss für Stahlbeton (Hrsg.): Heft 455. Wasserundurchlässigkeit und Selbstheilung von Trennrissen in Beton. Berlin: Beuth Verlag GmbH, 1996

- DafStb Deutscher Ausschuss für Stahlbeton (Hrsg.): Schutz und Instandsetzung von Betonbauteilen (Instandsetzungs-Richtlinie) – Teil 1: Allgemeine Regelungen und Planungsgrundsätze (Ausgabe: Oktober 2001)

- DafStb Deutscher Ausschuss für Stahlbeton (Hrsg.): Schutz und Instandsetzung von Betonbauteilen (Instandsetzungs-Richtlinie) – Teil 3: Anforderungen an die Betriebe und Überwachung der Ausführung (Ausgabe: Oktober 2001)

- DafStb Deutscher Ausschuss für Stahlbeton (Hrsg.): Schutz und Instandsetzung von Betonbauteilen (Instandsetzungs-Richtlinie) – Teil 2: Bauprodukte und Anwendung (Ausgabe: Oktober 2001)

- DafStb Deutscher Ausschuss für Stahlbeton (Hrsg.): Schutz und Instandsetzung von Betonbauteilen (Instandsetzungs-Richtlinie) – Teil 4: Prüfverfahren (Ausgabe: Oktober 2001)

- DafStb Deutscher Ausschuss für Stahlbeton-Richtlinie (Hrsg.): Vorbeugende Maßnahmen gegen schädigende Alkalireaktion im Beton (Ausgabe: Februar 2007)

- DafStb Deutscher Ausschuss für Stahlbeton (Hrsg.): Wasserundurchlässige Bauwerke aus Beton (Ausgabe: November 2003)

- DBV Deutscher Beton- und Bautechnik-Verein E.V. (Hrsg.): DBV-Merkblatt-Sammlung. Berlin: DBV. Unter anderem mit:

- DBV-Merkblatt: Begrenzung der Rissbildung im Stahlbeton- und Spannbetonbau
- DBV-Merkblatt: Betonierbarkeit von Bauteilen aus Beton und Stahlbeton
- DBV-Merkblatt: Betonoberfläche – Betonrandzone
- DBV-Merkblatt: Nicht geschalte Betonoberflächen
- DBV-Merkblatt: Trennmittel für Beton Teil A: Hinweise zur Auswahl und Anwendung
- DBV-Merkblatt: Betondeckung und Bewehrung
- DBV-Merkblatt: Abstandhalter
- DBV-Merkblatt: Sichtbeton
- DBV-Sachstandsbericht: Chloride im Beton
- DIN 1045-3: Tragwerke aus Beton, Stahlbeton und Spannbeton – Teil 3: Bauausführung (Ausgabe: August 2008)
- DIN 1045-2: Tragwerke aus Beton, Stahlbeton und Spannbeton – Teil 2: Beton – Festlegungen, Eigenschaften, Herstellung und Konformität (Ausgabe: August 2008)
- DIN EN 206-1: Beton – Teil 1: Festlegung, Eigenschaften, Herstellung und Konformität (Ausgabe: Juli 2001)
- DIN-Fachbericht 100: Beton. Zusammenstellung von DIN EN 206-1 und DIN 1045-2. 2. Auflage. Berlin: Beuth Verlag GmbH, 2005
- DIN 1100: Hartstoffe für zementgebundene Hartstoffestriche – Anforderungen und Prüfverfahren (Ausgabe: Mai 2004)
- DIN 1045-1: Tragwerke aus Beton, Stahlbeton und Spannbeton – Teil 1: Bemessung und Konstruktion (Ausgabe: August 2008)
- FGSV Forschungsgesellschaft für Straßen- und Verkehrswesen (Hrsg.): Merkblatt für den Bau von Flugbetriebsflächen aus Beton – (2002) – 938. Köln: FGSV-Verlag, 2002